吴章勇 杨强 编著

大数据
Hadoop 3.X
分布式处理实战

人民邮电出版社

北京

图书在版编目（CIP）数据

大数据Hadoop 3.X分布式处理实战 / 吴章勇，杨强编著. -- 北京：人民邮电出版社，2020.4
ISBN 978-7-115-52466-9

Ⅰ．①大… Ⅱ．①吴… ②杨… Ⅲ．①数据处理软件 Ⅳ．①TP274

中国版本图书馆CIP数据核字（2019）第252598号

内 容 提 要

本书以实战开发为原则，以Hadoop 3.X生态系统内的主要大数据工具整合应用及项目开发为主线，通过Hadoop大数据开发中常见的11个典型模块和3个完整项目案例，详细介绍HDFS、MapReduce、HBase、Hive、Sqoop、Spark等主流大数据工具的整合使用。本书附带资源包括本书核心内容的教学视频，本书所涉及的源代码、参考资料等。

全书共14章，分为3篇，涵盖的主要内容有Hadoop及其生态组件伪分布式安装和完全分布式安装、分布式文件系统HDFS、分布式计算框架MapReduce、NoSQL数据库HBase、分布式数据仓库Hive、数据转换工具Sqoop、内存计算框架Spark、海量Web日志分析系统、电商商品推荐系统、分布式垃圾消息识别系统等。

本书内容丰富、案例典型、实用性强，适合各个层次希望学习大数据开发技术的人员阅读，尤其适合有一定Java基础而要进行Hadoop应用开发的人员阅读。

◆ 编 著 吴章勇 杨 强
　责任编辑 俞 彬
　责任印制 王 郁 马振武

◆ 人民邮电出版社出版发行　北京市丰台区成寿寺路11号
　邮编 100164　电子邮件 315@ptpress.com.cn
　网址 https://www.ptpress.com.cn
　北京盛通印刷股份有限公司印刷

◆ 开本：787×1092　1/16
　印张：24　　　　　　　　　2020年4月第1版
　字数：478千字　　　　　　2024年8月北京第14次印刷

定价：79.00元

读者服务热线：(010)81055410　印装质量热线：(010)81055316
反盗版热线：(010)81055315
广告经营许可证：京东市监广登字 20170147 号

前言 Foreword

随着云时代的来临，移动互联网、电子商务、物联网以及社交媒体快速发展，全球的数据正在以几何速度呈爆炸性增长，大数据也吸引了越来越多的人关注。大数据的核心技术就是 Hadoop。目前市面上关于 Hadoop 的书有很多，但基本是关于 Hadoop 1.X 或 Hadoop 2.X 的，而且偏重理论讲述，缺少实践案例。本书从 Hadoop 3.X 实例出发，通过"理论+实践+视频"的方式，帮助读者轻松掌握大数据技术。特别值得一提的是，本书讲解了日志分析、推荐系统、垃圾消息识别 3 个企业级的综合大数据项目案例，读者稍加改造，即可在生产环境中使用，具有重大的实用价值，也可供在校大学生或研究生毕业设计时参考。

本书有何特色

1．版本较新

技术研究需要具有一定的前瞻性，本书采用 Hadoop 3.X，版本较新。目前国内关于 Hadoop 的图书基本是关于 Hadoop 1.X 或 Hadoop 2.X 的。

2．知识全面

本书包括 Hadoop 及其生态组件伪分布式安装和完全分布式安装、分布式文件系统 HDFS、分布式计算框架 MapReduce、NoSQL 数据库 HBase、分布式数据仓库 Hive、数据转换工具 Sqoop、内存计算框架 Spark 等主要大数据技术。

3．重视实战

针对每一个知识点，在基本理论讲述后都提供了实战项目，真正做到学以致用。读者通过实战项目，可以更容易地掌握大数据技术在具体工作中的应用。

4．视频讲解

本书作者具有丰富的 IT 培训和视频录制经验，针对每章内容精心录制了多个讲解视频。全书有 32 个相关视频，视频总时长超过 12 小时，特别是环境搭建、项目运行、源码分析等场景，通过视频学习将更加轻松。

5．图文并茂

一图胜过千言万语，全书共有超过 200 幅插图，用于展示语言难以描述的内容，同时插图也有助于增加阅读的趣味性。

6．在线答疑

本书提供答疑 QQ 群，在线答疑，群号是 243363382。也可以通过作者的 QQ 号进行在线交流，作者的 QQ 号是 107964558。

7．电子资源

本书在附带的电子资源中，提供了每章的相关视频、源代码及测试数据，用 Eclipse 工具打开源代码即可运行。通过运行效果来分析源代码，理解会更容易、更深刻。

读者可扫描"职场研究社"二维码，关注后回复"52466"即可获取电子资源下载链接，也可以扫描云课二维码，手机端在线观看视频。

职场研究社

云课

适合阅读本书的读者

（1）渴望转型进入大数据领域的程序员。

（2）希望学习大数据技术的在校大学生或研究生。

（3）希望提升技能的初级大数据领域从业人员。

（4）希望研究"推荐系统"等大数据典型应用的大数据开发工程师。

目录

第一篇 Hadoop 技术

第1章 大数据与 Hadoop 概述 03
- 1.1 大数据概述 03
  - 1.1.1 大数据的定义 03
  - 1.1.2 大数据行业的发展 04
  - 1.1.3 大数据的典型应用 04
- 1.2 Hadoop 概述 06
  - 1.2.1 Hadoop 简介 06
  - 1.2.2 Hadoop 生态子项目 07
  - 1.2.3 Hadoop 3.X 的新特性 09
- 1.3 小结 09
- 1.4 配套视频 10

第2章 Hadoop 伪分布式安装 11
- 2.1 Hadoop 伪分布式安装前的准备 11
  - 2.1.1 安装 VMware 11
  - 2.1.2 安装 CentOS 7 12
  - 2.1.3 配置 CentOS 7：接受协议 15
  - 2.1.4 配置 CentOS 7：登录系统 16
  - 2.1.5 配置 CentOS 7：设置 IP 16
  - 2.1.6 配置 CentOS 7：修改主机名 17
  - 2.1.7 配置 CentOS 7：配置 hosts 文件 18
  - 2.1.8 配置 CentOS 7：关闭防火墙 18
  - 2.1.9 配置 CentOS 7：禁用 selinux 19
  - 2.1.10 配置 CentOS 7：设置 SSH 免密码登录 19
  - 2.1.11 配置 CentOS 7：重启 20

2.2 Hadoop 伪分布式安装 21
    2.2.1 安装 WinSCP 21
    2.2.2 安装 PieTTY 22
    2.2.3 安装 JDK 23
    2.2.4 安装 Hadoop 24
2.3 Hadoop 验证 28
    2.3.1 格式化 28
    2.3.2 启动 Hadoop 29
    2.3.3 查看 Hadoop 相关进程 29
    2.3.4 浏览文件 30
    2.3.5 浏览器访问 30
2.4 小结 31
2.5 配套视频 31

第3章 Hadoop 分布式文件系统——HDFS 32
3.1 HDFS 原理 32
    3.1.1 HDFS 的假设前提和设计目标 32
    3.1.2 HDFS 的组件 33
    3.1.3 HDFS 数据复制 36
    3.1.4 HDFS 健壮性 36
    3.1.5 HDFS 数据组织 38
3.2 HDFS Shell 39
    3.2.1 Hadoop 文件操作命令 39
    3.2.2 Hadoop 系统管理命令 44
3.3 HDFS Java API 46
    3.3.1 搭建 Linux 下 Eclipse 开发环境 46
    3.3.2 为 Eclipse 安装 Hadoop 插件 47
    3.3.3 HDFS Java API 示例 49
3.4 小结 56
3.5 配套视频 56

第4章 分布式计算框架 MapReduce 57

4.1 MapReduce 原理 57
4.1.1 MapReduce 概述 57
4.1.2 MapReduce 的主要功能 59
4.1.3 MapReduce 的处理流程 59

4.2 MapReduce 编程基础 61
4.2.1 内置数据类型介绍 61
4.2.2 WordCount 入门示例 63
4.2.3 MapReduce 分区与自定义数据类型 67

4.3 MapReduce 综合实例——数据去重 71
4.3.1 实例描述 71
4.3.2 设计思路 72
4.3.3 程序代码 73
4.3.4 运行结果 74

4.4 MapReduce 综合实例——数据排序 75
4.4.1 实例描述 75
4.4.2 设计思路 76
4.4.3 程序代码 77
4.4.4 运行结果 79

4.5 MapReduce 综合实例——求学生平均成绩 79
4.5.1 实例描述 79
4.5.2 设计思路 80
4.5.3 程序代码 81
4.5.4 运行结果 83

4.6 MapReduce 综合实例——WordCount 高级示例 84

4.7 小结 87

4.8 配套视频 87

第二篇 Hadoop 生态系统的主要大数据工具整合应用

第5章 NoSQL 数据库 HBase 91

5.1 HBase 原理 91
5.1.1 HBase 概述 91
5.1.2 HBase 核心概念 92
5.1.3 HBase 的关键流程 95
5.2 HBase 伪分布式安装 97
5.2.1 安装 HBase 的前提条件 98
5.2.2 解压并配置环境变量 98
5.2.3 配置 HBase 参数 99
5.2.4 验证 HBase 100
5.3 HBase Shell 103
5.3.1 HBase Shell 常用命令 103
5.3.2 HBase Shell 综合示例 109
5.3.3 HBase Shell 的全部命令 112
5.4 小结 114
5.5 配套视频 114

第6章 HBase 高级特性 115
6.1 HBase Java API 115
6.1.1 HBase Java API 介绍 115
6.1.2 HBase Java API 示例 120
6.2 HBase 与 MapReduce 的整合 130
6.2.1 HBase 与 MapReduce 的整合概述 130
6.2.2 HBase 与 MapReduce 的整合示例 130
6.3 小结 134
6.4 配套视频 134

第7章 分布式数据仓库 Hive 135
7.1 Hive 概述 135
7.1.1 Hive 的定义 135
7.1.2 Hive 的设计特征 136

7.1.3 Hive 的体系结构 ·· 136
7.2 Hive 伪分布式安装 ··· 137
7.2.1 安装 Hive 的前提条件 ··· 137
7.2.2 解压并配置环境变量 ·· 138
7.2.3 安装 MySQL ··· 139
7.2.4 配置 Hive ·· 143
7.2.5 验证 Hive ·· 145
7.3 Hive QL 的基础功能 ·· 146
7.3.1 操作数据库 ··· 146
7.3.2 创建表 ·· 147
7.3.3 数据准备 ·· 150
7.4 Hive QL 的高级功能 ·· 153
7.4.1 select 查询 ·· 154
7.4.2 函数 ·· 154
7.4.3 统计函数 ·· 154
7.4.4 distinct 去除重复值 ·· 155
7.4.5 limit 限制返回记录的条数 ·· 156
7.4.6 为列名取别名 ··· 156
7.4.7 case when then 多路分支 ·· 156
7.4.8 like 模糊查询 ·· 157
7.4.9 group by 分组统计 ·· 157
7.4.10 having 过滤分组统计结果 ·· 157
7.4.11 inner join 内联接 ··· 158
7.4.12 left outer join 和 right outer join 外联接 ···························· 159
7.4.13 full outer join 外部联接 ··· 159
7.4.14 order by 排序 ·· 160
7.4.15 where 查找 ·· 160
7.5 小结 ·· 161
7.6 配套视频 ··· 162

第8章 Hive 高级特性ㆍㆍ163
8.1 Beeline ·· 163

8.1.1 使用 Beeline 的前提条件 ……163
8.1.2 Beeline 的基本操作 ……164
8.1.3 Beeline 的参数选项与管理命令 ……166
8.2 Hive JDBC ……167
8.2.1 运行 Hive JDBC 的前提条件 ……167
8.2.2 Hive JDBC 基础示例 ……167
8.2.3 Hive JDBC 综合示例 ……169
8.3 Hive 函数 ……174
8.3.1 内置函数 ……174
8.3.2 自定义函数 ……175
8.4 Hive 表的高级特性 ……181
8.4.1 外部表 ……181
8.4.2 分区表 ……182
8.5 小结 ……185
8.6 配套视频 ……185

第9章 数据转换工具 Sqoop ……186
9.1 Sqoop 概述与安装 ……186
9.1.1 Sqoop 概述 ……186
9.1.2 Sqoop 安装 ……187
9.2 Sqoop 导入数据 ……189
9.2.1 更改 MySQL 的 root 用户密码 ……189
9.2.2 准备数据 ……190
9.2.3 导入数据到 HDFS ……191
9.2.4 查看 HDFS 数据 ……192
9.2.5 导入数据到 Hive ……193
9.2.6 查看 Hive 数据 ……193
9.3 Sqoop 导出数据 ……194
9.3.1 准备 MySQL 表 ……194
9.3.2 导出数据到 MySQL ……194
9.3.3 查看 MySQL 中的导出数据 ……195
9.4 深入理解 Sqoop 的导入与导出 ……196

9.5	小结 …………………………………………………………………… 203
9.6	配套视频 ………………………………………………………………… 203

第10章 内存计算框架 Spark …………………………………………… 204

10.1 Spark 入门 …………………………………………………………… 204
- 10.1.1 Spark 概述 ………………………………………………………… 204
- 10.1.2 Spark 伪分布式安装 ……………………………………………… 205
- 10.1.3 由 Java 到 Scala ………………………………………………… 209
- 10.1.4 Spark 的应用 ……………………………………………………… 212
- 10.1.5 Spark 入门示例 …………………………………………………… 217

10.2 Spark Streaming …………………………………………………… 220
- 10.2.1 Spark Streaming 概述 …………………………………………… 220
- 10.2.2 Spark Streaming 示例 …………………………………………… 221

10.3 Spark SQL …………………………………………………………… 224
- 10.3.1 Spark SQL 概述 ………………………………………………… 224
- 10.3.2 spark-sql 命令 …………………………………………………… 225
- 10.3.3 使用 Scala 操作 Spark SQL …………………………………… 227

10.4 小结 …………………………………………………………………… 228
10.5 配套视频 ……………………………………………………………… 229

第11章 Hadoop 及其常用组件集群安装 ………………………………… 230

11.1 Hadoop 集群安装 …………………………………………………… 230
- 11.1.1 安装并配置 CentOS ……………………………………………… 230
- 11.1.2 安装 JDK ………………………………………………………… 236
- 11.1.3 安装 Hadoop ……………………………………………………… 237
- 11.1.4 远程复制文件 …………………………………………………… 241
- 11.1.5 验证 Hadoop ……………………………………………………… 242

11.2 HBase 集群安装 …………………………………………………… 244
- 11.2.1 解压并配置环境变量 …………………………………………… 244
- 11.2.2 配置 HBase 参数 ………………………………………………… 245

11.2.3 远程复制文件 246
11.2.4 验证 HBase 247
11.3 Hive 集群安装 249
11.3.1 解压并配置环境变量 249
11.3.2 安装 MySQL 250
11.3.3 配置 Hive 252
11.3.4 验证 Hive 254
11.4 Spark 集群安装 254
11.4.1 安装 Scala 254
11.4.2 安装 Spark 254
11.4.3 配置 Spark 255
11.4.4 远程复制文件 256
11.4.5 验证 Spark 257
11.5 小结 259
11.6 配套视频 259

第三篇 实战篇

第12章 海量 Web 日志分析系统 263
12.1 案例介绍 263
12.1.1 分析 Web 日志数据的目的 263
12.1.2 Web 日志分析的典型应用场景 265
12.1.3 日志的不确定性 265
12.2 案例分析 266
12.2.1 日志分析的 KPI 267
12.2.2 案例系统结构 267
12.2.3 日志分析方法 268
12.3 案例实现 273
12.3.1 定义日志相关属性字段 273
12.3.2 数据合法标识（在分析时是否被过滤） 274
12.3.3 解析日志 274
12.3.4 日志合法性过滤 275

	12.3.5	页面访问量统计的实现	276
	12.3.6	页面独立 IP 访问量统计的实现	278
	12.3.7	用户单位时间 PV 的统计实现	280
	12.3.8	用户访问设备信息统计的实现	282
12.4	小结		283
12.5	配套视频		283

第13章 电商商品推荐系统 ... 284

- 13.1 案例介绍 ... 284
  - 13.1.1 推荐算法 ... 284
  - 13.1.2 案例的意义 ... 285
  - 13.1.3 案例需求 ... 285
- 13.2 案例设计 ... 286
  - 13.2.1 协同过滤 ... 286
  - 13.2.2 基于用户的协同过滤算法 ... 289
  - 13.2.3 基于物品的协同过滤算法 ... 292
  - 13.2.4 算法实现设计 ... 295
  - 13.2.5 推荐步骤与架构设计 ... 298
- 13.3 案例实现 ... 298
  - 13.3.1 实现 HDFS 文件操作工具 ... 299
  - 13.3.2 实现任务步骤 1：汇总用户对所有物品的评分信息 ... 302
  - 13.3.3 实现任务步骤 2：获取物品同现矩阵 ... 305
  - 13.3.4 实现任务步骤 3：合并同现矩阵和评分矩阵 ... 307
  - 13.3.5 实现任务步骤 4：计算推荐结果 ... 310
  - 13.3.6 实现统一的任务调度 ... 316
- 13.4 小结 ... 317
- 13.5 配套视频 ... 317

第14章 分布式垃圾消息识别系统 ... 318

- 14.1 案例介绍 ... 318
  - 14.1.1 案例内容 ... 318

14.1.2　案例应用的主体结构 ································319
　　14.1.3　案例运行结果 ··321
14.2　RPC 远程方法调用的设计 ···322
　　14.2.1　Java EE 的核心优势：RMI ·····················322
　　14.2.2　RMI 的基本原理 ······································324
　　14.2.3　自定义 RPC 组件分析 ·····························325
14.3　数据分析设计 ··328
　　14.3.1　垃圾消息识别算法——朴素贝叶斯算法 ····328
　　14.3.2　进行分布式贝叶斯分类学习时的全局计数器 ···330
　　14.3.3　数据清洗分析结果存储 ···························332
14.4　案例实现 ··333
　　14.4.1　自定义的 RPC 组件服务端相关实现 ·······333
　　14.4.2　自定义的 RPC 组件客户端相关实现 ·······342
　　14.4.3　业务服务器实现 ······································347
　　14.4.4　业务客户端实现 ······································367
14.5　小结 ···370
14.6　配套视频 ···370

第一篇
Hadoop 技术

第一篇
Hadoop技术

第1章 大数据与 Hadoop 概述

大数据是一种数据规模大到在获取、存储、管理、分析等方面大大超出传统关系型数据库软件工具能力范围的数据集合，处理时需要采用新的分布式处理技术，而 Hadoop 就是大数据技术的标准，能够高效、可靠、低成本地处理海量数据。

本章涉及的主要知识点如下。

（1）大数据概述：大数据的定义、大数据行业发展、大数据的典型应用，让读者对大数据有一个宏观的了解。

（2）Hadoop 概述：Hadoop 简介、Hadoop 生态子项目、Hadoop 3.X 的新特性，这一节的内容在后面章节将逐步进行深入讲解。

1.1 大数据概述

大数据技术是目前炙手可热的一门技术，那么，什么是大数据呢？目前大数据行业发展怎样？大数据的典型应用有哪些？

1.1.1 大数据的定义

现代社会是一个高速发展的社会，科技发达，信息流通，人们之间的交流越来越密切，生活也越来越方便，大数据就是这个高科技时代的产物。阿里巴巴创办人马云在演讲中曾提到，未来的时代将不是 IT 时代，而是 DT 时代。DT 就是 Data Technology（数据科技）的缩写，这显示出大数据对于阿里巴巴来说举足轻重。

对于"大数据"（Big Data），麦肯锡全球研究所给出的定义是，一种规模大到在获取、存储、管理、分析方面大大超出传统数据库软件工具能力范围的数据集合，具有海量的数据规模、快速的数据流转、多样的数据类型和价值密度低四大特征。IBM 公司提出大数据具有 5V 特点：Volume（大量）、Velocity（高速）、Variety（多样）、Value（价值）、Veracity（真实性）。

大数据需要特殊的技术，以有效地处理大量的数据。适用于大数据的技术，主要有大规模并行处理（Massively Parallel Processing, MPP）数据库、数据挖掘、分布式文件系统、分布式数据库、云计算平台、互联网和可扩展的存储系统等。

1.1.2 大数据行业的发展

我国高度重视大数据在经济社会发展中的作用，2015年8月31日，国务院以国发〔2015〕50号印发《国务院关于印发促进大数据发展行动纲要的通知》，全面推进大数据发展，加快建设数据强国。

"十三五"时期是我国新旧产业和发展驱动转换接续的关键时期，全球新一代信息技术产业正处于加速变革期，国内市场应用需求处于爆发期，我国大数据产业发展面临重要的发展机遇。培养出足够、合格的数据人才，对我国在未来掌握大数据的核心价值起着至关重要的作用。

1.1.3 大数据的典型应用

整体来看，目前国内大数据应用尚处于从热点行业领域向传统领域渗透的阶段。权威部门的调查显示，大数据应用水平较高的行业主要分布在互联网、电信、金融、电商、交通行业，一些传统行业的大数据应用发展较为缓慢，批发零售业甚至有超过80%的企业并没有大数据应用计划，远低于整体平均水平。

目前，大数据的典型应用有以下几个方面。

1. 运营商业务

运营商掌握体量巨大的数据资源，单个运营商的用户每天产生的话单记录、上网日志等数据就可达到PB级规模。对于运营商而言，可利用大数据技术提升传统的数据处理能力，聚合更多的数据提升洞察能力，借助大数据提高诊断网络潜在问题的效率，改善服务水平，为客户提供更好的体验，获得更多的客户以及更高的业务增长。

2. 金融业务

金融行业是信息产业之外大数据的又一重要应用领域，大数据在金融的银行、保险和证券三大业务中均具有广阔的应用前景。总体来说，金融行业的主要业务应用包括企业内外部的风险管理、信用评估、借贷、保险、理财、证券分析等，这些都可以通过获取、关联和分析更多维度、更深层次的数据，并通过不断发展的大数据处理技术，得以更好、更快、更准确地实现。大数据分析应用可以为金融机构提供统一的客户视图。

3. 政务业务

大数据政务应用获得世界各国政府日益重视。我国政府也非常重视大数据的应用。《国务院关于印发促进大数据发展行动纲要的通知》（国发〔2015〕50号）提出"大数据成为提升政府治理能力的新途径"，要"打造精准治理、多方协作的社会治理新模式"。大数据应用着眼于提升政府提供公共产品和服务的能力。

4. 交通领域业务

交通数据资源丰富，具有实时性特征。在交通领域，数据主要包括各类交通运行监控、服务和应用数据。大数据应用系统可以基于对大数据的预测性分析，通过梳理影响安全畅通运行的各种原因，发现道路运行管理的内在规律，为交通管理决策、规划、运营、服务以及主动安全防范带来更加有效的支持。

5. 电子商务业务

大数据开启了电子商务行业的时代转型。电子商务和传统商家最大的区别在于：电子商务构建的各类型数据库能够涵盖商家信息、用户信息、行业资讯、产品使用体验、商品浏览记录、商品成交记录、产品价格动态等海量信息。电子商务行业大数据背后隐藏的是电子商务行业的用户需求、竞争情报，蕴藏着巨大的财富价值。借助大数据挖掘与分析技术，电子商务不仅可以提高营销转化为购买行为的成功率，而且能降低营销成本，使产品更契合用户的需求，全面提升企业竞争力。

6. 科学研究业务

科学数据是人类在认识自然、发展科技的活动中产生和积累的数据，是人类长期科学活动的知识积累，是一种重要的基础资源和战略资源。大数据时代，科学模式已经变革为"数据密集型科学"的科研范式阶段，部分学科领域的科研活动已经成为典型的大数据行为，科学技术人员有机会利用海量的科学数据探索世界，开展此前无法进行的研究，解决此前难以解决的科学问题，产生突破性进展。

7. 教育领域业务

教育领域大数据的主要目的是为不同利益相关者提供精准的教育服务，如学生的学习、教师的教学、课程开发者的资源开发、教育管理者的决策等。其核心是精准获取学习者的需求，为学习者提供精准教育服务。其数据主要来源于各类教育系统，包括学习管理系统、内容管理系统、电子档案系统、智能培训系统、社会性学习系统、实时教学系统、学习设计系统和学生信息管理系统等。

8. 健康医疗领域业务

通过对医疗大数据的获取和分析，将数据与各级医疗平台进行实时共享，对分散医疗卫生机构的数据以及公众随身的健康医疗传感器数据进行快速、有效、可靠的采集，实现医疗卫生机构卫生数据的有效接入，这将对公共医疗信息化建设起到至关重要的作用。

1.2 Hadoop 概述

一提大数据，必提 Hadoop，Hadoop 已经成为大数据技术的标准。Hadoop 不是一套孤立的系统，具有很多生态子项目的支撑。Hadoop 3.X 也相较于之前的 Hadoop 1.X 和 2.X 有了较大的技术升级。本节对 Hadoop 技术进行简单介绍，后面章节将对具体内容进行深入分析。

1.2.1 Hadoop 简介

Hadoop 是一个由 Apache 软件基金会开发的分布式系统基础架构。用户可以在不了解分布式底层细节的情况下，开发分布式程序，充分利用集群的威力进行高速运算和存储。

Hadoop 实现了一个分布式文件系统（Hadoop Distributed File System，HDFS）。HDFS 具有高容错性的特点，并设计它用来部署在价格低廉的硬件上，而且它提供高吞吐量来访问应用程序的数据，适合那些有着超大数据集的应用程序。Hadoop 框架的核心设计就是 HDFS 和 MapReduce。HDFS 为海量的数据提供了存储，而 MapReduce 则为海量的数据提供了计算。

1. 项目起源

Hadoop 被 Apache 软件基金会于 2005 年作为 Lucene 子项目 Nutch 的一部分正式引入。它受到谷歌实验室开发的 MapReduce 和 Google File System(GFS) 的启发。2006 年 3 月，MapReduce 和 Nutch Distributed File System（NDFS）分别被纳入称为 Hadoop 的项目中。

2. 发展历程

Hadoop 原本来自于谷歌一款名为 MapReduce 的编程模型包。谷歌的 MapReduce 框架可以把一个应用程序分解为许多并行计算指令，跨大量的计算节点运行非常巨大的数据集。使用该框架的一个典型例子就是在网络数据上运行的搜索算法。Hadoop 最初只与网页索引有关，但后来迅速发展成为分析大数据的领先平台。

3．名字起源

Hadoop 这个名字不是一个缩写，而是一个虚构的名字。该项目的创建者 Doug Cutting 这样解释 Hadoop 的命名："这个名字是我孩子给一个棕黄色的大象玩具起的名字。我的命名标准就是简短、容易发音和拼写，没有太多的意义，并且不会被用于别处。小孩子恰恰是这方面的高手。"

4．优点

Hadoop 是一个能够对大量数据进行分布式处理的软件框架，以一种可靠、高效、可伸缩的方式进行数据处理。Hadoop 是一个能够让用户轻松架构和使用的分布式计算平台，用户可以轻松地在 Hadoop 上开发和运行处理海量数据的应用程序。

Hadoop 主要有以下几个优点。

（1）高可靠性。因为它假设计算元素和存储会失败，因此它维护多个工作数据副本，确保能够针对失败的节点重新分布处理。

（2）高扩展性。Hadoop 是在可用的计算机集群间分配数据并完成计算任务的，这些集群可以方便地扩展到数以千计的节点中。

（3）高效性。Hadoop 能够在节点之间动态地移动数据，并保证各个节点的动态平衡，以并行的方式工作，通过并行处理加快处理速度，因此处理速度非常快。

（4）高容错性。Hadoop 能够自动保存数据的多个副本，并且能够自动将失败的任务重新分配。

（5）低成本。与一体机、商用数据仓库等工具相比，Hadoop 是开源的，项目的软件成本会大大降低。Hadoop 带有用 Java 语言编写的框架，因此运行在 Linux 生产平台上也是比较低成本的。

1.2.2 Hadoop 生态子项目

尽管 Hadoop 因 MapReduce 及其分布式文件系统 HDFS 而出名，但 Hadoop 这个名字也用于泛指一组相关的项目，这些相关项目都使用这个基础平台进行分布式计算和海量数据处理，如表 1.1 所示。

本书将重点讲解 HDFS、MapReduce、HBase、Hive、Sqoop、Spark 等项目，并提供相关项目的综合案例。

表 1.1 Hadoop 生态子项目

项目名称	项目描述
Flume-ng	Flume 是一个分布式、高可靠、高可用的海量日志聚合系统
YARN	新一代资源管理框架,允许多个应用集群同时高效地运行在一个物理集群上
HDFS	Apache Hadoop 分布式文件系统(HDFS)是 Hadoop 应用程序使用的主要存储系统。HDFS 创建多个数据块副本并将它们分布在整个群集的计算主机上,以启用可靠且极其快速的计算功能
HBase	非关系型分布式 NoSQL 数据库,与传统数据库相比,采用列的方式进行存储,具有高加载、低延迟的特性,用于千亿级数据的快速查询
Hive	基于 Hadoop 的一个数据仓库工具,可以将结构化的数据文件映射为一张数据库表,并提供简单的 SQL 查询功能,可以将 SQL 语句转换为 MapReduce 任务进行运行。其优点是学习成本低,可以通过类 SQL 语句快速实现简单的 MapReduce 统计,不必开发专门的 MapReduce 应用,十分适合数据仓库的统计分析
Presto	Presto 是一个开源的分布式 SQL 查询引擎,适用于交互式分析查询,数据量支持 GB 到 PB 字节。Presto 的设计和编写完全是为了解决如 Facebook 这样规模的商业数据仓库的交互式分析和处理速度的问题,它拥有比 Hive 更高的执行效率,并针对不同的数据源提供了对应的连接器,用于实现统一的 ETL
Oozie	Oozie 是一个工作流调度引擎,可按时间或数据变化触发运行,是群集中管理数据处理作业的工作流协调服务
Pig	数据流处理语言,按照语法以流程化的方式描述数据处理流程,并以分布式的方式完成数据的处理,适合于使用 Hadoop 和 MapReduce 平台查询大型半结构化数据集
Sqoop	主要用于在 Hadoop(Hive)与传统的数据库(MySQL、PostGresql……)间进行数据的传递,可以将一个关系型数据库(如 MySQL、Oracle、Postgres 等)中的数据导入到 Hadoop 的 HDFS 中,也可以将 HDFS 的数据导出到关系型数据库中
Zookeeper	一个开放源码的分布式应用程序协调服务,是谷歌的 Chubby 一个开源的实现,是 Hadoop 和 HBase 的重要组件。它是一个为分布式应用提供一致性服务的软件,提供的功能包括配置维护、域名服务、分布式同步、组服务等
Impala	Impala 为存储在 HDFS 和 HBase 中的数据提供了一个实时 SQL 查询接口。Impala 需要 Hive 服务,并共享 HiveMetastore
Solr	一个独立的企业级搜索应用服务器,它对外提供类似于 WebService 的 API 接口。用户可以通过 HTTP 请求,向搜索引擎服务器提交一定格式的 XML 文件,生成索引;也可以通过 HttpGet 操作提出查找请求,并得到 XML 格式的返回结果
Key-Value Store Indexer(Lily)	键/值 StoreIndexer 侦听 HBase 中所含表内的数据变化,并使用 Solr 为其创建索引
Titan	基于图的数据库,通过节点和边建立关系网络
Kafka	一种高吞吐量的分布式发布订阅消息系统,可以处理网站中的所有动作流数据
Storm	Apache Storm 是一个分布式、可靠、容错的数据流处理系统,适用于实时分析、在线机器学习、连续计算、分布式 RPC、分布式 ETL 等

续表

项目名称	项目描述
Spark SQL	Spark 的前身，给熟悉 RDBMS 但又不理解 MapReduce 的技术人员提供快速上手的工具
Keepalived	主要用作 RealServer 的健康状态检查以及 LoadBalance 主机和 BackUP 主机之间 failover 的实现
Kylin	一个分布式的 OLAP 和多维数据分析工具

1.2.3 Hadoop 3.X 的新特性

相较于早期的 Hadoop 1.X 和 Hadoop 2.X，Hadoop 3.X 具有很多新的特性。本书采用 Hadoop 3.X 版本。

对于 Hadoop 3.X 的新特性，读者可先进行简单了解，不用深入研究，后续章节将进一步讲解。

Hadoop 3.X 的主要新特性如下。

（1）Java 的最低版本要求从 Java 7 更改成 Java 8。

（2）HDFS 支持纠删码（Erasure Coding），从而将数据存储空间节省了 50%。

（3）引入 YARN 的时间轴服务 v.2（YARN Timeline Service v.2）。

（4）重写了 Shell 脚本。

（5）隐藏底层 jar 包。

（6）支持 containers 和分布式调度。

（7）MapReduce 任务级本地优化。

（8）支持多于两个的 NameNodes。

（9）改变了多个服务的默认端口（例如 HDFS 的 Web 界面，默认端口由 50070 变成 9870）。

（10）用 Intra 解决 DataNode 宕机负载不均衡的问题。

（11）重写守护进程以及任务的堆内存管理。

（12）支持 Microsoft Azure Data Lake 文件系统。

（13）解决了 AMAZON S3 的数据一致性问题。

1.3 小结

大数据是一种人类社会生产活动信息化的产物，它的内涵不仅仅是海量的数据存储，还包括其相关技术、领域应用、社会学和道德法律等交叉学科的内容，而 Hadoop 是大数据技术的标准，具有广泛的应用。本章较为概略，但可以为后面各章节 Hadoop 相关技术的深入学习打下基础。

1.4 配套视频

本章的配套视频为"课程介绍及 Hadoop 概述"，读者可从配套电子资源中获取。

第2章 Hadoop 伪分布式安装

Hadoop 安装是学习 Hadoop 的第一步，本章讲述在 CentOS 7 上伪分布式安装 Hadoop 3.0。不管是 CentOS 7 配置，还是 Hadoop 3.0 配置，都与以前的版本有了较大差别。参照本章的图文教程及配套视频，任何人都可以成功安装 CentOS 7 和 Hadoop 3.0。

本章涉及的主要知识点如下。

（1）Hadoop 伪分布式安装前的准备：安装 VMware、安装 CentOS 7、配置 CentOS 7，为安装 Hadoop 做好环境准备。

（2）Hadoop 伪分布式安装：安装 WinSCP、安装 PieTTY、安装 JDK、安装 Hadoop。

（3）Hadoop 验证：在启动 Hadoop 之前先要格式化，启动后可以通过进程查看、浏览文件以及浏览器访问等方式验证 Hadoop 是否能正常运行。

2.1 Hadoop 伪分布式安装前的准备

Hadoop 支持本地模式、伪分布式模式、完全分布式模式 3 种安装模式。本地模式，在系统中下载 Hadoop，默认情况下，它会被配置为一个独立的模式，用于运行 Java 程序；伪分布式模式，这是在单台机器上的分布式模拟，这种模式对开发非常有用；完全分布式模式，又叫集群安装，Hadoop 安装在最少两台计算机的集群中。本地模式没有太多的实用价值，所以不做讲解。本章主要讲解伪分布式模式，完全分布式模式将在第 11 章与 Hadoop 其他组件一起讲解。

2.1.1 安装 VMware

本书使用 Windows 10（简称 Win10）的 64 位系统，采用的是在 Win10 系统里安装 VMware 虚拟机软件，然后再利用 VMware 安装 CentOS 7 系统，之后再将 Hadoop 安装在 CentOS 7 中。

从网上下载 VMware 12 的安装包 VMware-workstation-full-12.0.0-2985596.exe，直接

双击安装。在安装过程中一直单击"下一步"按钮即可完成安装，如图 2.1 所示。

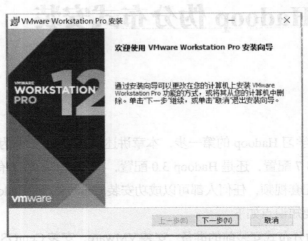

图 2.1　VMware Workstation Pro 安装向导

2.1.2　安装 CentOS 7

从 CentOS 官方网站下载 CentOS 7 安装镜像文件 CentOS-7-x86_64-DVD-1611.iso，文件大小超过 4GB。

（1）在计算机硬盘上找一个剩余空间在 50GB 以上的磁盘，建立一个空文件夹，并重命名，如 F:\CentOS 7，作为 CentOS 7 的虚拟机文件存放目录。然后打开 VMware Workstation Pro。单击"文件"菜单→新建虚拟机，选择"自定义（高级）"，单击"下一步"按钮，如图 2.2 所示。

（2）保持默认设置，继续单击"下一步"按钮，如图 2.3 所示。

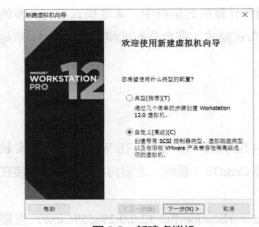

图 2.2　新建虚拟机

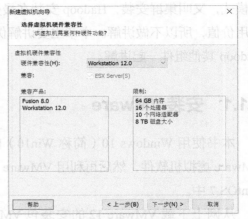

图 2.3　设置虚拟机硬件兼容性

（3）选择"安装程序光盘映像文件（iso）"，单击"浏览"按钮，找到 CentOS 7 安装镜像文件 CentOS-7-x86_64-DVD-1611.iso，然后单击"打开"按钮，结果如图 2.4 所示。

（4）单击"下一步"按钮，输入个性化 Linux 相关信息。为了简化，这里在全名、用户名、密码、确认 4 个输入框中全输入了一个字母"w"。此处输入的密码在 Linux 登录时需要使用，不能忘记，如图 2.5 所示。

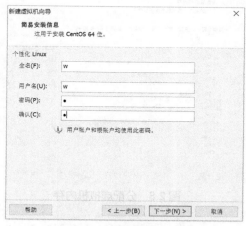

图 2.4　选择安装程序光盘映像文件　　　图 2.5　设置个性化 Linux

（5）单击"下一步"按钮，在"位置"处单击"浏览"按钮，选择刚刚建立的文件夹 F:\CentOS 7，单击"确定"按钮，结果如图 2.6 所示。

（6）单击"下一步"按钮，进入"处理器配置"界面，默认配置为 1 核。为了加快处理器运行速度，这里将配置改为 4 核，如图 2.7 所示。

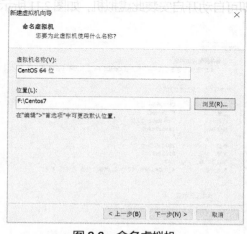
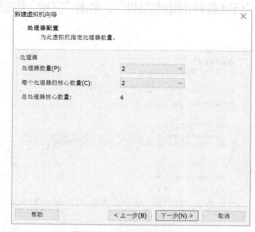

图 2.6　命名虚拟机　　　　　　　　　图 2.7　处理器配置

（7）单击"下一步"按钮，进入"此虚拟机的内存"界面。笔者的物理机是 16GB

内存，所以选择配置 8GB 内存给虚拟机使用。如果读者的物理机只有 8GB 内存，可以配置 4GB 内存给虚拟机使用，如图 2.8 所示。

（8）单击"下一步"按钮，进入"网络类型"选择，可以保留"NAT"默认方式，如图 2.9 所示。

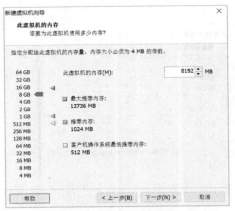

图 2.8　分配虚拟机内存

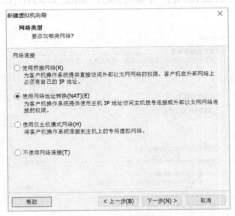

图 2.9　网络连接

（9）单击"下一步"按钮，"SCSI 控制器"选择默认的 LSI Logic，再继续单击"下一步"按钮，虚拟磁盘类型也选择默认的 SCSI，再继续单击"下一步"按钮，保持默认选项"创建新虚拟机磁盘"，再继续单击"下一步"按钮。"最大磁盘大小"默认只有 20GB，因为太小了，所以这里调成 200GB。其他保持默认，如图 2.10 所示。

注意：此处并不需要物理机上有 200GB 剩余空间。

（10）单击"下一步"按钮，"指定磁盘文件"保持默认，继续单击"下一步"按钮，提示"已准备好创建虚拟机"。单击"完成"按钮，即可自动开启安装此虚拟机，如图 2.11 所示。

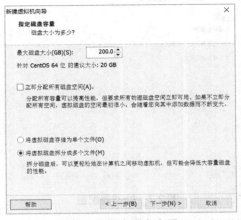

图 2.10　指定磁盘容量

图 2.11　创建虚拟机配置明细

（11）进入漫长的安装过程。这个过程视计算机性能而定，大约 30 分钟，CentOS 7 虚拟机就可以安装完成。

2.1.3 配置 CentOS 7：接受协议

单击"LICENSE INFORMATION"按钮，如图 2.12 所示，进入服务协议。勾选"I accept the license agreement"，再单击"Done"按钮，如图 2.13 所示。然后再单击"FINISH CONFIGURATION"按钮完成配置。

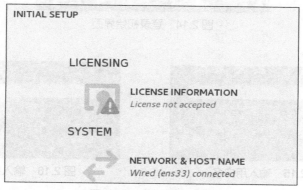

图 2.12　进入协议服务

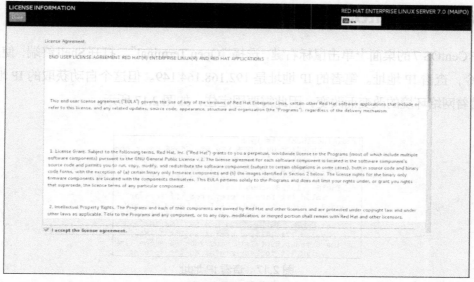

图 2.13　接受协议

2.1.4 配置 CentOS 7：登录系统

不要使用普通用户 w 登录，因为普通用户权限太少，还得使用"su root"命令切换成 root 用户。单击"Not listed?"，如图 2.14 所示，输入超级用户名"root"，如图 2.15 所示，再输入密码"w"，如图 2.16 所示，然后单击"Sign In"按钮登录系统。

图 2.14 登录初始界面

图 2.15 输入用户名

图 2.16 输入密码

注意：此处的密码需与图 2.5 中设置的密码保持一致。

2.1.5 配置 CentOS 7：设置 IP

在 CentOS 7 的桌面上单击鼠标右键，选择"Open Terminal"，打开 Shell 终端，使用"ip a"命令，查看 IP 地址。笔者的 IP 地址是 192.168.164.149。但这个自动获取的 IP 地址可能会随着网络环境的改变而改变，因此需要固定住，如图 2.17 所示。

```
[root@localhost ~]# ip a
1: lo: <LOOPBACK,UP,LOWER_UP> mtu 65536 qdisc noq
    link/loopback 00:00:00:00:00:00 brd 00:00:00:
    inet 127.0.0.1/8 scope host lo
       valid_lft forever preferred_lft forever
    inet6 ::1/128 scope host
       valid_lft forever preferred_lft forever
2: ens33: <BROADCAST,MULTICAST,UP,LOWER_UP> mtu 1
    link/ether 00:0c:29:d3:12:16 brd ff:ff:ff:ff:
    inet 192.168.164.149/24 brd 192.168.164.255 s
       valid_lft 1413sec preferred_lft 1413sec
    inet6 fe80::896f:7af5:8cd8:2d0c/64 scope link
       valid_lft forever preferred_lft forever
```

图 2.17 查看 IP 地址

单击 CentOS 7 桌面右上角网络图标→ Wired → Wired Settings，如图 2.18 所示。

单击右下角的"设置"图标,如图 2.19 所示。

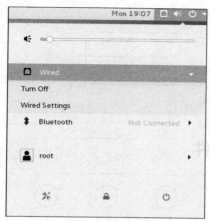

图 2.18 Wired Settings

图 2.19 Network Settings

选择"IPv4",在"Addresses"栏选中"Manual"手工指定 IP,在"Address"输入框中输入自动获取的 IP 地址"192.168.164.149",Netmask(子网掩码)设为 255.255.255.0,Gateway(网关)的前三个数字与 IP 地址一样,最后一位数字设为 2。笔者这里设为"192.168.164.2",请读者根据自己的 IP 地址进行调整。然后单击"Apply"按钮应用就完成了 IP 设置,如图 2.20 所示。

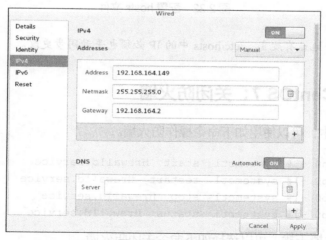

图 2.20 IP 设置

2.1.6 配置 CentOS 7:修改主机名

要永久修改主机名,可以使用如下 Shell 命令,修改主机名为 hadoop0。

```
[root@hadoop0 ~]# hostnamectl set-hostname hadoop0
```
如图 2.21 所示。

```
[root@hadoop0 ~]# hostnamectl set-hostname hadoop0
[root@hadoop0 ~]# hostname
hadoop0
[root@hadoop0 ~]#
```

图 2.21　修改主机名

2.1.7　配置 CentOS 7：配置 hosts 文件

使用 vi 编辑 /etc/hosts 文件。

```
[root@hadoop0 ~]#vi /etc/hosts
```

在文件末尾添加一行。

```
192.168.164.149 hadoop0
```

然后保存并退出 vi，如图 2.22 所示。

```
127.0.0.1       localhost localhost
::1             localhost localhost
192.168.164.149 hadoop0
~
```

图 2.22　配置 hosts 文件

注意：如果 IP 地址有改变，/etc/hosts 中的 IP 必须也手动同步更改。

2.1.8　配置 CentOS 7：关闭防火墙

在 CentOS 7 中，可以使用如下命令操作防火墙。

```
[root@hadoop0 ~]# systemctl start firewalld.service       # 开启防火墙
[root@hadoop0 ~]# systemctl restart firewalld.service     # 重启防火墙
[root@hadoop0 ~]# systemctl stop firewalld.service        # 关闭防火墙
[root@hadoop0 ~]# systemctl status firewalld.service      # 查看防火墙状态
```

为了防止防火墙干扰，可以选择如下命令关闭防火墙。

```
[root@hadoop0 ~]# systemctl stop firewalld.service        # 关闭防火墙
[root@hadoop0 ~]# systemctl disable firewalld.service     # 开机禁用防火墙
```

如图 2.23 所示。

注意：在生产环境中，服务器防火墙是不能关闭的，否则有重大安全风险。只能配置防火墙规划，打开特定端口。

```
[root@hadoop0 /]# systemctl stop firewalld.service
[root@hadoop0 /]# systemctl disable firewalld.service
Removed symlink /etc/systemd/system/dbus-org.fedoraproject.FirewallD1.service.
Removed symlink /etc/systemd/system/basic.target.wants/firewalld.service.
[root@hadoop0 /]#
```

图 2.23 关闭防火墙

2.1.9 配置 CentOS 7：禁用 selinux

如果要永久关闭 selinux 安全策略，可以修改 /etc/selinux/config，将 SELINUX=enforcing 改为 SELINUX=disabled。

    [root@hadoop0 ~]#vi /etc/selinux/config

如图 2.24 所示。

```
# This file controls the state of SELinux on the
# SELINUX= can take one of these three values:
#     enforcing - SELinux security policy is enfo
#     permissive - SELinux prints warnings instea
#     disabled - No SELinux policy is loaded.
SELINUX=disabled
# SELINUXTYPE= can take one of three two values:
#     targeted - Targeted processes are protected
#     minimum - Modification of targeted policy.
#     mls - Multi Level Security protection.
SELINUXTYPE=targeted
```

图 2.24 禁用 selinux

2.1.10 配置 CentOS 7：设置 SSH 免密码登录

Hadoop 各组件之间使用 SSH 登录，为了免输密码，可以设计 SSH 免密码登录。步骤如下。

    [root@hadoop0 /]# cd /root/.ssh   # 进入密钥存放目录
    [root@hadoop0 .ssh]# rm -rf *   # 删除旧密钥

然后使用 ssh-keygen -t dsa 命令生成密码，在这个过程中需要多次按回车键选取默认配置。

    [root@hadoop0 ~]# ssh-keygen -t dsa

如图 2.25 所示。

将生成的密钥文件 id_dsa.pub 复制到 SSH 指定的密钥文件 authorized_keys 中。

```
[root@hadoop0 .ssh]# ssh-keygen -t dsa
Generating public/private dsa key pair.
Enter file in which to save the key (/root/.ssh/id_dsa):
Enter passphrase (empty for no passphrase):
Enter same passphrase again:
Your identification has been saved in /root/.ssh/id_dsa.
Your public key has been saved in /root/.ssh/id_dsa.pub.
The key fingerprint is:
7a:33:ea:82:a4:10:b6:34:10:d4:44:ce:bb:d7:75:ae root@hadoop0
The key's randomart image is:
+--[ DSA 1024]----+
|oo+o             |
| . o.            |
| .  o            |
| .+  .           |
|o.o.    S .      |
|... . . o        |
|.o  o...+ .      |
|.   . o o o      |
|       oo E      |
+-----------------+
```

图 2.25 设置 SSH 免密码登录

```
[root@hadoop0 .ssh]# cat id_dsa.pub >>authorized_keys
```

如图 2.26 所示。

```
[root@hadoop0 .ssh]#  cat id_dsa.pub >>authorized_keys
[root@hadoop0 .ssh]#
```

图 2.26 复制密钥

注意：authorized_keys 文件名不能写错，前后都不能有空格。

测试 SSH 免密码登录是否成功。

```
[root@hadoop0 .ssh]# ssh   hadoop0
```

输入 yes 继续连接，如果没有提示输入密码，则证明免密码登录成功，如图 2.27 所示。

```
[root@hadoop0 .ssh]# ssh hadoop0
The authenticity of host 'hadoop0 (192.168.164.149)' can't
ECDSA key fingerprint is 1a:08:dd:06:72:c9:e5:e1:ad:85:83:
Are you sure you want to continue connecting (yes/no)? yes
Warning: Permanently added 'hadoop0,192.168.164.149' (ECDS
Last login: Mon Jan 22 23:35:16 2018 from 192.168.164.1
[root@hadoop0 ~]#
```

图 2.27 SSH 免密码登录

2.1.11 配置 CentOS 7：重启

要使修改主机名等配置生效，必须重启主机。

```
[root@hadoop0 ~]# reboot
```

2.2 Hadoop 伪分布式安装

Hadoop 伪分布式安装主要包括安装 JDK 和安装 Hadoop 两步，但为了使 Windows 系统能与虚拟机 CentOS 进行通信，还需安装 WinSCP 和 PieTTY 两个工具软件。

2.2.1 安装 WinSCP

WinSCP 工具可以实现 Windows 系统和 Linux 系统之间共享文件。WinSCP 工具安装非常简单，从网上下载 winscp516setup.exe，一直单击"下一步"按钮即可完成安装。安装完成后打开 WinSCP，输入 CentOS 7 的主机名、用户名、密码，先单击"保存"按钮，再单击"登录"按钮，即可登录到 CentOS 7，如图 2.28 所示。

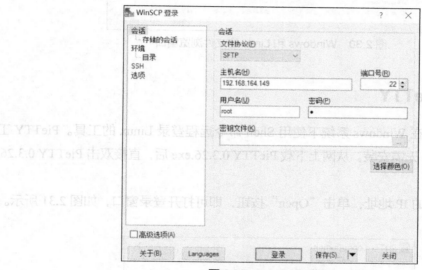

图 2.28　WinSCP 登录

在弹出的警告中单击"是"按钮，如图 2.29 所示。

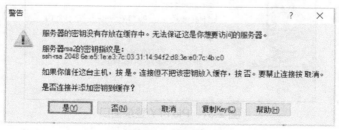

图 2.29　密钥指纹

在 Windows 和 Linux 的文件浏览窗口之间拖曳文件即可实现上传或下载，如图 2.30 所示。

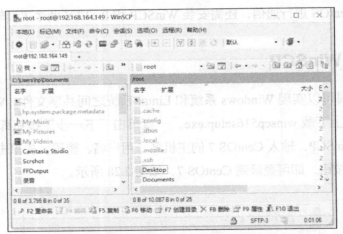

图 2.30　Windows 和 Linux 的文件浏览窗口

2.2.2　安装 PieTTY

PieTTY 工具是在 Windows 系统下使用 Shell 命令远程登录 Linux 的工具。PieTTY 工具是一个绿色软件，无需安装。从网上下载 PieTTY 0.3.26.exe 后，直接双击 PieTTY 0.3.26.exe 文件即可运行。

输入 CentOS 7 的 IP 地址，单击"Open"按钮，即可打开登录窗口，如图 2.31 所示。

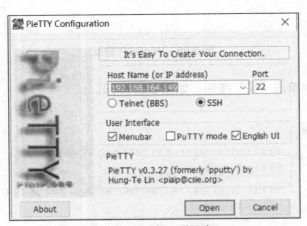

图 2.31　PieTTY 登录窗口

在弹出的登录窗口中输入 CentOS 7 的用户名 root 和密码即可实现登录，如图 2.32

所示。

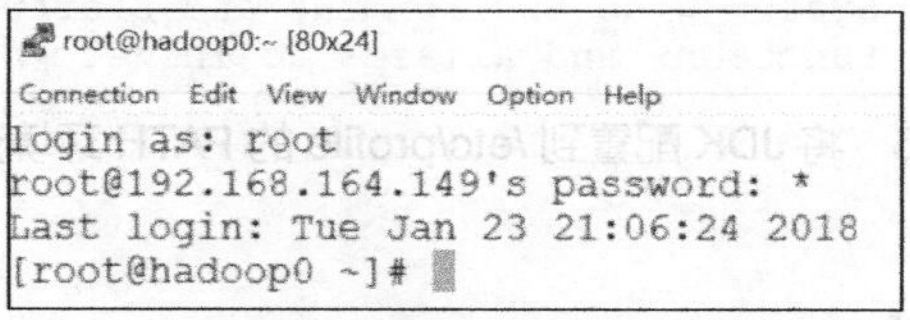
root@hadoop0:~ [80x24]
Connection Edit View Window Option Help
login as: root
root@192.168.164.149's password: *
Last login: Tue Jan 23 21:06:24 2018
[root@hadoop0 ~]#

图 2.32 PieTTY 登录 CentOS

2.2.3 安装 JDK

从网上下载 jdk-8u152-linux-x64.tar.gz，使用 WinSCP 将其上传到 CentOS 7 的 /usr/local 目录下，准备安装。

1. 解压

首先使用 cd 命令切换到 /usr/local 目录，然后使用 tar -xvf jdk-8u152-linux-x64.tar.gz 解压文件。

[root@hadoop0 local]# tar –xvf jdk-8u152-linux-x64.tar.gz

如图 2.33 所示。

```
[root@hadoop0 local]# cd /usr/local/
[root@hadoop0 local]# tar -xvf jdk-8u152-linux-x64.tar.gz
```

图 2.33 解压 JDK

2. 配置环境变量

使用 mv 命令重命名解压后的文件夹 jdk1.8.0_152 为 jdk。

```
[root@hadoop0 local]# mv jdk1.8.0_152/  jdk
```

如图 2.34 所示。

```
[root@hadoop0 local]# mv jdk1.8.0_152/ jdk
```

图 2.34 重命名解压后的文件夹

然后将 JDK 的安装目录 /usr/local/jdk 配置到 /etc/profile 的 PATH 环境变量中，如图 2.35 所示。

```
# /etc/profile
export JAVA_HOME=/usr/local/jdk
export PATH=$PATH:$JAVA_HOME/bin
# System wide environment and startup
# Functions and aliases go in /etc/ba
```

图 2.35 将 JDK 配置到 /etc/profile 的 PATH 环境变量中

3．使环境变量立即生效

/etc/profile 文件修改后要重新用 source 命令执行一次才能使设置生效。

```
[root@hadoop0 local]# source /etc/profile
```

如图 2.36 所示。

```
[root@hadoop0 local]# source /etc/profile
[root@hadoop0 local]#
```

图 2.36 使环境变量立即生效

4．测试 JDK

使用 java –version 命令查看 JDK 的版本号。

```
[root@hadoop0 local]# java -version
```

如图 2.37 所示。

```
[root@hadoop0 local]# java -version
openjdk version "1.8.0_102"
OpenJDK Runtime Environment (build 1.8.0_102-b14)
OpenJDK 64-Bit Server VM (build 25.102-b14, mixed mode)
[root@hadoop0 local]#
```

图 2.37 测试 JDK

2.2.4 安装 Hadoop

从网上下载 hadoop-3.0.0.tar.gz，使用 WinSCP 将其上传到 CentOS 7 的 /usr/local 目录下，准备安装。

1．解压

首先使用 cd 命令切换到 /usr/local 目录，然后使用 tar -xvf hadoop-3.0.0.tar.gz 解压文件。

```
[root@hadoop0 local]#  tar -xvf  hadoop-3.0.0.tar.gz
```

如图 2.38 所示。

```
[root@hadoop0 local]# cd /usr/local/
[root@hadoop0 local]# tar -xvf hadoop-3.0.0.tar.gz
```

图 2.38 解压 Hadoop

2．配置环境变量

为方便记忆，使用 mv 命令重命名解压后的文件夹 hadoop-3.0.0 为 hadoop。

```
[[root@hadoop0 local]# mv hadoop-3.0.0  hadoop
```

如图 2.39 所示。

```
[root@hadoop0 local]# mv hadoop-3.0.0 hadoop
[root@hadoop0 local]#
```

图 2.39 重命名解压后的文件夹

然后将 Hadoop 的安装目录 /usr/local/hadoop 配置到 /etc/profile 的 PATH 环境变量中。同时，将 Hadoop 各进程的用户设为 root，并配置到 /etc/profile。

```
export    HDFS_NAMENODE_USER=root
export    HDFS_DATANODE_USER=root
export    HDFS_SECONDARYNAMENODE_USER=root
export    YARN_RESOURCEMANAGER_USER=root
export    YARN_NODEMANAGER_USER=root
```

如图 2.40 所示。

```
# /etc/profile
export JAVA_HOME=/usr/local/jdk
export HADOOP_HOME=/usr/local/hadoop
export PATH=$PATH:$JAVA_HOME/bin:$HADOOP_HOME/bin:$HADOOP_HOME/sbin

export  HDFS_NAMENODE_USER=root
export  HDFS_DATANODE_USER=root
export  HDFS_SECONDARYNAMENODE_USER=root
export  YARN_RESOURCEMANAGER_USER=root
export  YARN_NODEMANAGER_USER=root
```

图 2.40 将 Hadoop 配置到 /etc/profile

注意：$HADOOP_HOME/bin 和 $HADOOP_HOME/sbin 都必须加入到 PATH 环境变量中。Hadoop 的早期版本不需要将 Hadoop 各进程的用户设为 root。

3．使环境变量立即生效

/etc/profile 文件修改后要重新用 source 命令执行一次才能使设置生效。

```
[root@hadoop0 local]# source /etc/profile
```

如图 2.41 所示。

```
[root@hadoop0 local]# source /etc/profile
[root@hadoop0 local]#
```

图 2.41　使环境变量立即生效

4．配置 hadoop-env.sh

切换到 Hadoop 配置文件所在目录 /usr/local/hadoop/etc/hadoop，修改其中的 hadoop-env.sh，将第 37 行内容解除注释，并将“# JAVA_HOME=/usr/Java/testing hdfs dfs –ls”修改为“JAVA_HOME=/usr/local/jdk”。

如图 2.42 所示。

```
   # For example:
36 #
37 JAVA_HOME=/usr/local/jdk
38 #
39 # Therefore, the vast majority
```

图 2.42　配置 hadoop-env.sh

5．配置 core-site.xml

切换到 Hadoop 配置文件所在目录 /usr/local/hadoop/etc/hadoop，修改其中的 core-site.xml，在 <configuration> 和 </configuration> 标记之间添加如下内容，配置 HDFS 的访问 URL 和端口。

```
<property>
<name>fs.defaultFS</name>
 <value>hdfs://hadoop0:9000/</value>
 <description>NameNode URI</description>
</property>
```

如图 2.43 所示。

```
<configuration>
<property>
<name>fs.defaultFS</name>
 <value>hdfs://hadoop0:9000/</value>
 <description>NameNode URI</description>
</property>
</configuration>
```

图 2.43　配置 core-site.xml

6．配置 hdfs-site.xml

切换到 Hadoop 配置文件所在目录 /usr/local/hadoop/etc/hadoop，修改其中的 hdfs-site.

xml，在 <configuration> 和 </configuration> 标记之间添加如下内容，配置访问 NameNode 和 DataNode 的元数据存储路径，以及 Namenode 和 SecnodNamenode 的访问端口。

```
<property>
<name>dfs.datanode.data.dir</name> <value>file:///usr/local/hadoop/data/
datanode</value>
</property>
<property>
<name>dfs.namenode.name.dir</name> <value>file:///usr/local/hadoop/data/
namenode</value>
</property>
<property>
<name>dfs.namenode.http-address</name>
<value>hadoop0:50070</value>
</property>
<property>
<name>dfs.namenode.secondary.http-address</name> <value>hadoop0:
50090</value>
</property>
```

如图 2.44 所示。

```
<configuration>
<property>
        <name>dfs.datanode.data.dir</name>
        <value>file:///usr/local/hadoop/data/datanode</value>
</property>
<property>
        <name>dfs.namenode.name.dir</name>
        <value>file:///usr/local/hadoop/data/namenode</value>
</property>
<property>
        <name>dfs.namenode.http-address</name>
        <value>hadoop0:50070</value>
</property>
<property>
        <name>dfs.namenode.secondary.http-address</name>
        <value>hadoop0:50090</value>
</property
</configuration>
```

图 2.44　配置 hdfs-site.xml

7．配置 yarn-site.xml

切换到 Hadoop 配置文件所在目录 /usr/local/hadoop/etc/hadoop，修改其中的 yarn-site.xml，在 <configuration> 和 </configuration> 标记之间添加如下内容，配置 nodemanager 和 resourcemanager 的访问端口等信息。

```
<property>
<name>yarn.nodemanager.aux-services</name> <value>mapreduce_shuffle</
value>
```

```xml
    </property>
    <property>
    <name>yarn.nodemanager.aux-services.mapreduce_shuffle.class</name>
    <value>org.apache.hadoop.mapred.ShuffleHandler</value>
    </property>
    <property>
     <name>yarn.resourcemanager.resource-tracker.address</name>
    <value>hadoop0:8025</value></property>
    <property>
     <name>yarn.resourcemanager.scheduler.address</name> <value>hadoop0:8030</value>
    </property>
    <property>
    <name>yarn.resourcemanager.address</name> <value>hadoop0:8050</value>
    </property>
```

如图 2.45 所示。

```
<configuration>
<property>
 <name>yarn.nodemanager.aux-services</name>
 <value>mapreduce_shuffle</value>
</property>
<property>
 <name>yarn.nodemanager.aux-services.mapreduce_shuffle.class</name>
 <value>org.apache.hadoop.mapred.ShuffleHandler</value>
</property>
<property>
 <name>yarn.resourcemanager.resource-tracker.address</name>
 <value>hadoop0:8025</value></property>
<property>
 <name>yarn.resourcemanager.scheduler.address</name>
 <value>hadoop0:8030</value>
</property>
<property>
 <name>yarn.resourcemanager.address</name>
 <value>hadoop0:8050</value>
</property>
</configuration>
```

图 2.45 配置 yarn-site.xml

2.3 Hadoop 验证

在启动 Hadoop 之前先要格式化，启动后可以通过进程查看、浏览文件以及浏览器访问等方式验证 Hadoop 是否正常运行。

2.3.1 格式化

Hadoop 使用之前必须先进行格式化，可以使用如下命令进行格式化。

```
[root@hadoop0 hadoop]# hadoop  namenode  -format
```

如果没有报错，表示成功格式化，如图 2.46 所示。

```
2018-01-23 23:39:59,153 INFO namenode.FSImageFormatProtobuf: Sa
rent/fsimage.ckpt_0000000000000000000 using no compression
2018-01-23 23:39:59,244 INFO namenode.FSImageFormatProtobuf: Im
image.ckpt_0000000000000000000 of size 389 bytes saved in 0 sec
2018-01-23 23:39:59,287 INFO namenode.NNStorageRetentionManager
2018-01-23 23:39:59,294 INFO namenode.NameNode: SHUTDOWN_MSG:
/************************************************************
SHUTDOWN_MSG: Shutting down NameNode at hadoop0/192.168.164.149
************************************************************/
[root@hadoop0 hadoop]#
```

图 2.46　Hadoop 格式化

注意： 如果在使用 Hadoop 的过程中出错，或者 Hadoop 启动不了，可能需要重新格式化。重新格式化可以参照停止 Hadoop、删除 Hadoop 下的 data 和 logs 文件夹及进行格式化的步骤进行。

```
[root@hadoop0 hadoop]# stop-all.sh                    # 停止 Hadoop
[root@hadoop0 hadoop]# cd /usr/local/hadoop/          # 进入 Hadoop 安装目录
[root@hadoop0 hadoop]# rm -rf  data/  logs/           # 删除 data 和 logs 文件夹
[root@hadoop0 hadoop]# hadoop namenode  -format       # 格式化
```

2.3.2　启动 Hadoop

可以使用 start-all.sh 命令启动 Hadoop 的所有进程。

```
[root@hadoop0 hadoop]# start-all.sh
```

如果需要停止 Hadoop 的所有进程，则使用 stop-all.sh。

```
[root@hadoop0 hadoop]# stop-all.sh
```

如果启动过程中没有报错，则说明启动成功，如图 2.47 所示。

```
[root@hadoop0 sbin]# start-all.sh
Starting namenodes on [hadoop0]
Last login: Wed Jan 24 00:05:46 PST 2018 on pts/1
Starting datanodes
Last login: Wed Jan 24 00:06:02 PST 2018 on pts/1
Starting secondary namenodes [hadoop0]
Last login: Wed Jan 24 00:06:04 PST 2018 on pts/1
Starting resourcemanager
Last login: Wed Jan 24 00:06:07 PST 2018 on pts/1
Starting nodemanagers
Last login: Wed Jan 24 00:06:12 PST 2018 on pts/1
[root@hadoop0 sbin]#
```

图 2.47　启动 Hadoop

2.3.3　查看 Hadoop 相关进程

可以使用 jps 命令查看 Hadoop 的相关进程。

```
[root@hadoop0 hadoop]# jps
```

如果显示出 Hadoop 的全部 5 个进程，则证明启动成功，如图 2.48 所示。

```
[root@hadoop0 sbin]# jps
23780 Jps
23493 NodeManager
22649 DataNode
22922 SecondaryNameNode
23180 ResourceManager
22510 NameNode
[root@hadoop0 sbin]#
```

图 2.48　查看 Hadoop 相关进程

2.3.4　浏览文件

可以使用 Hadoop 命令查看 HDFS 上的文件。

```
[root@hadoop0 hadoop]# hadoop fs -ls /
```

HDFS 上面还没有任何文件，以后可以像使用网盘那样对 HDFS 上的文件进行上传和下载，如图 2.49 所示。

```
[root@hadoop0 sbin]# hadoop fs -ls /
[root@hadoop0 sbin]#
```

图 2.49　查看 HDFS 上的文件

2.3.5　浏览器访问

在 CentOS 上打开浏览器，输入网址 http://192.168.164.149:50070 或 http://hadoop0:50070（浏览器地址栏会默认扩充），即可查看 Hadoop 运行相关信息，如图 2.50 所示。

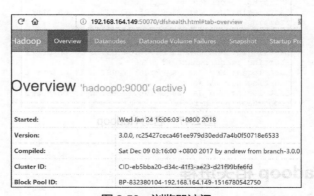

图 2.50　浏览器访问

2.4 小结

本章先在 Windows 系统上安装了 VMware 虚拟机软件，再利用 VMware 虚拟机工具安装了 CentOS 7，并配置 CentOS 7，为安装 Hadoop 做好了准备。然后再安装了文件传输工具 WinSCP 和远程连接工具 PieTTY，将 JDK 和 Hadoop 上传到 CentOS 7 进行安装。最后格式化并启动 Hadoop，通过进程查看、文件浏览、浏览器访问等多种方式验证 Hadoop 已运行正常。

2.5 配套视频

本章的配套视频有 2 个：
（1）CentOS 7 的安装与配置；
（2）Hadoop 3 的安装与验证。
读者可从配套电子资源中获取。

第3章　Hadoop 分布式文件系统——HDFS

HDFS 是 Hadoop 项目的核心子项目，是分布式计算中数据存储管理的基础，是基于流数据模式访问和处理超大文件的需求而开发的，可以运行于廉价的商用服务器上，具有高容错、高可靠性、高可扩展性、高吞吐率等特征，为超大数据集的应用处理带来了很多便利。

本章涉及的 HDFS 主要知识点如下。

（1）HDFS 的原理介绍：HDFS 的主要进程及其作用等。
（2）HDFS Shell 命令：使用类似 Linux Shell 命令的方式操作 Hadoop 上的文件系统。
（3）HDFS Java API：使用 Java 语言操作 Hadoop 上的文件系统。

3.1　HDFS 原理

Hadoop 分布式文件系统（Hadoop Distributed File System，HDFS）被设计成适合运行在通用硬件上的分布式文件系统。HDFS 是一个高度容错性的系统，适合部署在廉价的机器上。HDFS 能提供高吞吐量的数据访问，非常适合大规模数据集上的应用。HDFS 在最开始是作为 Apache Nutch 搜索引擎项目的基础架构而开发的。HDFS 是 Apache Hadoop Core 项目的核心部分。本节对 HDFS 的原理进行概述。

3.1.1　HDFS 的假设前提和设计目标

HDFS 在设计时已考虑硬件错误等情况，具有高容错性等特征。HDFS 的假设前提和设计目标包括以下几个方面。

1．硬件错误

硬件错误是常态而不是异常。HDFS 可能由成百上千台服务器构成，每台服务器上存储着文件系统的部分数据。我们面对的现实是构成系统的组件数量是巨大的，而且任一组件都有可能失效，这意味着总是有一部分 HDFS 的组件是不工作的。因此，错误检测和快速、自动的恢复是 HDFS 的核心架构目标。

2．大规模数据集

运行在 HDFS 上的应用具有很大的数据集。HDFS 上一个典型文件的大小一般在吉字节至太字节量级。因此，HDFS 被配置以支持大文件存储。它能提供整体上较高的数据传输带宽，能在一个集群里扩展到数百个节点。一个单一的 HDFS 实例能支撑数以千万计的文件存储和访问。

3．简单的一致性模型

HDFS 应用需要一个"一次写入、多次读取"的文件访问模型。一个文件经过创建、写入和关闭之后就不需要改变。这一假设简化了数据一致性问题，并且使高吞吐量的数据访问成为可能。MapReduce 应用或者网络爬虫应用都非常适合这个模型。

4．移动计算比移动数据更划算

一个应用请求的计算，离它操作的数据越近就越高效，在数据达到海量级别的时候更是如此。因为这样就能降低网络阻塞的影响，提高系统数据的吞吐量。将计算移动到数据附近，比将数据移动到应用所在位置显然更好。HDFS 提供了将应用移动到数据附近的接口。

5．异构软硬件平台间的可移植性

HDFS 在设计的时候就考虑到平台的可移植性，这种特性方便了 HDFS 作为大规模数据应用平台的推广。

3.1.2 HDFS 的组件

HDFS 包含 Namenode、Datanode、Secondary Namenode 三个组件。

（1）Namenode：HDFS 的守护进程，用来管理文件系统的命名空间，负责记录文件是如何分割成数据块，以及这些数据块分别被存储到哪些数据节点上，它的主要功能是对内存及 IO 进行集中管理。

（2）Datanode：文件系统的工作节点，根据需要存储和检索数据块，并且定期向 Namenode 发送它们所存储的块的列表。

（3）Secondary Namenode：辅助后台程序，与 NameNode 进行通信，以便定期保存 HDFS 元数据的快照，用以备份和恢复数据。

在 Namenode 节点上，fsimage 保存了元数据镜像文件（文件系统的目录树），而 edits 中完整记录了元数据的操作日志（针对文件系统做的修改操作记录）。Namenode 内存中存储的元数据可以用"fsimage+edits"来表达。而 Secondary Namenode 负责定时（默认 1 小时）从 Namenode 上获取 fsimage 和 edits 进行合并，然后再发送给 Namenode，减少

Namenode 的工作量。这是 HA（高可用性）的一个常用解决方案，但不支持热备。要使用这种方式来完成高可用性，直接修改配置即可。

HDFS 采用 master/slave 主从架构。一个 HDFS 集群由一个 Namenode 和一定数量的 Datanode 组成。Namenode 是一个中心服务器，负责管理文件系统的名字空间(namespace)以及客户端对文件的访问。集群中的 Datanode 一般是一个节点一个，负责管理它所在节点上的存储。HDFS 暴露了文件系统的名字空间，用户能够以文件的形式在上面存储数据。从内部看，一个文件其实被分成一个或多个数据块，这些块存储在一组 Datanode 上。Namenode 执行文件系统的名字空间操作，比如打开、关闭、重命名文件或目录。它也负责确定数据块到具体 Datanode 节点的映射。Datanode 负责处理文件系统客户端的读写请求，在 Namenode 的统一调度下进行数据块的创建、删除和复制。

HDFS 的架构如图 3.1 所示。

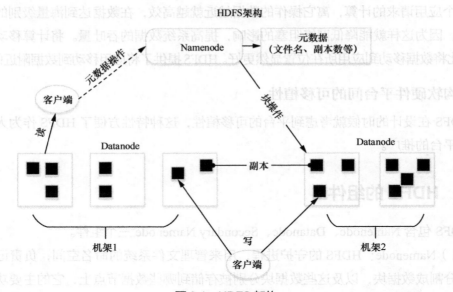

图 3.1　HDFS 架构

Namenode 和 Datanode 被设计成可以在普通的商用机器上运行，这些机器一般运行着 Linux 操作系统。HDFS 采用 Java 语言开发，因此任何支持 Java 的机器都可以部署 Namenode 或 Datanode。由于采用了可移植性极强的 Java 语言，HDFS 可以部署到多种类型的机器上。一个典型的部署场景是一台机器上只运行一个 Namenode 实例，而集群中的其他机器分别运行一个 Datanode 实例。这种架构并不排斥在一台机器上运行多个 Datanode，只不过这样的情况比较少见。

集群中单一 Namenode 的结构大大简化了系统的架构。Namenode 是所有 HDFS 元数据的仲裁者和管理者，这样，用户数据永远不会流过 Namenode。

Namenode 上保存着 HDFS 的名字空间。任何对文件系统元数据产生修改的操作，Namenode 都会使用一种称为 Editlog 的事务日志进行记录。例如，在 HDFS 中创建一个文件，Namenode 就会在 Editlog 中插入一条记录来表示；同样地，修改文件的副本系数也将往 Editlog 中插入一条记录。Namenode 在本地操作系统的文件系统中存储这个 Editlog。整个文件系统的名字空间，包括数据块到文件的映射、文件的属性等，都存储在一个称为 FsImage 的文件中，这个文件也是放在 Namenode 所在的本地文件系统上。

Namenode 在内存中保存着整个文件系统的名字空间和文件数据块映射的映像。这个关键的元数据结构设计得很紧凑，因而一个有 4GB 内存的 Namenode 足够支撑大量的文件和目录。当 Namenode 启动时，它从硬盘中读取 Editlog 和 FsImage，将所有 Editlog 中的事务作用在内存中的 FsImage 上，并将这个新版本的 FsImage 从内存中保存到本地磁盘上，然后删除旧的 Editlog，因为这个旧的 Editlog 的事务都已经作用在 FsImage 上了。这个过程称为一个检查点（checkpoint）。

Datanode 将 HDFS 数据以文件的形式存储在本地的文件系统中，它并不知道有关 HDFS 文件的信息。它把每个 HDFS 数据块存储在本地文件系统的一个单独的文件中。Datanode 并不在同一个目录创建所有的文件，实际上，它用试探的方法来确定每个目录的最佳文件数量，并且在适当的时候创建子目录。

在同一个目录中创建所有的本地文件并不是最优的选择，这是因为本地文件系统可能无法高效地在单个目录中支持大量的文件。当一个 Datanode 启动时，它会扫描本地文件系统，产生一个这些本地文件对应的所有 HDFS 数据块的列表，然后作为报告发送到 Namenode，这个报告就是块状态报告。

由于存在 Namenode 和 Datanode 的主从结构，因此使用 HDFS 读写数据时的基本流程如下。

文件写入流程：

（1）客户端向 Namenode 发起文件写入的请求；

（2）Namenode 根据文件大小和文件块配置情况，返回给客户端所管理部分 Datanode 的信息；

（3）客户端将文件划分为多个块，根据 Datanode 的地址信息，按顺序写入到每一个 Datanode 块中。

文件读取流程：

（1）客户端向 Namenode 发起文件读取的请求；

（2）Namenode 返回文件存储的 Datanode 的信息；

（3）客户端读取文件信息。

3.1.3　HDFS 数据复制

　　HDFS 被设计成能够在一个大集群中跨机器可靠地存储超大文件。它将每个文件存储成一系列的数据块，除了最后一个以外，所有的数据块都是同样大小的（Hadoop 1.X 默认每个数据块大小为 64MB，Hadoop 2.X 和 Hadoop 3.X 默认每个数据块大小为 128MB）。为了容错，文件的所有数据块都会有副本。每个文件的数据块大小和副本系数都是可配置的。应用程序可以指定某个文件的副本数量。副本系数可以在文件创建的时候指定，也可以在之后改变。HDFS 中的文件都是一次性写入的，并且严格要求在任何时候都只能有一个写入者。

　　Namenode 全权管理数据块的复制，它周期性地从集群中的每个 Datanode 接收心跳信号和块状态报告。接收到心跳信号意味着该 Datanode 节点工作正常。块状态报告包含了该 Datanode 上所有数据块的列表。

　　副本的存放是 HDFS 可靠性和性能的关键。优化的副本存放策略是 HDFS 区分于其他大部分分布式文件系统的重要特性。HDFS 采用一种称为机架感知 (rack-aware) 的策略来改进数据的可靠性、可用性和网络带宽的利用率。在大多数情况下，副本系数是 3，HDFS 的存放策略是将一个副本存放在本地机架的节点上，一个副本存放在同一机架的另一个节点上，最后一个副本存放在不同机架的节点上。

　　这种策略减少了机架间的数据传输，提高了写操作的效率。机架的错误远远比节点的错误少，所以这个策略不会影响到数据的可靠性和可用性。与此同时，因为数据块只放在两个（不是三个）不同的机架上，所以此策略减少了读取数据时需要的网络传输总带宽。在这种策略下，副本并不是均匀分布在不同的机架上。

　　三分之一的副本在一个节点上，三分之二的副本在一个机架上，这一策略在不损害数据可靠性和读取性能的情况下改进了写的性能。为了降低整体的带宽消耗和读取延时，HDFS 会尽量让读取程序读取离它最近的副本。如果在读取程序的同一个机架上有一个副本，那么就读取该副本。如果一个 HDFS 集群跨越多个数据中心，那么客户端也将首先读本地数据中心的副本。

3.1.4　HDFS 健壮性

　　HDFS 的主要目标就是即使在出错的情况下也要保证数据存储的可靠性。常见的三种出错情况是 Namenode 出错、Datanode 出错和网络割裂，HDFS 提供了多种错误恢复手段，保障了系统的健壮性。

1. 磁盘数据错误，心跳检测和重新复制

每个 Datanode 节点周期性地向 Namenode 发送心跳信号。网络割裂可能导致一部分 Datanode 与 Namenode 失去联系。Namenode 通过心跳信号的缺失来检测这一情况，并将这些近期不再发送心跳信号的 Datanode 标记为死机，不会再将新的 IO 请求发给它们。任何存储在死机 Datanode 上的数据将不再有效。Datanode 的死机可能会引起一些数据块的副本系数低于指定值，Namenode 不断地检测这些需要复制的数据块，一旦发现就启动复制操作。在下列情况下，可能需要重新复制：某个 Datanode 节点失效，某个副本遭到损坏，Datanode 上的硬盘错误，文件的副本系数增大。

2. 集群均衡

HDFS 的架构支持数据均衡策略。如果某个 Datanode 节点上的空闲空间低于特定的临界点，按照均衡策略系统就会自动地将数据从这个 Datanode 移动到其他空闲的 Datanode。当对某个文件的请求突然增加时，也可能启动一个计划创建该文件新的副本，并且同时重新平衡集群中的其他数据。

3. 数据完整性

从某个 Datanode 获取的数据块有可能是损坏的，损坏可能是由 Datanode 的存储设备错误、网络错误或者软件漏洞造成的。HDFS 客户端软件实现了对 HDFS 文件内容的校验和 (checksum) 检查。当客户端创建一个新的 HDFS 文件时，会计算这个文件每个数据块的校验和，并将校验和作为一个单独的隐藏文件保存在同一个 HDFS 名字空间下。当客户端获取文件内容后，它会检验从 Datanode 获取的数据以及相应的校验和与文件中的校验和是否匹配，如果不匹配，客户端可以选择从其他 Datanode 获取该数据块的副本。

4. 元数据磁盘错误

FsImage 和 Editlog 是 HDFS 的核心数据结构。如果这些文件损坏，整个 HDFS 实例都将失效。因而，Namenode 可以配置成支持维护多个 FsImage 和 Editlog 的副本。任何对 FsImage 或者 Editlog 的修改，都将同步到它们的副本上。这种多副本的同步操作可能会降低 Namenode 每秒处理的名字空间事务数量。然而这个代价是可以接受的，因为即使 HDFS 的应用是数据密集的，它们也非元数据密集的。当 Namenode 重启的时候，它会选取最近的完整的 FsImage 和 Editlog 来使用。

5. 快照

快照支持某一特定时刻的数据的复制备份。利用快照，可以让 HDFS 在数据损坏时恢复到过去一个已知正确的时间点。

3.1.5 HDFS 数据组织

HDFS 数据组织包括 HDFS 的数据块存储、流水线复制、文件的删除和恢复等机制，保障了 HDFS 高效和可靠地存储数据。

1．数据块存储

HDFS 被设计成支持大文件，适用 HDFS 的是那些需要处理大规模的数据集的应用。这些应用都是只写入数据一次，但读取一次或多次，并且读取速度应能满足流式读取的需要。HDFS 支持文件的"一次写入、多次读取"语义。一个典型的数据块大小是 128MB。因而，HDFS 中的文件总是按照 128MB 被切分成不同的块，每个块尽可能地存储于不同的 Datanode 中。

2．流水线复制

当客户端向 HDFS 文件写入数据时，一开始是写到本地临时文件中。假设该文件的副本系数设置为 3，当本地临时文件累积到一个数据块的大小时，客户端会从 Namenode 获取一个 Datanode 列表用于存放副本。然后客户端开始向第一个 Datanode 传输数据，第一个 Datanode 一小部分一小部分 (4 KB) 地接收数据，将每一部分写入本地仓库，并同时传输该部分到列表中第二个 Datanode。第二个 Datanode 也是这样，一小部分一小部分地接收数据，写入本地仓库，并同时传给第三个 Datanode。最后，第三个 Datanode 接收数据并存储在本地。因此，Datanode 能流水线式地从前一个节点接收数据，并在同时转发给下一个节点，数据以流水线的方式从前一个 Datanode 复制到下一个 Datanode。

3．文件的删除和恢复

当用户或应用程序删除某个文件时，这个文件并没有立刻从 HDFS 中删除。实际上，HDFS 会将这个文件重命名转移到 /trash 目录。只要文件还在 /trash 目录中，该文件就可以被迅速地恢复。文件在 /trash 中保存的时间是可配置的，当超过这个时间时，Namenode 就会将该文件从名字空间中删除。删除文件会使得该文件相关的数据块被释放。只要被删除的文件还在 /trash 目录中，用户就可以恢复这个文件。

如果用户希望恢复被删除的文件，可以浏览 /trash 目录找回该文件。/trash 目录仅仅保存被删除文件的最后副本。/trash 目录与其他的目录没有什么区别，除了一点：在该目录上 HDFS 会应用一个特殊策略来自动删除文件。目前的默认策略是删除 /trash 中保留时间超过 6 小时的文件。

3.2 HDFS Shell

大多数 HDFS Shell 命令的行为和对应的 Unix Shell 命令类似，主要不同之处是 HDFS Shell 命令操作的是远程 Hadoop 服务器的文件，而 Unix Shell 命令操作的是本地文件，其他不同之处将在介绍各命令使用详情时指出。

3.2.1 Hadoop 文件操作命令

调用文件系统（FS）Shell 命令应使用 bin/hadoop fs -cmd<args> 的形式。所有的 FS Shell 命令使用 URI 路径作为参数。URI 格式是 scheme://authority/path。对 HDFS 文件系统来说，scheme 是 hdfs；对本地文件系统来说，scheme 是 file。其中 scheme 和 authority 参数都是可选的，如果未加指定，就会使用配置中指定的默认 scheme。一个 HDFS 文件或目录，比如，/parent/child 可以表示成 hdfs://namenode:namenodeport/parent/child，或者更简单的 /parent/child（假设配置文件中的默认值是 namenode:namenodeport）。

常用的 HDFS Shell 命令如表 3.1 所示。

表 3.1 常用的 HDFS Shell 命令

命令	功能
-help [cmd]	显示命令的帮助信息
-ls(r) <path>	显示当前目录下所有文件
-du(s) <path>	显示目录中所有文件的大小
-count[-q] <path>	显示目录中文件数量
-mv <src> <dst>	移动多个文件到目标目录
-cp <src> <dst>	复制多个文件到目标目录
-rm(r)	删除文件（夹）
-put <localsrc> <dst>	本地文件复制到 hdfs
-copyFromLocal	与 put 相同
-moveFromLocal	从本地文件移动到 hdfs
-get [-ignoreCrc] <src> <localdst>	复制文件到本地，可以忽略 crc 校验
-getmerge <src> <localdst>	将源目录中的所有文件排序合并到一个文件中
-cat <src>	在终端显示文件内容
-text <src>	在终端显示文件内容
-copyToLocal [-ignoreCrc] <src> <localdst>	复制到本地
-moveToLocal <src> <localdst>	移动到本地
-mkdir <path>	创建文件夹
-touchz <path>	创建一个空文件

以下是部分命令的具体使用方法。

1. mkdir 创建目录

使用方法：hadoop fs -mkdir <paths>。

接收路径指定的 URI 作为参数，创建这些目录。其行为类似于 UNIX 中的 mkdir。

示例：

```
hadoop fs -mkdir /user/hadoop/dir1  /user/hadoop/dir2
hadoop fs -mkdir hdfs://host1:port1/user/  hadoop/dir  hdfs://host2:port2/user/hadoop/dir
```

2. put 上传文件

使用方法：hadoop fs -put <localsrc> … <dst>。

从本地文件系统中复制单个或多个源路径到目标文件系统，也支持从标准输入中读取输入写入目标文件系统。

```
hadoop fs -put localfile /user/hadoop/hadoopfile
hadoop fs -put localfile1 localfile2 /user/hadoop/hadoopdir
```

从标准输入中读取输入。

返回值：成功返回 0，失败返回 -1。

3. ls 列出文件

使用方法：hadoop fs -ls <args>。

如果是文件，则按照如下格式返回文件信息。

文件名 <副本数> 文件大小 修改日期 修改时间 权限 用户 ID 组 ID

如果是目录，则返回子文件的一个列表，就像在 UNIX 中一样。目录返回列表的信息如下。

目录名 <dir> 修改日期 修改时间 权限 用户 ID 组 ID

示例：

（1）列出 HDFS 文件。

此处展示如何通过 "-ls" 命令列出 HDFS 下的文件。

```
hadoop fs -ls
```

注意：在 HDFS 中未带参数的 "-ls" 命名没有返回任何值，它默认返回 HDFS 的 "home" 目录下的内容。在 HDFS 中，没有当前目录这样一个概念，也没有 cd 这个命令。

（2）列出 HDFS 目录下某个文档中的文件。

此处展示如何通过"-ls 文件名"命令浏览 HDFS 下名为"input"的文档中文件。

```
hadoop fs -ls input
```

返回值：成功返回 0，失败返回 -1。

4．lsr

使用方法：hadoop fs -lsr <args>。

ls 命令的递归版本，会递归列出子目录中的文件及目录信息，类似于 UNIX 中的 ls -R。

5．cat

使用方法：hadoop fs -cat URI [URI …]。

将路径指定文件的内容输出到 stdout。

示例：

```
hadoop fs -cat input/*
```

6．get

使用方法：hadoop fs -get [-ignorecrc] [-crc] <src> <localdst>。

复制文件到本地文件系统。可用 -ignorecrc 选项复制 CRC 校验失败的文件，使用 -crc 选项复制文件以及 CRC 信息。

示例：

```
hadoop fs -get in IN1
hadoop fs -get /user/hadoop/file localfile
hadoop fs -get hdfs://host:port/user/hadoop/file localfile
```

返回值：成功返回 0，失败返回 -1。

7．rm

使用方法：hadoop fs -rm URI [URI…]。

删除指定的文件。只删除非空目录和文件。可参考 rmr 命令了解递归删除。

示例：

```
hadoop fs -rm hdfs://host:port/file/user/hadoop/emptydir
```

返回值：成功返回 0，失败返回 -1。

8．rmr

使用方法：hadoop fs -rmr URI [URI…]。

rmr 的递归版本。

示例：

```
hadoop fs -rmr /user/hadoop/dir
hadoop fs -rmr hdfs://host:port/user/hadoop/dir
```

返回值：成功返回 0，失败返回 -1。

9．chgrp

使用方法：hadoop fs -chgrp [-R] GROUP URI [URI…]。

改变文件所属的组。使用 -R 将使改变在目录结构下递归进行。命令的使用者必须是文件的所有者或者超级用户。

10．chmod

使用方法：hadoop fs -chmod [-R] <MODE[,MODE]…| OCTALMODE> URI [URI…]。

改变文件的权限。使用 -R 将使改变在目录结构下递归进行。命令的使用者必须是文件的所有者或者超级用户。

11．copyFromLocal

使用方法：hadoop fs -copyFromLocal <localsrc> URI。

除了限定源路径是一个本地文件外，与 put 命令相似。

12．copyToLocal

使用方法：hadoop fs -copyToLocal [-ignorecrc] [-crc] URI <localdst>。

除了限定目标路径是一个本地文件外，与 get 命令类似。

13．cp

使用方法：hadoop fs -cp URI [URI…] <dest>。

将文件从源路径复制到目标路径。这个命令允许有多个源路径，此时目标路径必须是一个目录。

示例：

```
hadoop fs -cp /user/hadoop/file1 /user/hadoop/file2
hadoop fs -cp /user/hadoop/file1 /user/hadoop/file2 /user/hadoop/dir
```

返回值：成功返回 0，失败返回 -1。

14．du

使用方法：hadoop fs -du URI [URI…]。

显示目录中所有文件的大小，或者当只指定一个文件时，显示此文件的大小。

示例：

```
hadoop fs -du /user/hadoop/dir1 /user/hadoop/file1
hdfs://host:port/user/hadoop/dir1
```

返回值：成功返回 0，失败返回 -1。

15. expunge

使用方法：hadoop fs –expunge。

清空回收站。可参考 HDFS 设计文档以获取更多关于回收站特性的信息。

16. getmerge

使用方法：hadoop fs -getmerge <src> <localdst> [addnl]。

接收一个源目录和一个目标文件作为输入，并且将源目录中所有的文件连接成本地目标文件。addnl 是可选的，用于指定在每个文件结尾添加一个换行符。

17. mv

使用方法：hadoop fs -mv URI [URI …] <dest>。

将文件从源路径移动到目标路径。这个命令允许有多个源路径，此时目标路径必须是一个目录。不允许在不同的文件系统间移动文件。

示例：

```
hadoop fs -mv /user/hadoop/file1 /user/hadoop/file2
```

返回值：成功返回 0，失败返回 -1。

18. setrep

使用方法：hadoop fs -setrep [-R] <path>。

改变一个文件的副本系数。-R 选项用于递归改变目录下所有文件的副本系数。

示例：

```
hadoop fs -setrep -w 3 -R /user/hadoop/dir1
```

返回值：成功返回 0，失败返回 -1。

19. stat

使用方法：hadoop fs -stat URI [URI …]。

返回指定路径的统计信息。

示例：

```
hadoop fs -stat path
```

返回值：成功返回 0，失败返回 -1。

20．tail

使用方法：hadoop fs -tail [-f] URI。

将文件尾部 1KB 字节的内容输出到 stdout。支持 -f 选项，行为与 UNIX 中一致。

示例：

```
hadoop fs -tail pathname
```

返回值：成功返回 0，失败返回 -1。

21．test

使用方法：hadoop fs -test -[ezd] URI。

选项：

-e 检查文件是否存在。如果存在则返回 0。

-z 检查文件容量是否是 0 字节。如果是则返回 0。

-d 如果路径是个目录，则返回 1；否则返回 0。

示例：

```
hadoop fs -test -e filename
```

22．text

使用方法：hadoop fs -text <src>。

将源文件输出为文本格式。允许的格式是 zip 和 TextRecordInputStream。

23．touchz

使用方法：hadoop fs -touchz URI [URI …]。

创建一个 0 字节的空文件。

示例：

```
hadoop -touchz pathname
```

返回值：成功返回 0，失败返回 -1。

3.2.2 Hadoop 系统管理命令

除了操作文件系统外，Hadoop 还提供一些系统管理命令，包括开启服务、关闭服务、格式化、安全模式设置等功能，常用的系统管理命令如下。

查看 Hadoop 版本：

```
[hduser@node1 ~]$ hadoop version
```

启动 Hadoop 所有进程：

```
[hduser@node1 hadoop]$ sbin/start-all.sh
```

停止 Hadoop 所有进程：

```
[hduser@node1 hadoop]$ sbin/stop-all.sh
```

格式化一个新的分布式文件系统：

```
$ bin/hadoop namenode -format
```

在分配的 Namenode 上，运行下面的命令启动 HDFS：

```
$ bin/start-dfs.sh
```

在分配的 Namenode 上，执行下面的命令停止 HDFS：

```
$ bin/stop-dfs.sh
```

启动 yarn：

```
$ bin/start-yarn.sh
```

停止 yarn：

```
$ bin/stop-yarn.sh
```

Namenode 在启动时会自动进入安全模式。安全模式是 Namenode 的一种状态，在这个阶段，文件系统不允许有任何修改。安全模式的目的是在系统启动时检查各个 Datanode 上数据块的有效性，同时根据策略对数据块进行必要的复制或删除，当数据块副本数满足最小副本数条件时，会自动退出安全模式。需要注意的是，HDFS 进入安全模式后会导致 Hive 和 HBase 的启动异常。

可以使用下面的命令手动进入安全模式：

```
$ bin/hadoop dfsadmin -safemode enter
```

将集群退出安全模式：

```
$ bin/hadoop dfsadmin -safemode leave
```

查看集群是否处于安全模式：

```
$ bin/hadoop dfsadmin -safemode get
```

列出所有当前支持的命令：

```
bin/hadoop dfsadmin -help
```

3.3 HDFS Java API

HDFS 除了可以通过 HDFS Shell 命令的方式进行操作外，还可以通过 Java API 编程进行操作。在使用 Java 编程前，需要先搭建 Linux 系统下的 Eclipse 开发环境，并为 Eclipse 安装 Hadoop 插件，然后再实现一些常用的 Java API 操作。

3.3.1 搭建 Linux 下 Eclipse 开发环境

从 Eclipse 官方网站下载 eclipse-jee-juno-SR2-linux-gtk-x86_64.tar.gz，并将其复制到 CentOS 7 中的 /usr/local 目录下解压。

```
[root@hadoop0 local]# tar -xvf eclipse-jee-juno-SR2-linux-gtk-x86_64.tar.gz
```

默认解压到 /usr/local/eclipse 目录下，使用如下命令打开 Eclipse。

```
[root@hadoop0 local]# /usr/local/eclipse/eclipse
```

在 Eclipse 中新建 Java 工程，工程名为 hdfs，并将 /usr/local/hadoop/share/hadoop 目录下的 common、hdfs、mapreduce、yarn 等 4 个子目录中的 jar 文件，以及这个 4 个子目录下 lib 文件夹中的所有 jar 文件作为外部的 jar 文件添加到工程中，如图 3.2 所示。

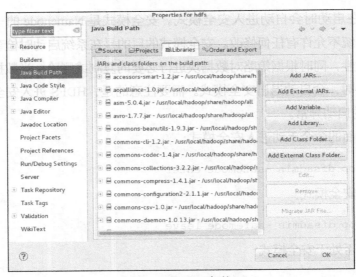

图 3.2　HDFS 架构

3.3.2 为 Eclipse 安装 Hadoop 插件

1．Hadoop 插件的安装步骤

（1）关闭 Eclipse。

（2）将本书配套电子资源中提供的 hadoop-eclipse-plugin-2.7.1.jar 复制到 Eclipse 的 dropins 目录下。

（3）重新打开 Eclipse。

（4）配置 Hadoop 插件。

（5）使用 Hadoop 插件。

2．Hadoop 插件的配置步骤

（1）将 hadoop-eclipse-plugin-2.7.1.jar 复制到 Eclipse 的 dropins 目录后，重新打开 Eclipse，单击菜单 Window → Open Perspective → Other... → Map/Reduce，如图 3.3 所示。

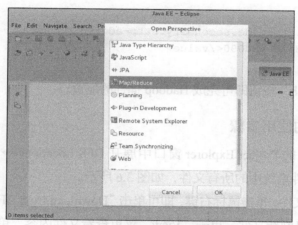

图 3.3　打开 Map/Reduce 视图

（2）在 Eclipse 的 Map/Reduce Locations 视图里单击鼠标右键，选择"New Hadoop location..."，如图 3.4 所示。

（3）Hadoop location 的具体配置如图 3.5 所示。

此处需要取消勾选"Use M/R Master host"复选框，在 Host 文本框中填入"hadoop0"，并分别设置 DFS Master 和 Map/Reduce(V2) Master 的端口为 9000 和 50090。这两个端口的配置要与 Hadoop 的配置文件 core-site.xml 和 hdfs-site.xml 相一致。

core-site.xml 的配置如下。

```
<property>
    <name>fs.defaultFS</name>
```

```xml
    <value>hdfs://hadoop0:9000</value>
</property>
```

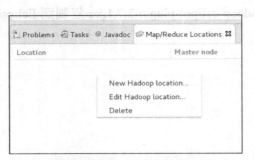

图 3.4　新建 Hadoop 位置

图 3.5　新建 Hadoop

hdfs-site.xml 的配置如下。

```xml
<property>
    <name>dfs.namenode.secondary.http-address</name>
    <value>hadoop0:50090</value>
</property>
```

然后单击"Finish"按钮即可完成 Hadoop 插件的配置。

3．Hadoop 插件的使用步骤

（1）在 Eclispe 的 Project Explorer 窗口中展开 DFS Locations → hadoop0，即可查看到 Hadoop HDFS 文件系统中的所有文件，如图 3.6 所示。

（2）选中某个文件，单击鼠标右键，即可单击"Download from DFS..."菜单下载文件，单击"Refresh"菜单刷新文件，单击"View"菜单查看文件内容，单击"Delete"菜单删除文件，如图 3.7 所示。

图 3.6　查看 HDFS 文件

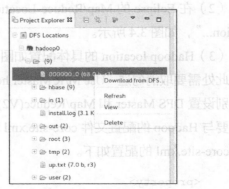

图 3.7　文件操作

（3）选中某个文件夹，单击右键，即可单击"Download from DFS..."菜单下载文件夹，单击"Create new directory..."菜单创建新的文件夹，单击"Upload files to DFS..."菜单上传文件，单击"Upload directory to DFS..."菜单上传文件夹，单击"Refresh"菜单刷新文件夹，单击"Delete"菜单删除文件夹，如图3.8所示。

图 3.8　文件夹操作

3.3.3　HDFS Java API 示例

Hadoop中的文件操作类基本上是在"org.apache.hadoop.fs"包中，这些API能够支持的操作包含打开文件、读写文件、删除文件等。

Hadoop 类库中最终面向用户提供的接口类是 FileSystem，该类是个抽象类，只能通过该类的 get 方法得到具体类。get 方法存在几个重载版本，常用的如下。

```
static FileSystem get(Configuration conf);
```

该类封装了几乎所有的文件操作，例如 mkdir、delete 等。在进行实际的文件操作之前，均需要获取到抽象的 FileSystem 对象。构建获取 FileSystem 接口 API 的方法供以后的文件操作使用的具体方式如下。

```
FileSystem getFileSystem() throws Exception {
  URI uri = new URI("hdfs://hadoop0:9000/");
  // 使用 HDFS 文件系统并提供服务器路径，端口号在 core-site.xml 中配置
     FileSystem fileSystem = FileSystem.get(uri, new Configuration());
  return fileSystem;
}
```

使用 FileSystem 的 copyFromLocalFile(本地文件 , HDFS 路径) 方法可以将本地文件上传到 HDFS 中。

```java
public void uploadFile() throws Exception {
    FileSystem hdfs = getFileSystem();
    Path src = new Path("/root/install.log");
    Path dst = new Path("/");
    FileStatus files[] = hdfs.listStatus(dst);
    for (FileStatus file : files) {
     System.out.println(file.getPath());
    }
        // 上传文件
    hdfs.copyFromLocalFile(src, dst);
    files = hdfs.listStatus(dst);
    for (FileStatus file : files) {
     System.out.println(file.getPath());
    }
}
```

通过"FileSystem.create（Path f）"可在 HDFS 上创建文件，其中 f 为文件的完整路径。具体实现如下。

```java
public void createFile() throws Exception {
  byte[] buff = "Hello Hadoop @Chinasofti\n".getBytes();
  FileSystem hdfs = getFileSystem();
  Path dfs = new Path("/testcreate");
  FSDataOutputStream outputStream = hdfs.create(dfs);
  outputStream.write(buff, 0, buff.length);
}
```

如果运行程序时出现"AccessControlException: Permission denied"异常，说明访问 HDFS 时出现权限问题，在开发测试环境中可以取消 HDFS 对权限的判定，根据前面章节的介绍，可以在 conf/hdfs-site.xml 增加以下内容。

```xml
<property>
<name>dfs.permissions</name>
<value>false</value>
</property>
```

通过"FileSystem.mkdirs（Path f）"可在 HDFS 上创建文件夹，其中 f 为文件夹的完整路径。具体实现如下。

```java
public void createDir() throws Exception {
  FileSystem hdfs = getFileSystem();
  Path dfs = new Path("/TestDir");
  hdfs.mkdirs(dfs);
}
```

通过"FileSystem.rename（Path src，Path dst）"可为指定的 HDFS 文件重命名，其中 src 和 dst 均为文件的完整路径。具体实现如下。

```
public void fileRename() throws Exception {
  FileSystem hdfs = getFileSystem();
  Path frpaht = new Path("/install.log");
  Path topath = new Path("/install2.log");
  boolean isRename = hdfs.rename(frpaht, topath);
  String result = isRename ? "成功" : "失败";
  System.out.println("文件重命名结果为：" + result);
}
```

通过"FileSystem.delete（Path f，Boolean recursive）"可删除指定的 HDFS 文件，其中 f 为需要删除文件的完整路径，recuresive 用来确定是否进行递归删除。具体实现如下。

```
public void deleteFile() throws Exception {
  FileSystem hdfs = getFileSystem();
  Path delef = new Path("/install2.log");
  boolean isDeleted = hdfs.delete(delef, false);
  // 递归删除，可删除文件夹及其子文件夹
  // boolean isDeleted=hdfs.delete(delef,true);
  System.out.println("Delete?" + isDeleted);
}
```

删除文件夹与删除文件代码一样，只需换成删除目录路径即可。如果目录下有文件，要进行递归删除。

通过"FileSystem.open（Path f）"可打开指定的 HDFS 文件进行读取。具体实现如下。

```
public void readFile() throws Exception {
  FileSystem fileSystem = getFileSystem();
  FSDataInputStream openStream = fileSystem.open(new Path("/testcreate"));
  IOUtils.copyBytes(openStream, System.out, 1024, false);
  IOUtils.closeStream(openStream);
}
```

通过"FileSystem.exists（Path f）"可查看指定的 HDFS 文件是否存在，其中 f 为文件的完整路径。具体实现如下。

```
public void isFileExists() throws Exception {
  FileSystem hdfs = getFileSystem();
  Path findf = new Path("/test1");
  boolean isExists = hdfs.exists(findf);
  System.out.println("Exist?" + isExists);
}
```

通过"FileSystem.getModificationTime()"可查看指定的 HDFS 文件的修改时间。具体实现如下。

```java
public void fileLastModify() throws Exception {
    FileSystem hdfs = getFileSystem();
    Path fpath = new Path("/testcreate");
    FileStatus fileStatus = hdfs.getFileStatus(fpath);
    long modiTime = fileStatus.getModificationTime();
    System.out.println("testcreate 的修改时间是 " + modiTime);
}
```

通过"FileStatus.getPath()"可查看指定的 HDFS 中某个目录下的所有文件。该功能在上传文件的示例中已经实现。

通过"FileSystem.getFileBlockLocation(FileStatus file，long start，long len)"可查找指定文件在 HDFS 集群上的位置，其中 file 为文件的完整路径，start 和 len 用来标识查找文件的路径。具体实现如下。

```java
public void fileLocation() throws Exception {
    FileSystem hdfs = getFileSystem();
    Path fpath = new Path("/testcreate");
    FileStatus filestatus = hdfs.getFileStatus(fpath);
    BlockLocation[] blkLocations = hdfs.getFileBlockLocations(filestatus,
        0, filestatus.getLen());
    int blockLen = blkLocations.length;
    for (int i = 0; i < blockLen; i++) {
        String[] hosts = blkLocations[i].getHosts();
        System.out.println("block_" + i + "_location:" + hosts[0]);
    }
}
```

通过"DatanodeInfo.getHostName()"可获取 HDFS 集群上的所有节点名称。具体实现如下。

```java
public void nodeList() throws Exception {
    FileSystem fs = getFileSystem();
    DistributedFileSystem hdfs = (DistributedFileSystem) fs;
    DatanodeInfo[] dataNodeStats = hdfs.getDataNodeStats();
    for (int i = 0; i < dataNodeStats.length; i++) {
        System.out.println("DataNode_" + i + "_Name:"
            + dataNodeStats[i].getHostName());
    }
}
```

HDFS 完整的示例代码如下。

```java
package com.etc;

import java.io.IOException;
import java.net.URI;
import java.net.URISyntaxException;
import org.apache.hadoop.conf.Configuration;
import org.apache.hadoop.fs.BlockLocation;
import org.apache.hadoop.fs.FSDataInputStream;
import org.apache.hadoop.fs.FSDataOutputStream;
import org.apache.hadoop.fs.FileStatus;
import org.apache.hadoop.fs.FileSystem;
import org.apache.hadoop.fs.Path;
import org.apache.hadoop.hdfs.DistributedFileSystem;
import org.apache.hadoop.hdfs.protocol.DatanodeInfo;
import org.apache.hadoop.io.IOUtils;

public class Hdfs {
  /**
   * @param args
   * @throws Exception
   */
  public static void main(String[] args) throws Exception {
    uploadFile();
    createFile();
    createDir();
    fileRename();
    deleteFile();
    readFile();
    isFileExists();
    fileLastModify();
    fileLocation();
    nodeList();
  }
// 获取文件系统
  static FileSystem getFileSystem() throws Exception {
    URI uri = new URI("hdfs://hadoop0:9000/");
    // 使用 HDFS 文件系统并提供服务器路径,端口号在 core-site.xml 中配置
    FileSystem fileSystem = FileSystem.get(uri, new Configuration());
    return fileSystem;
  }
// 上传文件
  public static void uploadFile() throws Exception {
    FileSystem hdfs = getFileSystem();
    Path src = new Path("/root/install.log");
    Path dst = new Path("/");
```

```java
    FileStatus files[] = hdfs.listStatus(dst);
    for (FileStatus file : files) {
     System.out.println(file.getPath());
    }
    System.out.println("--------------------------------");
    hdfs.copyFromLocalFile(src, dst);
    files = hdfs.listStatus(dst);
    for (FileStatus file : files) {
     System.out.println(file.getPath());
    }
   }
   // 创建文件
   public static void createFile() throws Exception {
    byte[] buff = "Hello Hadoop 888@Chinasofti\n".getBytes();
    FileSystem hdfs = getFileSystem();
    Path dfs = new Path("/testcreate");
    FSDataOutputStream outputStream = hdfs.create(dfs);
    outputStream.write(buff, 0, buff.length);
    outputStream.close();
   }
   // 创建目录
   public static void createDir() throws Exception {
    FileSystem hdfs = getFileSystem();
    Path dfs = new Path("/TestDir");
    hdfs.mkdirs(dfs);
   }
   // 文件重命名
   public static void fileRename() throws Exception {
    FileSystem hdfs = getFileSystem();
    Path frpaht = new Path("/install.log");
    Path topath = new Path("/install2.log");
    boolean isRename = hdfs.rename(frpaht, topath);
    String result = isRename ? "成功" : "失败";
    System.out.println("文件重命名结果:" + result);
   }
   // 获取文件或文件夹
   public static void deleteFile() throws Exception {
    FileSystem hdfs = getFileSystem();
    Path delef = new Path("/TestDir");
    boolean isDeleted = hdfs.delete(delef, false);
    // 递归删除
    // boolean isDeleted=hdfs.delete(delef,true);
    System.out.println("Delete?" + isDeleted);
   }
   // 读取文件
   public static void readFile() throws Exception {
```

```java
    FileSystem fileSystem = getFileSystem();
     FSDataInputStream openStream = fileSystem.open(new Path("/testcreate"));
    IOUtils.copyBytes(openStream, System.out, 1024, false);
    IOUtils.closeStream(openStream);
 }
// 判断文件是否存在
 public static void isFileExists() throws Exception {
    FileSystem hdfs = getFileSystem();
    Path findf = new Path("/test1");
    boolean isExists = hdfs.exists(findf);
    System.out.println("Exist?" + isExists);
 }
// 获取文件的最后修改时间
 public static void fileLastModify() throws Exception {
    FileSystem hdfs = getFileSystem();
    Path fpath = new Path("/testcreate");
    FileStatus fileStatus = hdfs.getFileStatus(fpath);
    long modiTime = fileStatus.getModificationTime();
    System.out.println("testcreate 的修改时间是" + modiTime);
 }
// 获取文件的存储位置
 public static void fileLocation() throws Exception {
    FileSystem hdfs = getFileSystem();
    Path fpath = new Path("/testcreate");
    FileStatus filestatus = hdfs.getFileStatus(fpath);
    BlockLocation[] blkLocations = hdfs.getFileBlockLocations(filestatus,
       0, filestatus.getLen());
    int blockLen = blkLocations.length;
    for (int i = 0; i < blockLen; i++) {
     String[] hosts = blkLocations[i].getHosts();
     System.out.println("block_" + i + "_location:" + hosts[0]);
    }
 }
// 获取文件的节点信息
 public static void nodeList() throws Exception {
    FileSystem fs = getFileSystem();
    DistributedFileSystem hdfs = (DistributedFileSystem) fs;
    DatanodeInfo[] dataNodeStats = hdfs.getDataNodeStats();
    for (int i = 0; i < dataNodeStats.length; i++) {
     System.out.println("DataNode_" + i + "_Name:"
        + dataNodeStats[i].getHostName());
    }
  }
 }
}
```

运行结果如图 3.9 所示。

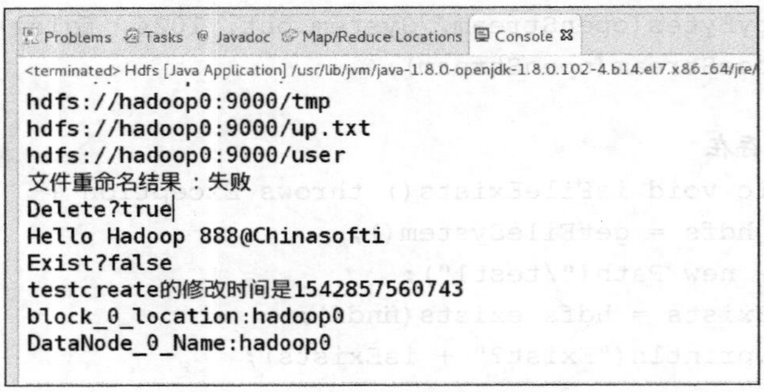

图 3.9 运行结果

3.4 小结

本章先讲述了 HDFS 的基本原理，分析了 Hadoop 的假设前提和设计目标、Hadoop 的重要组件及其数据复制机制和数据组织形式。然后介绍了如何通过 HDFS Shell 命令的方式来操作 HDFS 文件系统。最后介绍了如何搭建 Linux Eclipse 开发环境、安装 Hadoop 插件，以及使用常用的 Java API 进行 HDFS 文件操作。

3.5 配套视频

本章的配套视频有 2 个：
（1）HDFS 常用 shell 命令；
（2）HDFS Java API 操作。
读者可从配套电子资源中获取。

第4章 分布式计算框架 MapReduce

MapReduce 是一种并行编程模型，用于大规模数据集的并行运算。"Map"（映射）和"Reduce"（归约）是它的主要思想，是从函数式编程语言里借来的，MapReduce 还有从矢量编程语言里借来的特性。它极大地方便了编程人员在不会分布式并行编程的情况下，将自己的程序运行在分布式系统上。当前的软件实现是指定一个 Map（映射）函数，实现任务的分配，指定并发的 Reduce（归约）函数，用来任务的汇总。

本章涉及的主要知识点如下。

（1）MapReduce 原理：学习 MapReduce 的概述、主要功能、处理流程等理论知识。

（2）MapReduce 编程基础：学习 MapReduce 的内置数据类型与自定义数据类型，并通过一个 WordCount 入门示例分析 MapReduce 的处理流程。

（3）MapReduce 开发实例：数据去重、数据排序、求学生平均成绩、WordCount 高级示例等 4 个综合实例。

4.1 MapReduce 原理

MapReduce 是 Hadoop 的重点，也是难点，为了方便开发人员编程，框架隐藏了很多内部功能的实现细节。本节将对 MapReduce 的起源、MapReduce 的主要功能、MapReduce 的处理流程等方面进行分析。

4.1.1 MapReduce 概述

MapReduce 最早是由谷歌公司研究提出的一种面向大规模数据处理的并行计算模型和方法。谷歌公司设计 MapReduce 的初衷主要是为了解决其搜索引擎中大规模网页数据的并行化处理问题。谷歌公司发明 MapReduce 之后，首先用其重新改写了其搜索引擎中的 Web 文档索引处理系统。

但由于 MapReduce 可以普遍应用于很多大规模数据的计算问题，因此自发明 MapReduce 以后，谷歌公司内部进一步将其广泛应用于很多大规模数据处理。到目前为止，谷歌公司内有上万个各种不同的算法和程序在使用 MapReduce 进行处理。2003 年和 2004 年，谷歌公司在国际会议上分别发表两篇关于谷歌分布式文件系统 GFS 和 MapReduce 的论文，公布了谷歌的 GFS 和 MapReduce 的基本原理和主要设计思想。

2004 年，开源项目 Lucene（搜索索引程序库）和 Nutch（搜索引擎）的创始人 Doug Cutting 发现 MapReduce 正是其所需要的解决大规模 Web 数据处理的重要技术，因而模仿 Google MapReduce，基于 Java 设计开发了一个称为 Hadoop 的开源 MapReduce 并行计算框架和系统。自此，Hadoop 成为 Apache 开源组织下最重要的项目，得到了全球学术界和工业界的普遍关注，并得到推广和普及应用。

MapReduce 的推出给大数据并行处理带来了巨大的革命性影响，使其成为事实上的大数据处理的工业标准。尽管 MapReduce 还有很多局限性，但人们普遍认为，MapReduce 是到目前为止最为成功、最广为接受和最易于使用的大数据并行处理技术之一。

MapReduce 的发展及带来的巨大影响远远超出了发明者和开源社区当初的预期，以至于马里兰大学教授 Jimmy Lin 在 2010 年出版的 *Data-Intensive Text Processing with MapReduce* 一书中提出："MapReduce 改变了我们组织大规模计算的方式，它代表了第一个有别于冯·诺依曼结构的计算模型，是在集群规模而非单个机器上组织大规模计算的新的抽象模型上的第一个重大突破，是到目前为止所见到的最为成功的基于大规模计算资源的计算模型。"

MapReduce 是面向大数据并行处理的计算模型、框架和平台，它隐含了以下 3 层含义。

（1）MapReduce 是一个基于集群的高性能并行计算平台。它允许用市场上普通的商用服务器构成一个包含数十、数百甚至数千个节点的分布式并行计算集群。

（2）MapReduce 是一个并行计算与运行软件框架。它提供了一个庞大但设计精良的并行计算软件框架，能自动完成计算任务的并行化处理，自动划分计算数据和计算任务，在集群节点上自动分配和执行任务以及收集计算结果，将数据分布存储、数据通信、容错处理等并行计算涉及的很多系统底层的复杂细节交由系统负责处理，大大减少了软件开发人员的负担。

（3）MapReduce 是一个并行程序设计模型与方法。它借助于函数式程序设计语言 Lisp 的设计思想，提供了一种简便的并行程序设计方法，用 Map 和 Reduce 两个函数编程实现基本的并行计算任务，提供了抽象的操作和并行编程接口，可以简单方便地完成大规模数据的编程和计算处理。

MapReduce 通过把对数据集的大规模操作分发给网络上的每个节点实现可靠性，每个节点会周期性地返回它所完成的工作和最新的状态。如果一个节点保持沉默超过一个预设的时间间隔，主节点将标记这个节点状态为死亡，并把分配给这个节点的数据发到别的节点上。

4.1.2　MapReduce 的主要功能

MapReduce 的主要功能包括以下几个方面。

1．数据划分和计算任务调度

系统自动将一个作业（Job）待处理的数据划分为很多个数据块，每个数据块对应于一个计算任务（Task），并自动调度计算节点来处理相应的数据块。作业和任务调度功能主要负责分配和调度计算节点（Map 节点或 Reduce 节点），同时负责监控这些节点的执行状态，并负责 Map 节点执行的同步控制。

2．数据/代码互定位

为了减少数据通信，一个基本原则是本地化数据处理，即一个计算节点尽可能处理其本地磁盘上所分布存储的数据，这实现了代码向数据的迁移；当无法进行这种本地化数据处理时，再寻找其他可用节点并将数据从网络上传送给该节点（数据向代码迁移），但将尽可能从数据所在的本地机架上寻找可用节点以减少通信延迟。

3．系统优化

为了减少数据通信开销，中间结果数据进入 Reduce 节点前会进行一定的合并处理；一个 Reduce 节点所处理的数据可能来自多个 Map 节点，为了避免 Reduce 计算阶段发生数据相关性，Map 节点输出的中间结果需使用一定的策略进行适当的划分处理，以保证相关性数据发送到同一个 Reduce 节点。此外，系统还进行一些计算性能优化处理，如对最慢的计算任务采用多备份执行、选最快完成者作为结果。

4．出错检测和恢复

以低端商用服务器构成的大规模 MapReduce 计算集群中，节点硬件（主机、磁盘、内存等）出错和软件出错是常态，因此 MapReduce 需要能检测并隔离出错节点，调度分配新的节点接管出错节点的计算任务。同时，系统还将维护数据存储的可靠性，用多备份冗余存储机制提高数据存储的可靠性，并能及时检测和恢复出错的数据。

4.1.3　MapReduce 的处理流程

MapReduce 中，Map 阶段处理的数据如何传递给 Reduce 阶段，是整个 MapReduce 框架中最关键的一个流程，这个流程就叫 Shuffle。它的核心机制包括数据分区、排序和缓存等。

Map 是映射，负责数据的过滤分发，将原始数据转化为键值对；Reduce 是合并，将具有相同 key 值的 value 进行处理后再输出新的键值对作为最终结果。为了让 Reduce 可以并行处理 Map 的结果，必须对 Map 的输出进行一定的排序与分割，然后再交给对应的 Reduce，这个将 Map 输出进行进一步整理并交给 Reduce 的过程就是 Shuffle。整个 MapReduce 的处理流程大致如图 4.1 所示。

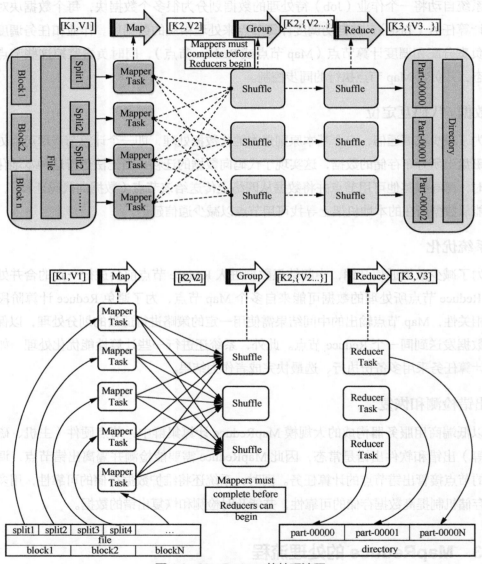

图 4.1　MapReduce 的处理流程

Map 和 Reduce 操作需要开发人员自己定义相应 Map 类和 Reduce 类，以完成所需要的化简、合并操作，而 Shuffle 则是系统自动实现的。了解 Shuffle 的具体流程，能帮助开发人员编写出更加高效的 MapReduce 程序。

Shuffle 过程包含在 Map 和 Reduce 两端，即 Map Shuffle 和 Reduce Shuffle。在 Map 端的 Shuffle 过程是对 Map 的结果进行分区、排序、分割，然后将属于同一划分（分区）的输出合并在一起并写在磁盘上，最终得到一个分区有序的文件。分区有序的含义是 Map 输出的键值对按分区进行排列，具有相同 partition 值的键值对存储在一起，每个分区里面的键值对又按 key 值进行升序排列。

4.2 MapReduce 编程基础

本节首先介绍 Hadoop 内置的数据类型，然后以一个经典的 WordCount 单词计数入门示例分析 MapReduce 的内部处理流程，并以一个自定义分区和自定义数据类型的例子加深读者对 Hadoop 高级特性的理解。

4.2.1 内置数据类型介绍

Hadoop 提供了如下的数据类型，这些数据类型都实现了 WritableComparable 接口，以便用这些类型定义的数据可以被序列化进行网络传输和文件存储以及进行大小比较。

（1）BooleanWritable：标准布尔型数值。
（2）ByteWritable：单字节数值。
（3）DoubleWritable：双字节数。
（4）FloatWritable：浮点数。
（5）IntWritable：整型数。
（6）LongWritable：长整型数。
（7）Text：使用 UTF8 格式存储的文本。
（8）NullWritable：当 <key,value> 中的 key 或 value 为空时使用。
（9）ArrayWritable：存储属于 Writable 类型的值数组（要使用 ArrayWritable 类型作为 Reduce 输入的 value 类型，需要创建 ArrayWritable 的子类来指定存储在其中的 Writable 值的类型）。

下面的例子演示了基本 Hadoop 数据类型的使用。

```
package com.etc;

import org.apache.hadoop.io.ArrayWritable;
import org.apache.hadoop.io.IntWritable;
import org.apache.hadoop.io.MapWritable;
import org.apache.hadoop.io.NullWritable;
```

```java
import org.apache.hadoop.io.Text;

/** hadoop 数据类型与 Java 数据类型 */
public class HadoopDataType {

    /** 使用 hadoop 的 Text 类型数据 */
    public static void testText() {
        System.out.println("testText");
        Text text = new Text("hello hadoop!");
        System.out.println(text.getLength());
        System.out.println(text.find("a"));
        System.out.println(text.toString());
    }
    /** 使用 ArrayWritable */
    public static void testArrayWritable() {
        System.out.println("testArrayWritable");
        ArrayWritable arr = new ArrayWritable(IntWritable.class);
        IntWritable year = new IntWritable(2017);
        IntWritable month = new IntWritable(07);
        IntWritable date = new IntWritable(01);
        arr.set(new IntWritable[] { year, month, date });
        System.out.println(String.format("year=%d,month=%d,date=%d",
            ((IntWritable) arr.get()[0]).get(),
            ((IntWritable) arr.get()[1]).get(),
            ((IntWritable) arr.get()[2]).get()));
    }
    /** 使用 MapWritable */
    public static void testMapWritable() {
        System.out.println("testMapWritable");
        MapWritable map = new MapWritable();
        Text k1 = new Text("name");
        Text v1 = new Text("tonny");
        Text k2 = new Text("password");
        map.put(k1, v1);
        map.put(k2, NullWritable.get());
        System.out.println(map.get(k1).toString());
        System.out.println(map.get(k2).toString());
    }
    public static void main(String[] args) {
        testText();
        testArrayWritable();
        testMapWritable();
    }
}
```

运行结果如图 4.2 所示。

4.2.2 WordCount 入门示例

下面通过一个 WordCount 单词计数经典案例讲解 MapReduce 的处理流程。

有 file1.txt 和 file2.txt 两个文本文件，需要统计文本中每类单词的出现次数。本节将对 WordCount 进行详细的讲解，以演示 MapReduce 的执行过程。详细执行步骤如下。

（1）将文件拆分成 split 分片，由于测试用的文件较小，所以每个文件为一个 split，并将文件按行分割形成 <key,value> 对，如图 4.3 所示。这一步由 MapReduce 框架自动完成，其中偏移量（即 key 值）由 MapReduce 自动计算出来，包括回车所占的字符数，比如"Bye World"的中字母 B 偏移量为 12，因为字母 B 之前的"Hello World"含字母、空格、回车共 12 字节，由系统自动计算出来。

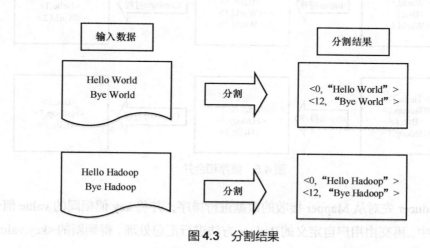

图 4.3　分割结果

（2）将分割好的 <key,value> 对交给用户定义的 map 方法进行处理，生成新的 <key,value> 对。处理流程为先对每一行文字按空格拆分为多个单词，每个单词出现次数设初值为 1，key 为某个单词，value 为 1，如图 4.4 所示。

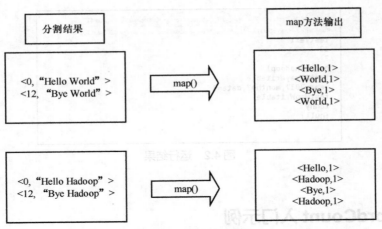

图 4.4 map 方法输出

(3) 得到 map 方法输出的 <key,value> 对后,Mapper 将它们按照 key 值进行升序排序,并执行 Combine 合并过程,将 key 值相同的 value 值累加,得到 Mapper 的最终输出结果,并写入磁盘,如图 4.5 所示。

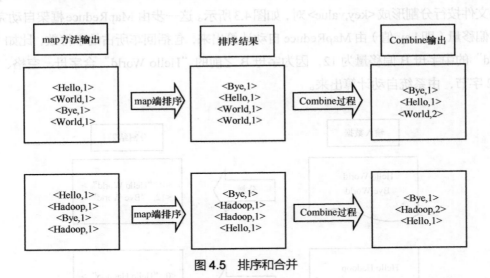

图 4.5 排序和合并

(4) Reducer 先对从 Mapper 接收的数据进行排序,并将 key 值相同的 value 值合并到一个 list 列表中,再交由用户自定义的 Reduce 方法进行汇总处理,得到新的 <key,value> 对,并作为 WordCount 的输出结果,存入 HDFS,如图 4.6 所示。

以上 WordCount 示例用 Java 编写 MapReduce 程序源代码如下。

```
package com.etc;

import java.io.IOException;
```

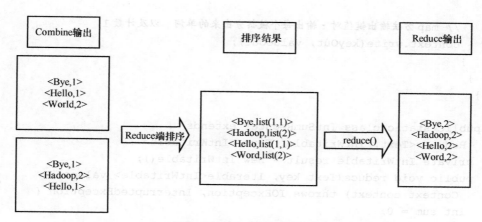

图 4.6 Reduce 方法输出

```java
import java.util.StringTokenizer;
import org.apache.hadoop.conf.Configuration;
import org.apache.hadoop.fs.Path;
import org.apache.hadoop.io.IntWritable;
import org.apache.hadoop.io.LongWritable;
import org.apache.hadoop.io.Text;
import org.apache.hadoop.mapreduce.Job;
import org.apache.hadoop.mapreduce.Mapper;
import org.apache.hadoop.mapreduce.Reducer;
import org.apache.hadoop.mapreduce.lib.input.FileInputFormat;
import org.apache.hadoop.mapreduce.lib.output.FileOutputFormat;
import org.apache.hadoop.util.GenericOptionsParser;

/** 统计文本中单词个数 ：客户端、作业驱动类 */
public class WordCount {
/** Mapper 静态内部类 */
 public static class TokenizerMapper extends
   Mapper<LongWritable, Text, Text, IntWritable> {
  public void map(LongWritable key, Text value, Context context)
    throws IOException, InterruptedException {
   Text keyOut;
   // 定义整数1, 每个单词计数一次
   IntWritable valueOut = new IntWritable(1);
   /*
    * 构造一个用来解析输入 value 值的 StringTokenizer 对象
    * Java 默认的分隔符是 " 空格 "" 制表符 ('\t') "" 换行符 ('\n') "" 回车符 " ('\r')"
    */
   StringTokenizer token = new StringTokenizer(value.toString());
   while (token.hasMoreTokens()) {
    // 返回从当前位置到下一个分隔符的字符串
    keyOut = new Text(token.nextToken());
```

```java
    // map方法输出键值对：输出每个被拆分出来的单词，以及计数1
    context.write(keyOut, valueOut);
  }
}

public static class IntSumReducer extends
    Reducer<Text, IntWritable, Text, IntWritable> {
  private IntWritable result = new IntWritable();
  public void reduce(Text key, Iterable<IntWritable> values,
    Context context) throws IOException, InterruptedException {
    int sum = 0;
    for (IntWritable val : values) {
      sum += val.get();
    }
    result.set(sum);
    context.write(key, result);
  }
}
public static void main(String[] args) throws Exception {
  Configuration conf = new Configuration();
  String[] otherArgs = new GenericOptionsParser(conf, args)
     .getRemainingArgs();
  if (otherArgs.length < 2) {
    System.err.println("Usage: wordcount <in> [<in>...] <out>");
    System.exit(2);
  }
  Job job = new Job(conf, "word count");
  job.setJarByClass(WordCount.class);
  job.setMapperClass(TokenizerMapper.class);
  job.setCombinerClass(IntSumReducer.class);
  job.setReducerClass(IntSumReducer.class);
  job.setOutputKeyClass(Text.class);
  job.setOutputValueClass(IntWritable.class);
  for (int i = 0; i < otherArgs.length - 1; ++i) {
    FileInputFormat.addInputPath(job, new Path(otherArgs[i]));
  }
  FileOutputFormat.setOutputPath(job, new Path(
    otherArgs[otherArgs.length - 1]));
  System.exit(job.waitForCompletion(true) ? 0 : 1);
 }
}
```

运行参数设置如图4.7所示。

运行结果如图4.8所示。

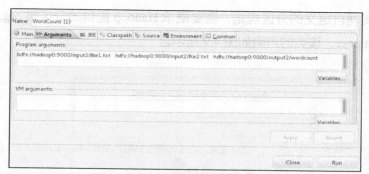

图 4.7　运行参数设置

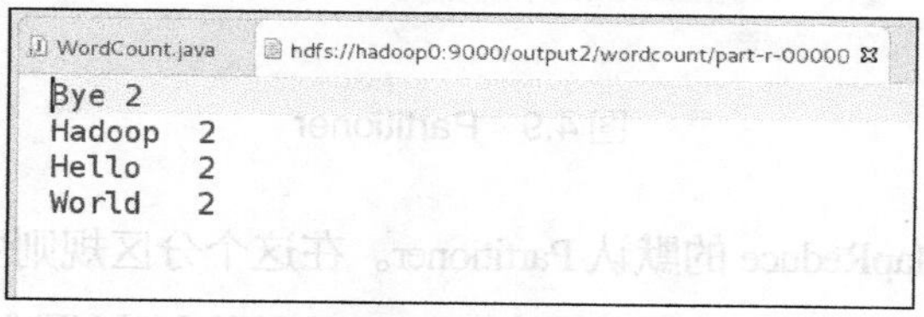

```
Bye     2
Hadoop  2
Hello   2
World   2
```

图 4.8　运行结果

4.2.3　MapReduce 分区与自定义数据类型

在默认情况下，MapReduce 认为 Reduce 函数处理的是数据汇总操作，因此其针对的必定是一个 Map 函数清洗处理后的相对规模较小的数据集，且需要对整个集群中所有 Map 的中间输出结果进行统一处理，因此只会启动一个 Reduce 计算节点来处理。

这与某些特殊的应用需求并不相匹配。在某些特定的时刻，开发人员希望启动更多的并发 Reduce 节点来优化最终结果统计的性能，减小数据处理的延迟，这通过简单的设置代码即可完成，而在更定制化的环境中，开发人员希望符合特定规则的 Map 中间输出交由特定的 Reduce 节点进行处理，这就需要使用 MapReduce 分区，开发人员还可以提供自定义的分区规则。

如果有很多个 Reduce 任务，每个 Map 任务就会针对输出进行分区（Partition），即为每个 Reduce 任务建一个分区。每个分区有许多键（及其对应的值），但每个键对应的键值对记录都在同一分区中。如果不给定自定义的分区规则，则 Hadoop 将使用默认的哈希函数来分区，效率较高。

如果希望在执行任务时提供多个 Reduce 计算节点并发处理，只需要在任务调度代码中执行：

```
Job.setNumReduceTasks(自定义 Reduce 任务数量);
```

如果希望实现自定义的分区规则，需要继承 Hadoop 提供的分区类 org.apache.hadoop.mapreduce.Partitioner，该类的声明如图 4.9 所示。

图 4.9　Partitioner

HashPartitioner 是 MapReduce 的默认 Partitioner。在这个分区规则中，选择 Reduce 节点的对应计算方法是 which reducer=(key.hashCode() & Integer.MAX_VALUE) % numReduceTasks，得到当前的目的 Reducer，如图 4.10 所示。

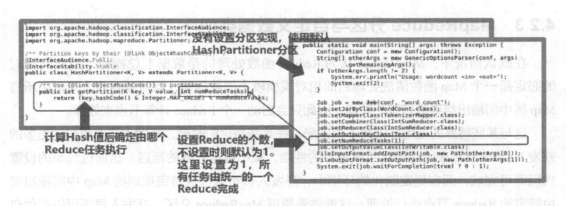

图 4.10　HashPartitioner

分区和序列化可以同时使用，以实现更为灵活的任务调度控制。例如，图 4.11 所示的原始数据。

要求按照如下的规则进行统计处理：实现矩形按面积升序排序，长方形和正方形分区统计，并存入两个不同的结果文件。

因为要按照矩形的面积进行排序，因此矩形的信息必须定义为一个自定义的序列化类型，并作为 MapReduce 任务中 Map 函数的输出 Key 类型和

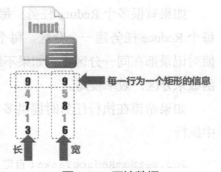

图 4.11　原始数据

Reduce 函数的输入 Key 类型，在该序列化类型中需要定义矩形的长和宽、序列化、反序列化的方法以及对应的比较方法，该序列化类型的参考实现如下。

```java
class RectangleWritable implements WritableComparable {
    // 矩形长和宽
 int length, width;
 public int getLength() {
  return length;
 }
 public void setLength(int length) {
  this.length = length;
 }
 public int getWidth() {
  return width;
 }
 public void setWidth(int width) {
  this.width = width;
 }
    // 构造方法
 public RectangleWritable() {
  super();
  // TODO Auto-generated constructor stub
 }
 public RectangleWritable(int length, int width) {
  super();
  this.length = length;
  this.width = width;
 }
    // 序列化写
@Override
 public void write(DataOutput out) throws IOException {
  // TODO Auto-generated method stub
  out.writeInt(length);
  out.writeInt(width);
 }
    // 序列化读
@Override
 public void readFields(DataInput in) throws IOException {
  // TODO Auto-generated method stub
  this.length = in.readInt();
  this.width = in.readInt();
 }
    // 比较方法，实现按面积大小排序
@Override
 public int compareTo(Object o) {
```

```java
        // TODO Auto-generated method stub
        RectangleWritable to = (RectangleWritable) o;
        if (this.getLength() * this.getWidth() > to.getLength() * to.getWidth())
            return 1;
        if (this.getLength() * this.getWidth() < to.getLength() * to.getWidth())
            return -1;
        return 0;
    }
}
```

接下来实现判定一个矩形是否为正方形，并交由特定的 Reduce 任务处理的分区规则。

```java
class MyPatitioner extends Partitioner<RectangleWritable, NullWritable> {
    @Override
    public int getPartition(RectangleWritable k2, NullWritable v2,
        int numReduceTasks) {
      if (k2.getLength() == k2.getWidth()) {
        return 0; // 正方形在任务 0 中汇总
      } else
        return 1;// 长方形在任务 1 中汇总
    }
}
```

Map 函数的参考实现如下。

```java
static class MyMapper extends
  Mapper<LongWritable, Text, RectangleWritable, NullWritable> {
    protected void map(LongWritable k1, Text v1, Context context)
        throws IOException, InterruptedException {
      String[] splites = v1.toString().split(" ");
      RectangleWritable k2 = new RectangleWritable(
        Integer.parseInt(splites[0]), Integer.parseInt(splites[1]));
      context.write(k2, NullWritable.get());
    };
}
```

Reduce 函数的参考实现如下。

```java
static class MyReducer extends
  Reducer<RectangleWritable, NullWritable, IntWritable, IntWritable> {
    protected void reduce(RectangleWritable k2, Iterable<NullWritable> v2s,
        Context context) throws IOException, InterruptedException {
      context.write(new IntWritable(k2.getLength()),
        new IntWritable(k2.getWidth()));
    };
}
```

最后，注意在任务调度代码中确定 Reduce 任务的数量和设置分区规则。

```
job.setPartitionerClass(MyPatitioner.class);
job.setNumReduceTasks(2);
```

程序的最终运行结果如图 4.12 所示。

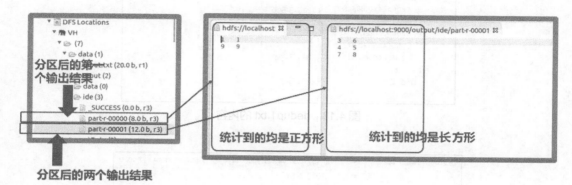

图 4.12　运行结果

完整代码实现可参考本书电子资源中的代码。

4.3　MapReduce 综合实例——数据去重

基于前面对 MapReduce 的理论准备，下面做几个综合实验来具体说明 MapReduce 的编程思想、开发流程，以掌握 MapReduce 的具体应用。这几个实验包括数据去重、数据排序、求学生平均成绩等常规应用场景。

数据去重主要是为了掌握和利用并行化思想来对数据进行有意义的筛选。统计大数据集上的数据种类及个数、从网站日志中计算访问来源等看似庞杂的任务都会涉及数据去重。下面就进入这个实例的 MapReduce 程序设计。

4.3.1　实例描述

对数据文件中的数据进行去重。数据文件中的每行都是一个数据。dedup1.txt 和 dedup2.txt 为上传至 HDFS 的文件(可以通过 Eclipse 的 Hadoop 插件新建 input 文件夹，然后上传至此目录下)。样例输入内容 dedup1.txt 的内容如图 4.13 所示。

dedup2.txt 的内容如图 4.14 所示。

经过 MapReduce 去重之后，预想样本输出格式如图 4.15 所示。

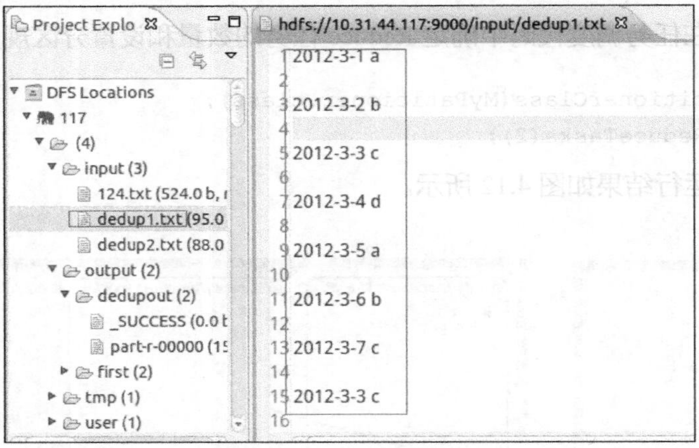

图 4.13 dedup1.txt 的内容

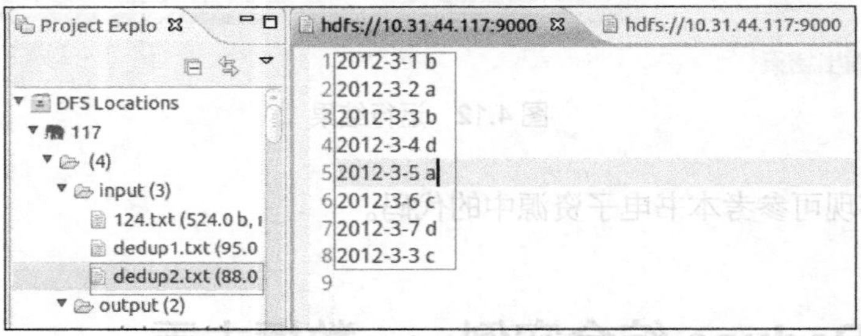

图 4.14 dedup2.txt 的内容

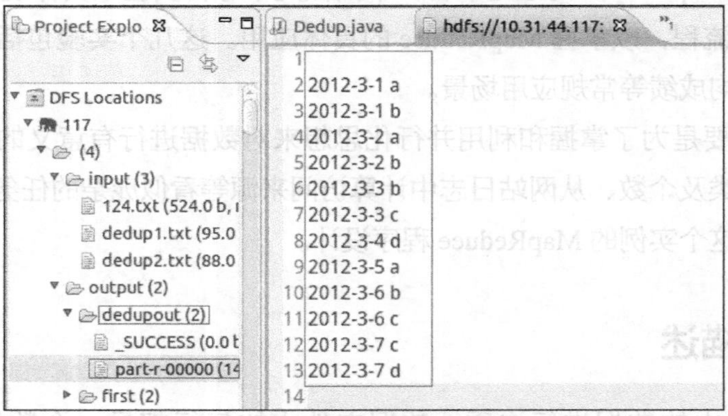

图 4.15 预想样本输出格式

4.3.2 设计思路

数据去重的最终目标是让原始数据中出现次数超过一次的数据在输出文件中只出现一次。我们自然而然会想到将同一个数据的所有记录都交给一台 Reduce 机器，无论这个数据出现多少次，只要在最终结果中输出一次即可。具体就是 Reduce 的输入应该以数据作为 key，而对 value-list 则没有要求。

当 Reduce 接收到一个 <key,value-list> 时就直接将 key 复制到输出的 key 中，并将 value 设置成空值。Reduce 中的 key 表示的是要统计的数据，例如"2012-3-7 c"，另外的 value 可以理解为一个序号，没有太大的作用，可理解为无意义数据。

在 MapReduce 流程中，Map 的输出 <key,value> 经过 Shuffle 过程聚集成 <key,value-list> 后会交给 Reduce。Shuffle 是 MapReduce 的关键，也是 MapReduce 的难点，明白 Shuffle 之后，MapReduce 就没有什么太难的内容了。而这里的 value-list 则是 Shuffle 的难点。value-list 可以理解成是用来标识有效数据的。但是其本身没有太大意义。所以从设计好的 Reduce 输入可以反推出 Map 的输出 key 应为数据，value 任意。

继续反推，Map 输出数据的 key 为数据，而在这个实例中每个数据代表输入文件中的一行内容，所以 Map 阶段要完成的任务就是在采用 Hadoop 默认的作业输入方式之后，将 value 设置为 key，并直接输出（输出中的 value 任意）。Map 中的结果经过 Shuffle 过程之后交给 Reduce。Reduce 阶段不会管每个 key 有多少个 value，它直接将输入的 key 复制为输出的 key，并输出即可（输出中的 value 被设置成空）。

4.3.3 程序代码

程序代码如下所示。

```
import java.io.IOException;

import org.apache.hadoop.conf.Configuration;
import org.apache.hadoop.fs.Path;
import org.apache.hadoop.io.Text;
import org.apache.hadoop.mapreduce.Job;
import org.apache.hadoop.mapreduce.Mapper;
import org.apache.hadoop.mapreduce.Reducer;
import org.apache.hadoop.mapreduce.lib.input.FileInputFormat;
import org.apache.hadoop.mapreduce.lib.output.FileOutputFormat;
import org.apache.hadoop.util.GenericOptionsParser;

public class Dedup {
  // map 将输入中的 value 复制到输出数据的 key 上并直接输出
  public static class Map extends Mapper<Object, Text, Text, Text> {
    private static Text line = new Text();// 每行数据
    // 实现 map 函数
    public void map(Object key, Text value, Context context)
      throws IOException, InterruptedException {
```

```java
      line = value;
      context.write(line, new Text(""));
    }
}
// Reduce 将输入中的 key 复制到输出数据的 key 上并直接输出
public static class Reduce extends Reducer<Text, Text, Text, Text> {
    // 实现 Reduce 函数
    public void reduce(Text key, Iterable<Text> values, Context context)
        throws IOException, InterruptedException {
      context.write(key, new Text(""));
    }
}
public static void main(String[] args) throws Exception {
    Configuration conf = new Configuration();
    // 这句话很关键
    conf.set("mapred.job.tracker", "hadoop0:9001");
    String[] ioArgs = new String[] { "hdfs://hadoop0:9000/input/up.txt",
        "hdfs://hadoop0:9000/output/dedupout" };
    String[] otherArgs = new GenericOptionsParser(conf, ioArgs)
        .getRemainingArgs();
    if (otherArgs.length != 2) {
      System.err.println("Usage: Data Deduplication <in> <out>");
      System.exit(2);
    }
    Job job = new Job(conf, "Dedup");
    job.setJarByClass(Dedup.class);
    // 设置 Map、Combine 和 Reduce 处理类
    job.setMapperClass(Map.class);
    job.setCombinerClass(Reduce.class);
    job.setReducerClass(Reduce.class);
    // 设置输出类型
    job.setOutputKeyClass(Text.class);
    job.setOutputValueClass(Text.class);
    // 设置输入和输出目录
    FileInputFormat.addInputPath(job, new Path(otherArgs[0]));
    FileOutputFormat.setOutputPath(job, new Path(otherArgs[1]));
    System.exit(job.waitForCompletion(true) ? 0 : 1);
  }
}
```

4.3.4 运行结果

运行结果如图 4.16 所示。

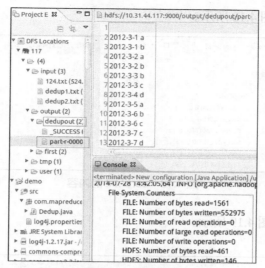

图 4.16　运行结果

4.4　MapReduce 综合实例——数据排序

4.4.1　实例描述

"数据排序"是许多实际任务执行时要完成的第一项工作，比如学生成绩评比、数据索引建立等。这个实例与数据去重类似，都是先对原始数据进行初步处理，为进一步的数据操作打好基础。下面进入此实验。

对输入文件中的数据进行排序。输入文件中的每行内容均为一个数字，即一个数据。要求在输出中每行有两个间隔的数字，第一个代表原始数据在原始数据集中的位次，第二个代表原始数据。下面的 sort1.txt、sort2.txt、sort3.txt 均为上传至 HDFS 文件系统的 /input 目录下的文件。

样本输入 sort1.txt 的内容如图 4.17 所示。

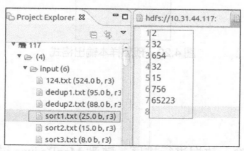

图 4.17　sort1.txt 的内容

sort2.txt 的内容如图 4.18 所示。

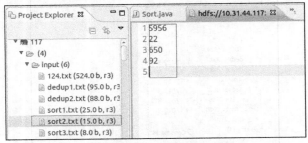

图 4.18　sort2.txt 的内容

sort3.txt 的内容如图 4.19 所示。

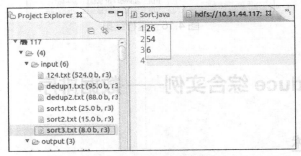

图 4.19　sort3.txt 的内容

预想样本输出格式为"位次 数字",如图 4.20 所示。

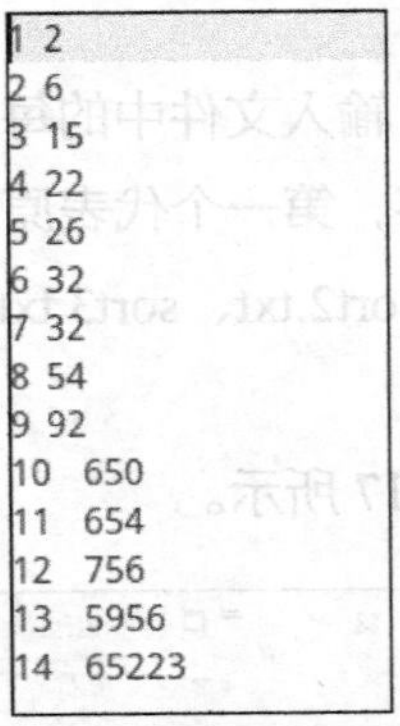

```
1  2
2  6
3  15
4  22
5  26
6  32
7  32
8  54
9  92
10 650
11 654
12 756
13 5956
14 65223
```

图 4.20　预想样本输出格式

4.4.2　设计思路

此实验仅仅要求对输入数据进行排序,熟悉 MapReduce 过程的读者很快会想到在

MapReduce 过程中就有排序，是否可以利用这个默认的排序，而不需要自己再实现具体的排序呢？答案是肯定的。

但是在使用之前首先需要了解它的默认排序规则。它是按照 key 值进行排序的，如果 key 是封装为 int 的 IntWritable 类型，那么 MapReduce 按照数字大小对 key 排序；如果 key 是封装为 String 的 Text 类型，那么 MapReduce 按照字典顺序对字符串排序。

了解了这个细节，就知道应该使用封装为 int 的 IntWritable 型数据结构了。也就是在 Map 中将读入的数据转化成 IntWritable 型，然后作为 key 值输出（value 任意）。Reduce 拿到 <key,value-list> 之后，将输入的 key 作为 value 输出，并根据 value-list 中元素的个数决定输出的次数。输出的 key（即代码中的 linenum）是一个全局变量，它统计当前 key 的位次。需要注意的是，这个程序中没有配置 Combiner，也就是在 MapReduce 过程中不使用 Combiner。这主要是因为使用 Map 和 Reduce 就已经能够完成任务。

4.4.3　程序代码

程序代码如下所示。

```java
import java.io.IOException;
import org.apache.hadoop.conf.Configuration;
import org.apache.hadoop.fs.Path;
import org.apache.hadoop.io.IntWritable;
import org.apache.hadoop.io.Text;
import org.apache.hadoop.mapreduce.Job;
import org.apache.hadoop.mapreduce.Mapper;
import org.apache.hadoop.mapreduce.Reducer;
import org.apache.hadoop.mapreduce.lib.input.FileInputFormat;
import org.apache.hadoop.mapreduce.lib.output.FileOutputFormat;
import org.apache.hadoop.util.GenericOptionsParser;

public class Sort {
  // Map 将输入中的 value 化成 IntWritable 类型，作为输出的 key
  public static class Map extends
      Mapper<Object, Text, IntWritable, IntWritable> {
    private static IntWritable data = new IntWritable();
    // 实现 Map 函数
    public void map(Object key, Text value, Context context)
        throws IOException, InterruptedException {
      String line = value.toString();
      data.set(Integer.parseInt(line));
      context.write(data, new IntWritable(1));
    }
  }
```

```java
// Reduce 将输入中的 key 复制到输出数据的 key 上，
// 然后根据输入的 value-list 中元素的个数决定 key 的输出次数
// 用全局 linenum 代表 key 的位次
public static class Reduce extends
    Reducer<IntWritable, IntWritable, IntWritable, IntWritable> {
  private static IntWritable linenum = new IntWritable(1);
  // 实现 Reduce 函数
  public void reduce(IntWritable key, Iterable<IntWritable> values,
      Context context)
    throws IOException, InterruptedException {
    for (IntWritable val : values) {
      context.write(linenum, key);
      linenum = new IntWritable(linenum.get() + 1);
    }
  }
}

public static void main(String[] args) throws Exception {
  Configuration conf = new Configuration();
  conf.set("mapred.job.tracker", "hadoop0:9001");
  String[] ioArgs = new String[] { "hdfs://hadoop0:9000/input/sort*",
      "hdfs://hadoop0:9000/output/sortout" };
  String[] otherArgs = new GenericOptionsParser(conf, ioArgs)
      .getRemainingArgs();
  if (otherArgs.length != 2) {
    System.err.println("Usage: Data Sort <in> <out>");
    System.exit(2);
  }
  Job job = new Job(conf, "Data Sort");
  job.setJarByClass(Sort.class);
  // 设置 Map 和 Reduce 处理类
  job.setMapperClass(Map.class);
  job.setReducerClass(Reduce.class);
  // 设置输出类型
  job.setOutputKeyClass(IntWritable.class);
  job.setOutputValueClass(IntWritable.class);
  // 设置输入和输出目录
  FileInputFormat.addInputPath(job, new Path(otherArgs[0]));
  FileOutputFormat.setOutputPath(job, new Path(otherArgs[1]));
  System.exit(job.waitForCompletion(true) ? 0 : 1);
}
```

4.4.4 运行结果

运行配置如"数据去重",这里不再重复。运行结果如图 4.21 所示。

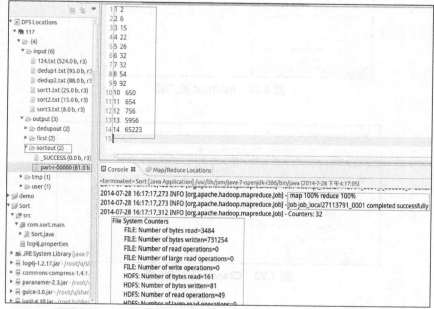

图 4.21 运行结果

4.5 MapReduce 综合实例——求学生平均成绩

该实验主要就是实现一个计算学生语文、数学、英语三科平均成绩的例子。

4.5.1 实例描述

对输入文件中的数据进行计算求学生平均成绩。输入文件中的每行内容均为一名学生的姓名和他相应的成绩,如果有多门学科,则每门学科为一个文件。要求在输出中每行有两个间隔的数据,第一个代表学生的姓名,第二个代表其平均成绩。下面的 math.txt、Chinese.txt、English.txt 均为上传至 HDFS 文件系统的 /input/score 目录下的文件。

样本输入 math.txt 的内容如图 4.22 所示。

Chinese.txt 的内容如图 4.23 所示。

English.txt 的内容如图 4.24 所示。

预想样本输出格式为"姓名 平均成绩",如图 4.25 所示。

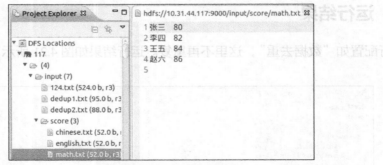

图 4.22 math.txt 的内容

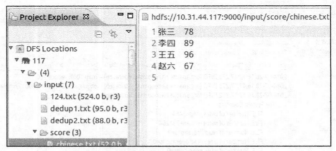

图 4.23 Chinese.txt 的内容

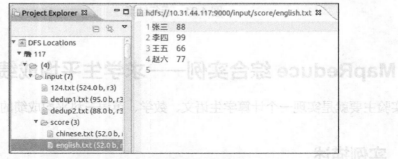

图 4.24 English.txt 的内容

张三	82
李四	90
王五	82
赵六	76

图 4.25 预想样本输出格式

4.5.2 设计思路

重温一下开发 MapReduce 程序的流程。程序包括 Map 部分和 Reduce 部分两部分的内容，分别实现了 Map 和 Reduce 的功能。

Map 处理的是一个纯文本文件，文件中的每一行表示一名学生的姓名和他相应一科的成绩。Mapper 处理的数据是由 InputFormat 分解过的数据集，其中 InputFormat 的作用是将数据集切割成小数据集 InputSplit，每一个 InputSlit 将由一个 Mapper 负责处理。此外，InputFormat 中还提供了一个 RecordReader 的实现，并将一个 InputSplit 解析成 <key,value> 对提供给了 map 函数。

InputFormat 的默认值是 TextInputFormat，它针对文本文件，按行将文本切割成 InputSlit，并用 LineRecordReader 将 InputSplit 解析成 <key,value> 对，key 是行在文本中的位置，value 是文件中的一行。

Map 的结果会通过 partitioon 分发到 Reducer，Reducer 完成 Reduce 操作后，将以格式 OutputFormat 输出。

Mapper 最终处理的结果对 <key,value> 会送到 Reducer 中进行合并，合并的时候，有相同 key 的键值对则送到同一个 Reducer 上。Reduce 是所有用户定制 Reducer 类的基础，它的输入是 key 和这个 key 对应的所有 value 的一个迭代器，同时还有 Reducer 的上下文。Reduce 的结果由 Reducer.Context 的 write 方法输出到文件中。

4.5.3　程序代码

程序代码如下所示。

```java
import java.io.IOException;
import java.util.Iterator;
import java.util.StringTokenizer;
import org.apache.hadoop.conf.Configuration;
import org.apache.hadoop.fs.Path;
import org.apache.hadoop.io.IntWritable;
import org.apache.hadoop.io.LongWritable;
import org.apache.hadoop.io.Text;
import org.apache.hadoop.mapreduce.Job;
import org.apache.hadoop.mapreduce.Mapper;
import org.apache.hadoop.mapreduce.Reducer;
import org.apache.hadoop.mapreduce.lib.input.FileInputFormat;
import org.apache.hadoop.mapreduce.lib.input.TextInputFormat;
import org.apache.hadoop.mapreduce.lib.output.FileOutputFormat;
import org.apache.hadoop.mapreduce.lib.output.TextOutputFormat;
import org.apache.hadoop.util.GenericOptionsParser;

public class Score {
 public static class Map extends
```

```java
    Mapper<LongWritable, Text, Text, IntWritable> {
  // 实现 Map 函数
  public void map(LongWritable key, Text value, Context context)
    throws IOException, InterruptedException {
    // 将输入的纯文本文件的数据转化成 String
    String line = value.toString();
    // 将输入的数据首先按行进行分割
    StringTokenizer tokenizerArticle = new StringTokenizer(line, "\n");
    // 分别对每一行进行处理
    while (tokenizerArticle.hasMoreElements()) {
      // 每行按空格划分
      StringTokenizer tokenizerLine = new StringTokenizer(
        tokenizerArticle.nextToken());
      String strName = tokenizerLine.nextToken();// 学生姓名部分
      String strScore = tokenizerLine.nextToken();// 成绩部分
      Text name = new Text(strName);
      int scoreInt = Integer.parseInt(strScore);
      // 输出姓名和成绩
      context.write(name, new IntWritable(scoreInt));
    }
  }
}

public static class Reduce extends
  Reducer<Text, IntWritable, Text, IntWritable> {
  // 实现 Reduce 函数
  public void reduce(Text key, Iterable<IntWritable> values,
    Context context) throws IOException, InterruptedException {
    int sum = 0;
    int count = 0;
    Iterator<IntWritable> iterator = values.iterator();
    while (iterator.hasNext()) {
      sum += iterator.next().get();// 计算总分
      count++;// 统计总科目数
    }
    int average = (int) sum / count;// 计算平均成绩
    context.write(key, new IntWritable(average));
  }
}
public static void main(String[] args) throws Exception {
  Configuration conf = new Configuration();
  conf.set("mapred.job.tracker", "hadoop0:9001");
  String[] ioArgs = new String[] { "hdfs://hadoop0:9000/input/score/*",
    "hdfs://hadoop0:9000/output/scoreout" };
  String[] otherArgs = new GenericOptionsParser(conf, ioArgs)
    .getRemainingArgs();
```

```java
if (otherArgs.length != 2) {
  System.err.println("Usage: Score Average <in> <out>");
  System.exit(2);
}
Job job = new Job(conf, "Score Average");
job.setJarByClass(Score.class);
// 设置 Map、Combine 和 Reduce 处理类
job.setMapperClass(Map.class);
job.setCombinerClass(Reduce.class);
job.setReducerClass(Reduce.class);
// 设置输出类型
job.setOutputKeyClass(Text.class);
job.setOutputValueClass(IntWritable.class);
// 将输入的数据集分割成小数据块 splites, 提供一个 RecordReder 的实现
job.setInputFormatClass(TextInputFormat.class);
// 提供一个 RecordWriter 的实现, 负责数据输出
job.setOutputFormatClass(TextOutputFormat.class);
// 设置输入和输出目录
FileInputFormat.addInputPath(job, new Path(otherArgs[0]));
FileOutputFormat.setOutputPath(job, new Path(otherArgs[1]));
System.exit(job.waitForCompletion(true) ? 0 : 1);
}
}
```

4.5.4 运行结果

运行配置如"数据去重",这里不再重复。运行结果如图 4.26 所示。

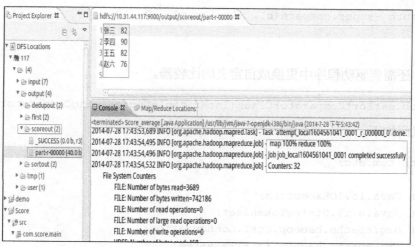

图 4.26 运行结果

4.6 MapReduce 综合实例——WordCount 高级示例

我们对 WordCount 入门示例进行改造，在原有的单词计数功能上再添加一项功能：按词频降序排列，即出现次数多的单词排前面，出现次数少的单词排后面。

为了实现按词频降序排序，需要在已经完成的单词计数功能上加入两个步骤，一是交换 key-value，二是实现降序。因为单词计数的初步输出的 key-value 键值对是"单词 次数"，如"hello 2"，我们需要将其交换成"次数 单词"，如"2 hello"，然后 MapReduce 便会自动按新的 key，即"次数"进行排序。

要交换 key-value，只需调用系统内置的 InverseMapper 类即可。

```
sortJob.setMapperClass(InverseMapper.class);
```

要实现降序则比较麻烦，因为 MapReduce 默认自动按新的 key，即"次数"进行升序排序，次数是 IntWritable 类型，我们需要重新定义 IntWritableDecreaseingComparator 类，继承自 IntWritable.Comparator，重写其中的 compare 比较函数，将比较结果取负数即可实现降序效果。

```
  private static class IntWritableDecreaseingComparator extends
    IntWritable.Comparator {
  @Override
  public int compare(WritableComparable a, WritableComparable b) {
    return -super.compare(a, b);    // 比较结果取负数即可实现降序排序
  }
  @Override
    public int compare(byte[] b1, int s1, int l1, byte[] b2, int s2, int l2) {
    return -super.compare(b1, s1, l1, b2, s2, l2);
  }
  }
```

此外，还需要驱动程序中更换成自定义的比较器。

```
sortJob.setSortComparatorClass(IntWritableDecreaseingComparator.class);
```

完整代码如下。

```
package com.etc;

import Java.io.IOException;
import Java.util.StringTokenizer;
import org.apache.hadoop.conf.Configuration;
import org.apache.hadoop.fs.FileSystem;
import org.apache.hadoop.fs.Path;
import org.apache.hadoop.io.IntWritable;
```

```java
import org.apache.hadoop.io.Text;
import org.apache.hadoop.io.WritableComparable;
import org.apache.hadoop.mapreduce.Job;
import org.apache.hadoop.mapreduce.Mapper;
import org.apache.hadoop.mapreduce.Partitioner;
import org.apache.hadoop.mapreduce.Reducer;
import org.apache.hadoop.mapreduce.lib.input.FileInputFormat;
import org.apache.hadoop.mapreduce.lib.input.SequenceFileInputFormat;
import org.apache.hadoop.mapreduce.lib.input.TextInputFormat;
import org.apache.hadoop.mapreduce.lib.map.InverseMapper;
import org.apache.hadoop.mapreduce.lib.output.FileOutputFormat;
import org.apache.hadoop.mapreduce.lib.output.SequenceFileOutputFormat;
import org.apache.hadoop.mapreduce.lib.output.TextOutputFormat;

public class WordCount2 {
public static class TokenizerMapper extends
    Mapper<Object, Text, Text, IntWritable> {
  public void map(Object key, Text value, Context context)
    throws IOException, InterruptedException {
    System.out.println(key);
    Text keyOut;
    IntWritable valueOut = new IntWritable(1);
    StringTokenizer token = new StringTokenizer(value.toString());
            // 每单词计为1次
    while (token.hasMoreTokens()) {
     keyOut = new Text(token.nextToken());
     context.write(keyOut, valueOut);
    }
   }
  }
  public static class IntSumReducer extends
    Reducer<Text, IntWritable, Text, IntWritable> {
   private IntWritable result = new IntWritable();
   public void reduce(Text key, Iterable<IntWritable> values,
    Context context) throws IOException, InterruptedException {
    int sum = 0;
            // 同一单词出现次数求和
    for (IntWritable val : values) {
     sum += val.get();
    }
    result.set(sum);
    context.write(key, result);
   }
  }
/**
 * 实现降序排序
```

```java
     */
    private static class IntWritableDecreaseingComparator extends
      IntWritable.Comparator {
      @Override
      public int compare(WritableComparable a, WritableComparable b) {
        return -super.compare(a, b);// 比较结果取负数即可实现降序排序
      }
      @Override
      public int compare(byte[] b1, int s1, int l1, byte[] b2, int s2, int l2) {
        return -super.compare(b1, s1, l1, b2, s2, l2);
      }
    }

    public static void main(String[] args) throws Exception {
      Configuration conf = new Configuration();
      // 定义一个临时目录
      Path tempDir = new Path("hdfs://hadoop0:9000/output2/wordcount1");
      try {
        Job job = new Job(conf, "word count ");
        job.setJarByClass(WordCount2.class);
        job.setMapperClass(TokenizerMapper.class);
        job.setCombinerClass(IntSumReducer.class);
        job.setReducerClass(IntSumReducer.class);
        // 自定义分区
        job.setNumReduceTasks(2);
        // 指定输出类型
        job.setOutputKeyClass(Text.class);
        job.setOutputValueClass(IntWritable.class);
        // 指定统计作业输出格式，与排序作业的输入格式应对应
        job.setOutputFormatClass(SequenceFileOutputFormat.class);
        // 指定待统计文件目录
        FileInputFormat.addInputPath(job, new Path(
          "hdfs://hadoop0:9000/input2"));
        // 先将词频统计作业的输出结果写到临时目录中，下一个排序作业以临时目录为输入目录
        FileOutputFormat.setOutputPath(job, tempDir);
        if (job.waitForCompletion(true)) {
          Job sortJob = new Job(conf, "sort");
          sortJob.setJarByClass(WordCount2.class);
          // 指定临时目录作为排序作业的输入
          FileInputFormat.addInputPath(sortJob, tempDir);
          sortJob.setInputFormatClass(SequenceFileInputFormat.class);
          // 由 Hadoop 库提供，作用是实现 map() 后的数据对 key 和 value 交换
          sortJob.setMapperClass(InverseMapper.class);
          // 将 Reducer 的个数限定为 1，最终输出的结果文件就是一个
          sortJob.setNumReduceTasks(1);
```

```
       // 最终输出目录，如果存在应先删除再运行
       FileOutputFormat.setOutputPath(sortJob, new Path(
         "hdfs://hadoop0:9000/output2/wordcount2"));
       sortJob.setOutputKeyClass(IntWritable.class);
       sortJob.setOutputValueClass(Text.class);
       sortJob.setOutputFormatClass(TextOutputFormat.class);
       // Hadoop 默认对 IntWritable 按升序排序，重写 IntWritable.Comparator 类实现
降序排序
       sortJob.setSortComparatorClass(IntWritableDecreaseingComparator.
class);
       if (sortJob.waitForCompletion(true)) {
        System.out.println("ok");
       }
      }
    } catch (Exception ex) {
     ex.printStackTrace();
    }
   }
  }
```

4.7　小结

本章先介绍了 MapReduce 原理，包括 MapReduce 概述、MapReduce 主要功能、MapReduce 处理流程等内容；然后重点讲解了使用 Java 语言利用 MapReduce 框架进行编程实现，包括 MapReduce 内置数据类型与自定义数据类型、MapReduce 分区、WordCount 入门示例等；最后介绍了 4 个 MapReduce 开发实例，包括数据去重、数据排序、求学生平均成绩、WordCount 高级示例等，基本涵盖了 MapReduce 的使用方法。

4.8　配套视频

本章的配套视频有 2 个：
（1）MapReduce 编程基础；
（2）WordCount 综合示例。
读者可从配套电子资源中获取。

第二篇
Hadoop 生态系统的主要大数据工具整合应用

第5章 NoSQL 数据库 HBase

NoSQL 是 "Not Only SQL" 的缩写，泛指用来解决大数据相关问题而创建的数据库技术，NoSQL 技术不会完全替代关系型数据库，而是关系型数据的一种补充。HBase 是建立在 Hadoop 文件系统之上的分布式面向列的 NoSQL 数据库。它是一个开源项目，可横向扩展。HBase 的数据模型，类似于谷歌的 BigTable 设计，可以快速随机访问海量半结构化数据，并利用了 Hadoop 的文件系统 HDFS 提供的容错能力。

本章涉及的主要知识点如下。

（1）HBase 原理：HBase 概述、HBase 核心概念、HBase 的关键流程。
（2）HBase 安装：解压并配置环境变量、配置 HBase 参数、验证 HBase。
（3）HBase Shell：学会使用 HBase Shell 命令来操作 HBase 数据。

5.1 HBase 原理

HBase 是 NoSQL 数据库的一种，与传统关系型数据库有很多区别，既可以存储结构化数据，也可以存储非结构化数据或半结构化数据。本节包括 HBase 概述、HBase 核心概念、HBase 的关键流程等内容。

5.1.1 HBase 概述

如果需要实时随机地访问超大规模数据集，就可以使用 HBase 这一 Hadoop 应用。HBase 是一个在 HDFS 上开发的面向列的分布式数据库。

虽然数据库存储和检索的实现可以选择很多不同的策略，但是绝大多数解决办法，特别是关系型数据库技术的变种，不是为大规模可伸缩的分布式处理设计的。很多厂商提供了复制（replication）和分区（partitioning）解决方案，让数据库能够从单个节点上扩展出去，但是这些附加的技术大都属于"事后"的解决办法，而且非常难以安装和维护，并且这些解决办法常常要牺牲一些重要的关系型数据库管理系统（RDBMS）特性。

在一个"扩展的"RDBMS 上，连接、复杂查询、触发器、视图以及外键约束这些功能或运行开销大,或根本无法用。HBase 从另一个方向来解决可伸缩性的问题,它自底向上地进行构建,能够简单地通过增加节点来达到线性扩展的目的。

HBase 并不是关系型数据库,它不支持 SQL。但在特定的问题空间里,它能够做 RDBMS 不能做的事:在廉价硬件构成的集群上管理超大规模的稀疏表。

HBase 是 Apache 的顶级开源项目,本质上是谷歌 BigTable 的开源山寨版本。建立的 HDFS 之上,提供高可靠性、高性能、列存储、可伸缩、实时读写的数据库系统,它介于 NoSQL 和 RDBMS 之间,仅能通过主键(row key)和主键的范围(range)来检索数据,仅支持单行事务(可通过 Hive 支持来实现多表 join 等复杂操作)。主要用来存储非结构化和半结构化的松散数据。

5.1.2 HBase 核心概念

HBase 的数据存放在带标签的表中。表由行和列组成。表格的"单元格"(cell)由行和列的坐标交叉决定,是有版本的。默认情况下,版本号是自动分配的,为 HBase 插入单元格时的时间戳。单元格的内容是未解释的字节数组。HBase 是一个稀疏、长期存储、多维度、排序的映射表。这张表的索引是行关键字、列关键字和时间戳。每个值是一个二进制的字节数组。

1.行关键字

row key 保存为字节数组,是用来检索记录的主键。可以是任意字符串(最大长度是 64KB)。存储时,数据按照 row key 的字典序(byte order)排序存储。设计 row key 时,要充分利用排序存储这个特性,将经常一起读取的行存储放到一起。

2.列关键字

列关键字由列族 column family 和列 qualifier 两部分组成。列族是表的 schema 元数据的一部分(而列不是),必须在使用表之前定义。列名都以列族作为前缀。例如 courses:history、courses:math 都属于 courses 这个列族。有关联的数据应都放在一个列族里,否则将降低读写效率。目前 HBase 并不能很好地处理多个列族,建议最多使用两个列族。

3.时间戳

HBase 中通过 row 和 columns 确定的一个存储单元称为 cell。每个 cell 都保存着同一份数据的多个版本。版本通过时间戳来索引。时间戳的类型是 64 位整型。时间戳可以由 HBase 在数据写入时自动赋值,此时时间戳是精确到毫秒的当前系统时间。时间戳也可以由客户显式赋值。如果应用程序要避免数据版本冲突,就必须自己生成具有唯一性的时间戳。每个 cell 中，不同版本的数据按照时间倒序排序，即最新的数据排在最前面。为了避免数据存在过多版本造成管理（包括存储和索引）负担，HBase 提供了两种数据版本回收方式。一是保存数据的最后 N 个版本（比如 3 个），二是保存最近一段时间内的版本（比如最近 7 天）。用户可以针对每个列族进行设置。

4．cell

由 {row key, column(=<family> + <label>), version} 唯一确定的单元，cell 中的数据是没有类型的，全部以字节码形式存储。

与 NoSQL 数据库一样，row key 是用来检索记录的主键。访问 HBase 表中的行，只有 3 种方式。

（1）通过单个 row key 访问单条记录。
（2）通过 row key 的 range 指定检索范围。
（3）全表扫描。

物理上，所有的列族成员都一起存放在文件系统中。所以，虽然把 HBase 描述为一个面向列的存储器，但实际上更准确的说法是，HBase 是个面向列族的存储器。由于调优和存储都是在列族这个层次进行的，所以最好使所有列族成员都有相同的"访问模式"(access pattern)和大小特征。简而言之，HBase 表和 RDBMS 中的表类似，单元格有版本，行是排序的，而只要列族预先存在，客户端随时可以把列添加到列族中去。

HBase 存储格式如图 5.1 所示。

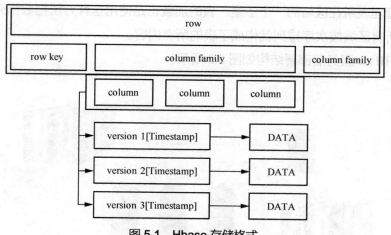

图 5.1 Hbase 存储格式

通过分析可以得到，HBase 和传统 RDBMS 在存储方面的差异如表 5.1 和表 5.2 所示，一个典型的 RDBMS 二维表格式如表 5.1 所示。

表 5.1 RDBMS 二维表格式

Primary key	Last Name	First Name	Account Number	Type of Account	Timestamp
1234	Smith	John	abcd1234	Checking	20120118
1235	Johnson	Michael	wxyz1234	Checking	20120118
1235	Johnson	Michael	aabb1234	Checking	20111123

对应的数据在 HBase 中的存储格式如表 5.2 所示。

表 5.2 HBase 格式

row key	Value (CF, column, version, cell)
1234	info: {'lastName': 'Smith','firstName': 'John'}
1234	acct: {'checking': 'abcd1234'}
1235	info: {'lastName': 'Johnson', 'firstName': 'Michael'}
1235	acct: {'checking': 'wxyz1234'@ts=2012, 'checking': 'aabb1234'@ts=2011}

HBase 自动把表水平划分成"区域"(region)。每个区域由表中行的子集构成。每个区域由它所属的表、它所包含的第一行及最后一行（不包括这行）来表示。

一开始，一个表只有一个区域。但是随着区域变大，等到它的大小超出设定的阈值时，便会在某行的边界上把表分成两个大小基本相同的新分区。在第一次划分之前，所有加载的数据都放在原始区域所在的服务器上。

随着表变大，区域的个数也会增加。区域是在 HBase 集群上分布数据的最小单位。用这种方式，一个因为太大而无法放在单台服务器上的表会被放到服务器集群上，其中每个节点都负责管理表所在区域的一个子集。表的加载也是使用这种方法把数据分布到各个节点。在线的所有区域按次序排列就构成了表的所有内容。

常规的 HBase 服务器部署结构如图 5.2 所示。

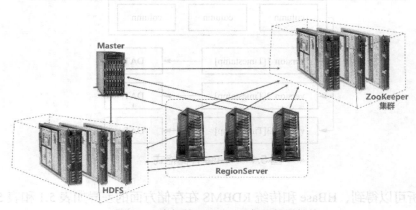

图 5.2 常规的 HBase 服务器部署结构

各个角色的功能如下。

（1）Region：表中一部分数据组成的子集，当 Region 内的数据过多时能够自动分裂，过少时会合并。

（2）RegionServer：维护 Master 分配给它的 Region，处理对这些 Region 的 IO 请求，负责切分在运行过程中变得过大的 Region。

（3）Master：为 RegionServer 分配 Region，负责 RegionServer 的负载均衡，发现失效的 RegionServer 并重新分配其上的 Region，执行 HDFS 上的垃圾文件回收。

（4）ZooKeeper：保证任何时候集群中只有一个 Master 存储所有 Region 的寻址入口。实时监控 RegionServer 的状态，将 RegionServer 的上线和下线信息实时通知给 Master。存储 HBase 的 Schema，包括有哪些 table、每个 table 有哪些 column family，处理 Region 和 Master 的失效。

表 5.3 列出了 HBase 与 RMDBS 的主要差异。

表 5.3　HBase 与 RMDBS 的主要差异

	HBase	RDBMS
数据类型	只有字符串	丰富的数据类型
数据操作	简单的增删改查	各种各样的函数，表连接
存储模式	基于列存储	基于表格结构和行存储
数据保护	更新后旧版本仍然会保留	替换
可伸缩性	轻易地增加节点，兼容性高	需要中间层，牺牲功能
典型的数据大小	TB—PB 级别上亿到数十亿条记录	GB—TB 级别，几十万到几百万条记录
吞吐量	每秒百万次查询	每秒数千次查询

5.1.3　HBase 的关键流程

HBase 客户端会将查询过的 HRegion 的位置信息进行缓存，如果客户端没有缓存一个 HRegion 的位置或者位置信息是不正确的，客户端会重新获取位置信息。如果客户端的缓存全部失效，则需要进行多次网络访问才能定位到正确的位置。

1．Region 的分配

任何时刻，一个 Region 只能分配给一个 RegionServer。Master 跟踪当前有哪些可用的 RegionServer，以及当前哪些 Region 分配给了哪些 RegionServer，哪些 Region 还没有分配。当存在未分配的 Region 且有一个 RegionServer 上有可用空间时，Master 就给这个 RegionServer 发送一个装载请求，把 Region 分配给这个 RegionServer。RegionServer 得到请求后，就开始对此 Region 提供服务。

2. RegionServer 上线

Master 使用 ZooKeeper 来跟踪 RegionServer 状态。当某个 RegionServer 启动时，会首先在 ZooKeeper 上的 rs 目录下建立代表自己的文件，并获得该文件的独占锁。由于 Master 订阅了 rs 目录上的变更消息，当 rs 目录下的文件出现新增或删除操作时，Master 可以得到来自 ZooKeeper 的实时通知。因此一旦 RegionServer 上线，Master 能马上得到消息。

3. RegionServer 下线

当 RegionServer 下线时，它和 ZooKeeper 的会话断开，ZooKeeper 会自动释放代表这台 Server 的文件上的独占锁，而 Master 不断轮询 rs 目录下文件的锁状态。如果 Master 发现某个 RegionServer 丢失了它自己的独占锁，Master 就会尝试去获取代表这个 RegionServer 的读写锁，一旦获取成功，就可以确定：

（1）RegionServer 和 ZooKeeper 之间的网络断开了；

（2）RegionServer 失效了。

只要这两种情况中的一种情况发生了，无论哪种情况，RegionServer 都无法继续为它的 Region 提供服务，此时 Master 会删除 Server 目录下代表这台 RegionServer 的文件，并将这台 RegionServer 的 Region 分配给其他还"活着"的机器。

如果网络短暂出现问题导致 RegionServer 丢失了它的锁，那么 RegionServer 重新连接到 ZooKeeper 之后，只要代表它的文件还在，它就会不断尝试获取这个文件上的锁，一旦获取到了，就可以继续提供服务。

4. Master 上线

Master 启动上线包括以下步骤。

（1）从 ZooKeeper 上获取唯一代表 Master 的锁，用来阻止其他节点成为 Master。

（2）扫描 ZooKeeper 上的 Server 目录，获得当前可用的 RegionServer 列表。

（3）与每个 RegionServer 通信，获得当前已分配的 Region 和 RegionServer 的对应关系。

（4）扫描 .META.region 的集合，计算得到当前还未分配的 Region，将它们放入待分配 Region 列表。

5. Master 下线

由于 Master 只维护表和 Region 的元数据，而不参与表数据 IO 的过程，所以 Master 下线仅导致所有元数据的修改被冻结，此时无法创建、删除表，无法修改表的 schema，无法进行 Region 的负载均衡，无法处理 Region 上下线，无法进行 Region 的合并，唯一例外的是 Region 的 split 可以正常进行，因为只有 RegionServer 参与，表的数据读写还可以正常进行。因此 Master 下线短时间内对整个 HBase 集群没有影响。

从上线过程可以看到，Master 保存的信息全是冗余信息，都可以从系统其他地方收集或者计算出来。因此，一般 HBase 集群中总是有一个 Master 在提供服务，还有一个以上的"Master"在等待时机抢占它的位置。

当客户端要修改 HBase 的数据时，首先创建一个 action（比如 put、delete、incr 等操作），这些 action 都会被包装成 Key-Value 对象，然后通过 RPC 将其传输到 HRegionServer 上。HRegionServer 将其分配给相应的 HRegion，HRegion 先将数据写入 Hlog 中，然后将其写入 MemStore。MemStore 中的数据是排序的，当 MemStore 累计到一定阈值时，就会创建一个新的 MemStore，并且将老的 MemStore 添加到 flush 队列，由单独的线程 flush 到磁盘上，成为一个 StoreFile。与此同时，系统会在 ZooKeeper 中记录一个 redo point，表示这个时刻之前的变更已经持久化了。当系统出现意外时，可能导致内存（MemStore）中的数据丢失，此时使用 Log（WAL log）来恢复 redo point 之后的数据。

StoreFile 是只读的，一旦创建后就不可以再修改，因此 HBase 的更新其实是不断追加的操作。当一个 Store 中的 StoreFile 达到一定的阈值后，就会进行一次合并，将对同一个 key 的修改合并到一起，形成一个大的 StoreFile。

由于对表的更新是不断追加的，处理读请求时，需要访问 Store 中全部的 StoreFile 和 MemStore，将它们的数据按照 row key 进行合并，由于 StoreFile 和 MemStore 都是经过排序的，并且 StoreFile 带有内存中索引，所以合并的过程还是比较快的。

6．写请求处理过程

写清楚处理过程如下。

（1）Client 向 RegionServer 提交写请求。

（2）RegionServer 找到目标 Region。

（3）Region 检查数据是否与 schema 一致。

（4）如果客户端没有指定版本，则获取当前系统时间作为数据版本。

（5）将更新写入 WAL log。

（6）将更新写入 Memstore。

（7）判断 Memstore 的数据是否需要 flush 为 Store 文件。

5.2　HBase 伪分布式安装

HBase 也分为完全分布式安装和伪分布式安装，本节讲述 HBase 伪分布式安装，第 11

章将讲述 HBase 的完全分布式安装。HBase 的伪分布式安装比较简单，只需解压、配置环境变量、配置 HBase 参数等步骤。安装完成后还要启动 HBase，验证 HBase 是否安装成功。

5.2.1　安装 HBase 的前提条件

安装 HBase 的前提条件是 Hadoop 已经安装并成功启动。我们使用 jps 命令验证 Hadoop 的 5 个进程成功启动，如图 5.3 所示。

```
[root@hadoop0 sbin]# jps
23780 Jps
23493 NodeManager
22649 DataNode
22922 SecondaryNameNode
23180 ResourceManager
22510 NameNode
[root@hadoop0 sbin]#
```

图 5.3　验证 Hadoop 的成功启动

5.2.2　解压并配置环境变量

从 HBase 官网下载 HBase 的当前最新版 1.4.0，并通过 WinSCP 工具将 hbase-1.4.0-bin.tar.gz 上传到 CentOS 7 的 /usr/local 目录下，准备安装。

1．解压

首先使用 cd 命令切换到 /usr/local 目录，然后使用 tar -xvf hbase-1.4.0-bin.tar.gz 解压文件。

```
tar -xvf hbase-1.4.0-bin.tar.gz
```

如图 5.4 所示。

```
[root@hadoop0 /]# cd /usr/local/
[root@hadoop0 local]# tar -xvf hbase-1.4.0-bin.tar.gz
```

图 5.4　解压 HBase

2．配置环境变量

使用 mv 命令重命名解压后的文件夹 hbase-1.4.0 为 hbase，如图 5.5 所示。

```
mv hbase-1.4.0 hbase
```

```
[root@hadoop0 local]# mv hbase-1.4.0 hbase
```

图 5.5　重命名解压后的文件夹

然后将 HBase 的安装目录 /usr/local/hbase 配置到 /etc/profile 的 PATH 环境变量中,如图 5.6 所示。

```
# /etc/profile
export JAVA_HOME=/usr/local/jdk
export HADOOP_HOME=/usr/local/hadoop
export HIVE_HOME=/usr/local/hive
export HBASE_HOME=/usr/local/hbase
export PATH=$PATH:$JAVA_HOME/bin:$HADOOP_HOME/bin:$HADOOP_HOME/sbin:$HIVE_HOME/bin:$HBASE_HOME/bin
```

图 5.6　将 HBase 配置到 /etc/profile 的 PATH 环境变量中

3. 使环境变量立即生效

环境变量修改后要用 source 执行一次才能使环境变量立即生效,如图 5.7 所示。

```
source /etc/profile
```

```
[root@hadoop0 conf]# source /etc/profile
[root@hadoop0 conf]#
```

图 5.7　使环境变量立即生效

5.2.3　配置 HBase 参数

切换到 HBase 的配置文件目录 /usr/local/hbase/conf,然后分别修改 HBase 的配置文件 hbase-env.sh 和 hbase-site.xml。

1. 配置 hbase-env.sh

修改如下两处配置。

```
export Java_HOME=/usr/local/jdk
export HBASE_MANAGES_ZK=true
```

它们分别位于 hbase-env.sh 配置文件的第 27 行和第 138 行,如图 5.8 所示。

```
26 # The java implementation to use.  Java 1.7+ required.
27 export JAVA_HOME=/usr/local/jdk/
28
127 # Tell HBase whether it should manage it's own instance of Zookeeper or not.
128 export HBASE_MANAGES_ZK=true
129
```

图 5.8　hbase-env.sh 的配置

2. 配置 hbase-site.xml

在 <configuration> 中添加如图 5.9 所示的配置。

```
<property>
    <name>hbase.rootdir</name>
    <value>hdfs://hadoop0:9000/hbase</value>
  </property>
  <property>
    <name>hbase.cluster.distributed</name>
    <value>true</value>
  </property>
  <property>
    <name>hbase.zookeeper.quorum</name>
    <value>hadoop0</value>
  </property>
```

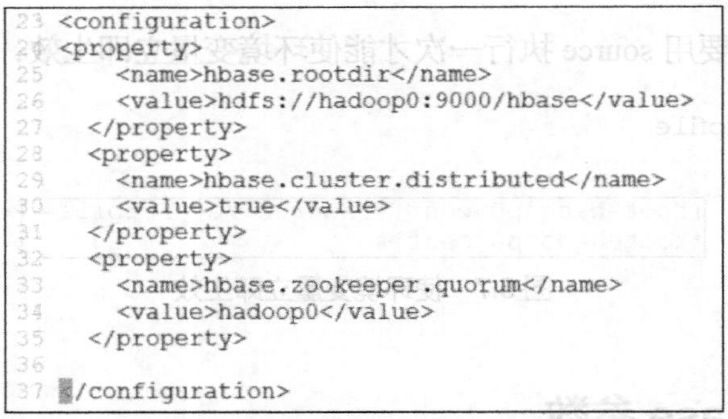

```
<configuration>
 <property>
    <name>hbase.rootdir</name>
    <value>hdfs://hadoop0:9000/hbase</value>
  </property>
  <property>
    <name>hbase.cluster.distributed</name>
    <value>true</value>
  </property>
  <property>
    <name>hbase.zookeeper.quorum</name>
    <value>hadoop0</value>
  </property>

</configuration>
```

图 5.9 hbase-site.xml 的配置

5.2.4 验证 HBase

验证 HBase 必须先启动 HBase，然后通过进程查看、目录查看、命令执行、浏览器访问等多种方式验证 HBase 是否运行正常。

（1）启动 HBase。

```
start-hbase.sh
```

使用命令 $HBASE/bin/start-hbase.sh 启动 HBase，使用命令 $HBASE/bin/stop-hbase.sh 停止 HBase，如图 5.10 所示。

（2）输入 hbase shell，启动 hbase shell 命令行，如图 5.11 所示。

```
hbase shell
```

```
[root@hadoop0 conf]# start-hbase.sh
hadoop0: running zookeeper, logging to /usr/local/hbase/bin/../logs/hbase-root-zookeeper-hadoop0.out
running master, logging to /usr/local/hbase/logs/hbase-root-master-hadoop0.out
Java HotSpot(TM) 64-Bit Server VM warning: ignoring option PermSize=128m; support was removed in 8.0
Java HotSpot(TM) 64-Bit Server VM warning: ignoring option MaxPermSize=128m; support was removed in 8.0
: running regionserver, logging to /usr/local/hbase/logs/hbase-root-regionserver-hadoop0.out
: Java HotSpot(TM) 64-Bit Server VM warning: ignoring option PermSize=128m; support was removed in 8.0
: Java HotSpot(TM) 64-Bit Server VM warning: ignoring option MaxPermSize=128m; support was removed in 8.0
[root@hadoop0 conf]#
```

图 5.10 启动 HBase

```
[root@hadoop0 conf]# hbase shell
SLF4J: Class path contains multiple SLF4J bindings.
SLF4J: Found binding in [jar:file:/usr/local/hbase/lib/sl
.class]
SLF4J: Found binding in [jar:file:/usr/local/hadoop/share
pl/StaticLoggerBinder.class]
SLF4J: See http://www.slf4j.org/codes.html#multiple_bindi
SLF4J: Actual binding is of type [org.slf4j.impl.Log4jLog
HBase Shell
Use "help" to get list of supported commands.
Use "exit" to quit this interactive shell.
Version 1.4.0, r10b9b9fae6b557157644fb9a0dc641bb8cb26e39,

hbase(main):001:0>
```

图 5.11 启动 hbase shell

（3）输入 list。

list 是 HBase 的基础命令，用于显示所有表，如图 5.12 所示。

`hbase>list`

没有报错，则证明 HBase 已正确安装并成功启动。因为现在还没有创建任何表，所以显示为 0 行。

```
hbase(main):001:0>
hbase(main):002:0* list
TABLE
0 row(s) in 0.5200 seconds

=> []
hbase(main):003:0>
```

图 5.12 显示表

（4）浏览器验证。

打开浏览器，输入网址 http//hadoop0:16010，可以查看 HBase 运行的状态信息，如图 5.13 所示。

（5）查看 HDFS 文件系统。

可以发现 HBase 自动在 HDFS 根目录下创建了一个 hbase 文件夹，如图 5.14 所示。

`[root@hadoop0 ~]# hadoop fs -ls /`

图 5.13　HBase 状态信息

```
[root@hadoop0 ~]# hadoop fs -ls /
Found 4 items
drwxr-xr-x   - root supergroup          0 2018-01-09 22:38 /hbase
drwxr-xr-x   - root supergroup          0 2017-12-30 06:16 /root
drwx-wx-wx   - root supergroup          0 2018-01-08 23:10 /tmp
drwxr-xr-x   - root supergroup          0 2017-12-29 18:28 /user
[root@hadoop0 ~]#
```

图 5.14　HBase 下的 hbase 文件夹

（6）查看 HBase 进程。

使用 jps 命令可以查看 Java 相关进程。

```
[root@hadoop0 ~]# jps
```

可以看到后台启动了 3 个 H 开头的 HBase 进程，如图 5.15 所示。

- 4497 HQuorumPeer。
- 4740 HRegionServer。
- 4575 HMaster。

```
[root@hadoop0 ~]# jps
3072 DataNode
4497 HQuorumPeer
2930 NameNode
4740 HRegionServer
3320 SecondaryNameNode
5052 Jps
3598 ResourceManager
3838 NodeManager
4575 HMaster
[root@hadoop0 ~]#
```

图 5.15　查看 HBase 进程

至此，HBase 已安装完成并运行正常。

5.3 HBase Shell

HBase 允许使用类似 Shell 命令的方式来操作 HBase 数据，本节讲述常用的 HBase Shell 命令，并给出综合示例，列出全部 HBase Shell 命令备查。

5.3.1 HBase Shell 常用命令

HBase 为用户提供了一个非常方便的使用方式，我们称之为 HBase Shell。HBase Shell 提供了大多数的 HBase 命令，通过 HBase Shell，用户可以方便地创建、删除及修改表，还可以向表中添加数据、列出表中的相关信息等。

常用的 HBase Shell 命令如表 5.4 所示。

表 5.4 常用的 HBase Shell 命令

名称	命令表达式
创建表	create '表名称','列族名称1','列族名称2','列族名称N'
添加记录	put '表名称','行键','列名称:','值'
查看记录	get '表名称','行键'
查看表中的记录总数	count '表名称'
删除记录	delete '表名','行键','列名称'
删除一张表	先要屏蔽该表，才能对该表进行删除，第一步 disable '表名称'，第二步 drop '表名称'
查看所有记录	scan '表名称'
查看某个表某个列中的所有数据	scan '表名称', {COLUMNS=>'列族名称:列名称'}
更新记录	重写一遍进行覆盖

下面以"一个学生成绩表"的例子来详细介绍常用的 HBase 命令及其使用方法。如表 5.5 所示。

表 5.5 学生成绩表

name	grad	course		
		Chinese	math	English
xiapi	1	97	128	85
xiaoxue	2	90	120	90

这里，course 对于表来说是一个列族，这个列族由 Chinese、math 和 English 共 3 列组成。当然也可以根据需要在 course 中建立更多的列，如 computer、physics 等相应的列加

入 course 列族。

注意: 列族下面的列也是可以没有名字的。

1. create 命令

创建一个具有 3 个列族 (name、grad 和 course) 的表 scores。其中表名、行和列都要用单引号括起来,并以逗号隔开,如图 5.16 所示。

```
hbase(main):002:0> create 'scores', 'name', 'grad', 'course'
```

```
hbase(main):002:0> create 'scores', 'name', 'grad', 'course'
0 row(s) in 2.3580 seconds
=> Hbase::Table - scores
hbase(main):003:0>
```

图 5.16 create 命令

2. list 命令

查看当前 HBase 中具有哪些表,如图 5.17 所示。

```
hbase(main):001:0> list
```

```
hbase(main):001:0> list
TABLE
scores
1 row(s) in 0.2520 seconds

=> ["scores"]
hbase(main):002:0>
```

图 5.17 list 命令

3. describe 命令

查看表 scores 的构造。describe 命令也可以简写成 desc。例如:

```
hbase(main):002:0> describe 'scores'
```

或:

```
hbase(main):002:0> desc 'scores'
```

如图 5.18 所示。

4. put 命令

使用 put 命令向表中插入数据,参数分别为表名、行名、列名和值,其中列名前需要列族作为前缀,时间戳由系统自动生成。

```
hbase(main):002:0> describe 'scores'
Table scores is ENABLED
scores
COLUMN FAMILIES DESCRIPTION
{NAME => 'course', BLOOMFILTER => 'ROW', VERSIONS => '1', IN_MEMORY => 'false', KEEP_DELETED_CELLS => 'FALSE', DAT
A_BLOCK_ENCODING => 'NONE', TTL => 'FOREVER', COMPRESSION => 'NONE', MIN_VERSIONS => '0', BLOCKCACHE => 'true', BL
OCKSIZE => '65536', REPLICATION_SCOPE => '0'}
{NAME => 'grad', BLOOMFILTER => 'ROW', VERSIONS => '1', IN_MEMORY => 'false', KEEP_DELETED_CELLS => 'FALSE', DATA
_BLOCK_ENCODING => 'NONE', TTL => 'FOREVER', COMPRESSION => 'NONE', MIN_VERSIONS => '0', BLOCKCACHE => 'true', BLOC
KSIZE => '65536', REPLICATION_SCOPE => '0'}
{NAME => 'name', BLOOMFILTER => 'ROW', VERSIONS => '1', IN_MEMORY => 'false', KEEP_DELETED_CELLS => 'FALSE', DATA
_BLOCK_ENCODING => 'NONE', TTL => 'FOREVER', COMPRESSION => 'NONE', MIN_VERSIONS => '0', BLOCKCACHE => 'true', BLOC
KSIZE => '65536', REPLICATION_SCOPE => '0'}
3 row(s) in 0.1680 seconds
```

图 5.18 describe 命令

格式： put 表名 , 行键 , 列名 ([列族 : 列名]), 值。

例子：

加入一行数据，行键称为"xiapi"，列族"grad"的列名为"(空字符串)"，值为 1。

```
hbase(main):002:0> put 'scores', 'xiapi', 'grad:', '1'
hbase(main):002:0> put 'scores', 'xiapi', 'grad:', '2'
```

修改操作 (update)，给 "xiapi" 这一行的数据的列族 "course" 添加一列 "<Chinese,97>"。

```
hbase(main):006:0> put 'scores', 'xiapi', 'course:Chinese', '97'
hbase(main):006:0> put 'scores', 'xiapi', 'course:math', '128'
hbase(main):006:0> put 'scores', 'xiapi', 'course:English', '85'
```

如图 5.19 所示。

```
hbase(main):006:0> put 'scores', 'xiapi', 'course:English', '85'
0 row(s) in 0.0240 seconds

hbase(main):007:0>
```

图 5.19 put 命令

5．get 命令

查看表"scores"中的行键"xiapi"的相关数据。

```
hbase(main):002:0> get 'scores', 'xiapi'
```

查看表"scores"中行键"xiapi"列"course :math"的值。

```
hbase(main):002:0> get 'scores', 'xiapi', 'course :math'
```
或者：

```
hbase(main):002:0> get 'scores', 'xiapi', {COLUMN=>'course:math'}
```
或者：

```
hbase(main):009:0> get 'scores', 'xiapi', {COLUMNS=>'course:math'}
```

注意：COLUMN 和 COLUMNS 必须为大写，如图 5.20 所示。

```
hbase(main):009:0> get 'scores', 'xiapi', {COLUMNS=>'course:math'}
COLUMN                    CELL
 course:math              timestamp=1515637187021, value=128
1 row(s) in 0.0180 seconds

hbase(main):010:0>
```

图 5.20 get 命令

6．scan 命令

查看表"scores"中的所有数据。

```
hbase(main):019:0> scan 'scores'
```

注意：scan 命令可以指定 startrow、stoprow 来 scan 多个 row。

例如：

```
hbase(main):019:0>scan 'user_test',{COLUMNS =>'info:username',LIMIT =>10, STARTROW => 'test', STOPROW=>'test2'}
```

查看表"scores"中列族"course"的所有数据，如图 5.21 所示。

```
hbase(main):019:0> scan  'scores', {COLUMN => 'grad'}
hbase(main):019:0> scan  'scores', {COLUMN=>'course:math'}
hbase(main):019:0> scan  'scores', {COLUMNS => 'course'}
hbase(main):019:0> scan  'scores', {COLUMNS => 'course:math'}
```

```
hbase(main):019:0> scan 'scores'
ROW           COLUMN+CELL
 xiapi        column=course:China, timestamp=1515637099777, value=97
 xiapi        column=course:English, timestamp=1515637198238, value=85
 xiapi        column=course:math, timestamp=1515637187021, value=128
 xiapi        column=grad:, timestamp=1515636953868, value=2
1 row(s) in 0.0220 seconds

hbase(main):020:0>
```

图 5.21 scan 命令

7．count 命令

统计记录条数，如图 5.22 所示。

```
hbase(main):020:0> count 'scores'
```

8．exists 命令

判断表是否存在，如图 5.23 所示。

```
hbase(main):021:0> exists 'scores'
```

```
hbase(main):020:0> count 'scores'
1 row(s) in 0.0320 seconds
=> 1
hbase(main):021:0>
```

图 5.22　count 命令

```
hbase(main):021:0> exists 'scores'
Table scores does exist
0 row(s) in 0.0110 seconds
hbase(main):022:0>
```

图 5.23　exists 命令

9．修改表结构

```
hbase(main):006:0>disable 'scores'
hbase(main):006:0> alter 'scores', NAME => 'course', VERSIONS => 3
hbase(main):006:0>enable 'scores'
```

HBase 默认只保存一份历史副本，以上命令可以将 HBase 的 scores 表 course 列族改为保存 3 份历史副本，如图 5.24 所示。

```
hbase(main):006:0> alter 'scores', { NAME => 'course', VERSIONS => 3 }
Updating all regions with the new schema...
1/1 regions updated.
Done.
0 row(s) in 2.3930 seconds

hbase(main):007:0>
```

图 5.24　alter 命令

10．delete 命令

删除表"scores"中行键为"xiapi"，列族"course"中的"math"。

```
hbase(main):022:0>  delete 'scores', 'xiapi', 'course:math'
```

删除后再使用 scan 浏览表，发现 math 成绩已删除。

```
hbase(main):023:0>  scan 'scores'
```

如表中有多条数据要一次全部删除，也可以使用 deleteall 命令。

```
hbase(main):002:0>  delete all 'scores'
```

如图 5.25 所示。

```
hbase(main):022:0> delete 'scores', 'xiapi', 'course:math'
0 row(s) in 0.0400 seconds

hbase(main):023:0>
hbase(main):024:0* scan 'scores'
ROW                     COLUMN+CELL
 xiapi                  column=course:China, timestam
 xiapi                  column=course:English, timest
 xiapi                  column=grad:, timestamp=15156
1 row(s) in 0.0130 seconds
```

图 5.25 delete 命令

11．truncate 命令

清空表中数据，但保留表结构。

```
hbase(main):002:0>  truncate 'scores'
```

12．disable、drop 命令

通过 disable 和 drop 命令删除 scores 表。要彻底删除表数据和表结构，必须先 disable，再 drop。

```
hbase(main):002:0>  disable 'scores'
hbase(main):002:0>  drop 'scores'
```

13．status 命令

查看 HBase 的运行状态，如图 5.26 所示。

```
hbase(main):025:0> status
```

```
hbase(main):025:0> status
1 active master, 0 backup masters, 1 servers, 0 dead, 3.0000 average load
hbase(main):026:0>
```

图 5.26 status 命令

14．version 命令

查看 HBase 的版本信息，如图 5.27 所示。

```
hbase(main):026:0> version
```

```
hbase(main):026:0> version
1.4.0, r10b9b9fae6b557157644fb9a0dc641bb8cb26e39, Fri Dec  8 16:09:13 PST 2017
hbase(main):027:0>
```

图 5.27 version 命令

5.3.2 HBase Shell 综合示例

下面展示一个使用 HBase Shell 的综合示例。

首先创建一个用于进行示例操作的表 users。

```
create 'users','user_id','address','info'
```

在这个表中插入测试数据。

```
put 'users','xiaoming','info:age','24'
put 'users','xiaoming','info:birthday','1987-06-17'
put 'users','xiaoming','info:company','alibaba'
put 'users','xiaoming','address:country','China'
put 'users','xiaoming','address:province','zhejiang'
put 'users','xiaoming','address:city','hangzhou'
put 'users','zhangyifei','info:birthday','1987-4-17'
put 'users','zhangyifei','info:favorite','movie'
put 'users','zhangyifei','info:company','alibaba'
put 'users','zhangyifei','address:country','China'
put 'users','zhangyifei','address:province','guangdong'
put 'users','zhangyifei','address:city','jieyang'
put 'users','zhangyifei','address:town','xianqiao'
```

接下来利用这个数据集完成一些基本的业务操作。首先可以取得一个 id 的所有数据。

```
get 'users','xiaoming'
```

根据 row key 查询如图 5.28 所示。

```
hbase(main):006:0> get 'users','xiaoming'
COLUMN                  CELL
 address:city           timestamp=1545403055245, value=hangzhou
 address:contry         timestamp=1545403055201, value=China
 address:province       timestamp=1545403055225, value=zhejiang
 info:age               timestamp=1545403054986, value=24
 info:birthday          timestamp=1545403055101, value=1987-06-17
 info:company           timestamp=1545403055152, value=alibaba
1 row(s) in 0.0530 seconds

hbase(main):007:0>
```

图 5.28 根据 row key 查询

接下来可以提供更为精准的查询目标，例如获取一个 id、一个列族的所有数据。

```
get 'users','xiaoming','info'
```

根据"row key+列族"查询如图 5.29 所示。

更进一步规定需要查询的列，即获取一个 id、一个列族中一个列的所有数据。

```
get 'users','xiaoming','info:age'
```

```
hbase(main):010:0> get 'users','xiaoming','info'
COLUMN                    CELL
 info:age                 timestamp=1545403054986, value=24
 info:birthday            timestamp=1545403055101, value=1987-06-17
 info:company             timestamp=1545403055152, value=alibaba
1 row(s) in 0.0150 seconds

hbase(main):011:0>
```

图 5.29 根据"row key+ 列族"查询

根据"row key+ 列族 + 列"查询如图 5.30 所示。

```
hbase(main):013:0> get 'users','xiaoming','info:age'
COLUMN                    CELL
 info:age                 timestamp=1545403054986, value=24
1 row(s) in 0.0110 seconds

hbase(main):014:0>
```

图 5.30 根据"row key+ 列族 + 列"查询

在 HBase 中，不存在类似于 RDBMS 中专门用于数据更新的 update 操作，无论是数据插入还是更新，都使用统一的 put 指令。当使用 put 指令向一个表中的某个列插入数据时，如果该数据原来不存在，则执行插入操作；如果原始数据存在，则执行更新操作。与 RDBMS 不同，在 HBase 执行更新操作时并不会将原有的数据删除替换，而是直接以一个新的版本号额外将新的数据插入到单元格中，这就意味着 HBase 允许通过查询将某一个单元中曾经存在过的所有历史版本数据统一查询出来。例如，要一个特定的单元格中进行多次 put 操作。

```
alter 'users',{NAME=>'info',VERSIONS => 3}
put 'users','xiaoming','info:age','29'
get 'users','xiaoming','info:age'
put 'users','xiaoming','info:age','30'
get 'users','xiaoming','info:age'
```

两次插入数据的时间戳不一样，如图 5.31 所示。

```
hbase(main):001:0> put 'users','xiaoming','info:age','29'
0 row(s) in 0.4100 seconds

hbase(main):002:0> get 'users','xiaoming','info:age'
COLUMN                    CELL
 info:age                 timestamp=1546700859131, value=29
1 row(s) in 0.0350 seconds

hbase(main):003:0> put 'users','xiaoming','info:age','30'
0 row(s) in 0.0140 seconds

hbase(main):004:0> get 'users','xiaoming','info:age'
COLUMN                    CELL
 info:age                 timestamp=1546700887847, value=30
1 row(s) in 0.0130 seconds
```

图 5.31 查看时间戳

有两种方法可获取单元格中不同版本的数据,第一种是直接利用版本号(每次数据更新,版本号自动会执行 +1 操作)。

```
get 'users','xiaoming',{COLUMN=>'info:age',VERSIONS=>3}
```

根据版本查询,如图 5.32 所示。

```
hbase(main):007:0> get 'users','xiaoming',{COLUMN=>'info:age',VERSIONS=>3}
COLUMN                    CELL
 info:age                 timestamp=1546700887847, value=30
1 row(s) in 0.0590 seconds
```

图 5.32　根据版本查询

另一种方法是使用插入数据时的时间戳。

```
get 'users','xiaoming',{COLUMN=>'info:age',TIMESTAMP=>1467873467412}
```

根据时间戳查询,如图 5.33 所示。

```
hbase(main):008:0> get 'users','xiaoming',{COLUMN=>'info:age',TIMESTAMP=>1546700887847}
COLUMN                    CELL
 info:age                 timestamp=1546700887847, value=30
1 row(s) in 0.0110 seconds
```

图 5.33　根据时间戳查询

接下来演示对数据的删除操作。首先删除 xiaoming 值的 info:age 字段。

```
delete 'users','xiaoming','info:age'
```

删除列,如图 5.34 所示。

```
hbase(main):009:0> delete 'users','xiaoming','info:age'
0 row(s) in 0.0360 seconds

hbase(main):010:0> get 'users','xiaoming'
COLUMN                    CELL
 address:city             timestamp=1545403055245, value=hangzhou
 address:contry           timestamp=1545403055201, value=China
 address:province         timestamp=1545403055225, value=zhejiang
 info:age                 timestamp=1546700859131, value=29
 info:birthday            timestamp=1545403055101, value=1987-06-17
 info:company             timestamp=1545403055152, value=alibaba
1 row(s) in 0.0210 seconds
```

图 5.34　删除列

通过扩大参数目标,删除整行。

```
delete 'users','xiaoming'
```

删除行，如图 5.35 所示。

```
hbase(main):012:0> delete 'users','xiaoming'
0 row(s) in 0.0280 seconds
```

图 5.35 删除行

统计表的行数。

```
count 'users'
```

统计记录条数，如图 5.36 所示。

```
hbase(main):014:0> count 'users'
1 row(s) in 0.0570 seconds

=> 1
hbase(main):015:0>
```

图 5.36 统计记录条数

最后是清空表的操作。

```
truncate 'users'
```

清空表，如图 5.37 所示。

```
hbase(main):017:0> truncate 'users'
Truncating 'users' table (it may take a while):
 - Disabling table...
 - Truncating table...
0 row(s) in 6.7250 seconds

hbase(main):018:0>
```

图 5.37 清空表

5.3.3 HBase Shell 的全部命令

可以在 HBase Shell 中输入 help 列出全部的 HBase Shell 命令。

```
hbase(main):055:0> help
```

HBase Shell 命令共分为 general、ddl、namespace、dml、tools 等十几个大类，下面列出全部 HBase Shell 命令备查。

```
Group name: general
Commands: processlist, status, table_help, version, whoami
```

Group name: ddl
Commands: alter, alter_async, alter_status, create, describe, disable, disable_all, drop, drop_all, enable, enable_all, exists, get_table, is_disabled, is_enabled, list, list_regions, locate_region, show_filters

Group name: namespace
Commands: alter_namespace, create_namespace, describe_namespace, drop_namespace, list_namespace, list_namespace_tables

Group name: dml
Commands: append, count, delete, deleteall, get, get_counter, get_splits, incr, put, scan, truncate, truncate_preserve

Group name: tools
Commands: assign, balance_switch, balancer, balancer_enabled, catalogjanitor_enabled, catalogjanitor_run, catalogjanitor_switch, cleaner_chore_enabled, cleaner_chore_run, cleaner_chore_switch, clear_deadservers, close_region, compact, compact_rs, compaction_state, flush, list_deadservers, major_compact, merge_region, move, normalize, normalizer_enabled, normalizer_switch, split, splitormerge_enabled, splitormerge_switch, trace, unassign, wal_roll, zk_dump

Group name: replication
Commands: add_peer, append_peer_tableCFs, disable_peer, disable_table_replication, enable_peer, enable_table_replication, get_peer_config, list_peer_configs, list_peers, list_replicated_tables, remove_peer, remove_peer_tableCFs, set_peer_bandwidth, set_peer_tableCFs, show_peer_tableCFs, update_peer_config

Group name: snapshots
Commands: clone_snapshot, delete_all_snapshot, delete_snapshot, delete_table_snapshots, list_snapshots, list_table_snapshots, restore_snapshot, snapshot

Group name: configuration
Commands: update_all_config, update_config

Group name: quotas
Commands: list_quotas, set_quota

Group name: security
Commands: grant, list_security_capabilities, revoke, user_permission

Group name: procedures
Commands: abort_procedure, list_procedures

Group name: visibility labels
Commands: add_labels, clear_auths, get_auths, list_labels, set_auths, set_visibility

Group name: rsgroup
Commands: add_rsgroup, balance_rsgroup, get_rsgroup, get_server_rsgroup, get_table_rsgroup, list_rsgroups, move_servers_rsgroup, move_servers_tables_rsgroup, move_tables_rsgroup, remove_rsgroup, remove_servers_rsgroup

5.4 小结

HBase 是一个分布式、面向列的开源数据库，可同时存储结构化和半结构化数据，提供了类似于 Bigtable 的能力。本章讲述了 HBase 原理、HBase 安装、HBase Shell 命令，读者应已基本可以使用 HBase。欲了解 HBase 更多高级特性，请继续学习下一章。

5.5 配套视频

本章的配套视频有 2 个：
（1）HBase 安装；
（2）HBase Shell 命令。
读者可从配套电子资源中获取。

第6章 HBase 高级特性

经过上一章的学习，我们已基本能够使用 HBase。但在很多情况下，我们还需要通过 Java 语言来编程控制 HBase，通过 MapReduce 来读写 HBase，为此，我们还需掌握一些 HBase 的高级特性。

本章涉及的主要知识点如下。

（1）HBase Java API：首先介绍一些 HBase Java API 常用类及常用方法，然后用一个综合示例展示常用 API 的使用方法。

（2）HBase 与 MapReduce 的整合：使用 MapReduce 读写 HBase 与标准 MapReduce 有较大区别，本章用一个音乐统计的例子展示 HBase 与 MapReduce 整合的技巧。

6.1 HBase Java API

HBase 提供了丰富的 Java API 灵活操作 HBase 数据，比如创建或修改表、添加或删除数据等。本节简单介绍 HBase API，并给出综合示例。

6.1.1 HBase Java API 介绍

HBase 是用 Java 语言编写的，因此它提供 Java API 与 HBase 进行通信，Java API 也是与 HBase 通信的最快方法。下面给出的 HBase Java API，涵盖了管理表的任务以及常规的增删改查操作。

1．HBaseAdmin 类

HBaseAdmin 是一个操作 HBase 非常重要的类，用于管理表。这个类属于 org.apache.hadoop.hbase.client 包。使用这个类，可以执行管理员任务。使用 Connection.getAdmin() 方法来获取管理员的实例。

HBaseAdmin 常用方法及说明如表 6.1 所示。

表 6.1　HBaseAdmin 类

序号	方法及说明
1	void createTable(HTableDescriptor desc) 创建一个新的表
2	void createTable(HTableDescriptor desc, byte[][] splitKeys) 创建一个新表使用一组初始指定的分割键限定空区域
3	void deleteColumn(byte[] tableName, String columnName) 从表中删除列
4	void deleteColumn(String tableName, String columnName) 删除表中的列
5	void deleteTable(String tableName) 删除表

2．Descriptor 类

这个类包含一个 HBase 的表结构信息。Descriptor 类构造函数如表 6.2 所示。

表 6.2　Descriptor 类构造函数

序号	构造函数和说明
1	HTableDescriptor(TableName name) 构造一个表描述符指定 TableName 对象

Descriptor 类方法及说明如表 6.3 所示。

表 6.3　Descriptor 类方法及说明

序号	方法及说明
1	HTableDescriptor addFamily(HColumnDescriptor family) 列家族给定的描述符

3．HBaseConfiguration 类

添加 HBase 的配置到配置文件。这个类属于 org.apache.hadoop.hbase 包。HBaseConfiguration 类方法及说明如表 6.4 所示。

表 6.4　HBaseConfiguration 类方法及说明

序号	方法及说明
1	static org.apache.hadoop.conf.Configuration create() 此方法创建使用 HBase 的资源配置

4．HTable 类

HTable 是 HBase 表中 HBase 的内部类，用于实现单个 HBase 表进行通信。这个类属

于 org.apache.hadoop.hbase.client 类。HTable 类构造函数如表 6.5 所示。

表 6.5 HTable 类构造函数

序号	构造函数
1	HTable()
2	HTable(TableName tableName, ClusterConnection connection, ExecutorService pool) 使用此构造方法，可以创建一个对象来访问 HBase 表

HTable 类方法及说明如表 6.6 所示。

表 6.6 HTable 类方法及说明

序号	方法及说明
1	void close() 释放 HTable 的所有资源
2	void delete(Delete delete) 删除指定的单元格 / 行
3	boolean exists(Get get) 使用这个方法，可以测试列的存在，在表中，由 Get 指定获取
4	Result get(Get get) 检索给定的单元格
5	org.apache.hadoop.conf.Configuration getConfiguration() 返回此实例的配置对象
6	TableName getName() 返回此表的表名称实例
7	HTableDescriptor getTableDescriptor() 返回此表的表描述符
8	byte[] getTableName() 返回此表的名称
9	void put(Put put) 使用此方法，可以将数据插入到表中

5．Put 类

此类用于为单个行执行 Put 操作。它属于 org.apache.hadoop.hbase.client 包。Put 类构造函数如表 6.7 所示。

表 6.7 Put 类构造函数

序号	构造函数和描述
1	Put(byte[] row) 使用此构造方法，可以创建一个操作用来指定行

续表

序号	构造函数和描述
2	Put(byte[] rowArray, int rowOffset, int rowLength) 使用此构造方法，可以使传入的行键的副本保存到本地
3	Put(byte[] rowArray, int rowOffset, int rowLength, long ts) 使用此构造方法，可以使传入的行键的副本保存到本地
4	Put(byte[] row, long ts) 使用此构造方法，可以创建一个 Put 操作指定行，并使用一个给定的时间戳

Put 类方法及说明如表 6.8 所示。

表 6.8 Put 类方法及说明

序号	方法及说明
1	Put add(byte[] family, byte[] qualifier, byte[] value) 添加指定的列和值到 Put 操作
2	Put add(byte[] family, byte[] qualifier, long ts, byte[] value) 添加指定的列和值，使用指定的时间戳作为其版本到 Put 操作
3	Put add(byte[] family, ByteBuffer qualifier, long ts, ByteBuffer value) 添加指定的列和值，使用指定的时间戳作为其版本到 Put 操作
4	Put add(byte[] family, ByteBuffer qualifier, long ts, ByteBuffer value) 添加指定的列和值，使用指定的时间戳作为其版本到 Put 操作

6．Get 类

此类用于对单行执行 get 操作。这个类属于 org.apache.hadoop.hbase.client 包。Get 类构造函数如表 6.9 所示。

表 6.9 Get 类构造函数

序号	构造函数和描述
1	Get(byte[] row) 使用此构造方法，可以为指定行创建一个 Get 操作
2	Get(Get get)

Get 类方法及说明如表 6.10 所示。

表 6.10 Get 类方法及说明

序号	方法及说明
1	Get addColumn(byte[] family, byte[] qualifier) 检索来自特定列家族使用中指定限定符
2	Get addFamily(byte[] family) 检索指定系列中的所有列

7. Delete 类

这个类用于对单行执行删除操作。要删除整行，实例化一个 Delete 对象用于删除行。这个类属于 org.apache.hadoop.hbase.client 包。Delete 类构造函数如表 6.11 所示。

表 6.11 Delete 类构造函数

序号	构造方法和描述
1	Delete(byte[] row) 创建一个指定行的 Delete 操作
2	Delete(byte[] rowArray, int rowOffset, int rowLength) 创建一个指定行和时间戳的 Delete 操作
3	Delete(byte[] rowArray, int rowOffset, int rowLength, long ts) 创建一个指定行和时间戳的 Delete 操作
4	Delete(byte[] row, long timestamp) 创建一个指定行和时间戳的 Delete 操作

Delete 类方法及说明如表 6.12 所示。

表 6.12 Delete 类方法及说明

序号	方法及说明
1	Delete addColumn(byte[] family, byte[] qualifier) 删除指定列的最新版本
2	Delete addColumns(byte[] family, byte[] qualifier, long timestamp) 删除所有版本具有时间戳小于或等于指定时间戳的指定列
3	Delete addFamily(byte[] family) 删除指定的所有列族的所有版本
4	Delete addFamily(byte[] family, long timestamp) 删除指定列具有时间戳小于或等于指定时间戳的列族

8. Result 类

这个类是用来获取 Get 或扫描查询的单行结果。Result 类构造函数如表 6.13 所示。

表 6.13 Result 类构造函数

序号	构造函数
1	Result() 使用此构造方法，可以创建无 Key Value 的有效负载空的结果；如果调用 Cells()，则返回 null

Result 类方法及说明如表 6.14 所示。

表 6.14　Result 类方法及说明

序号	方法及说明
1	byte[] getValue(byte[] family, byte[] qualifier) 此方法用于获取指定列的最新版本
2	byte[] getRow() 此方法用于检索对应于从结果中创建行的行键

6.1.2　HBase Java API 示例

由于 HBase 本身对数据提供的操作命令不多，因此使用对应的 API 对数据进行操作也比较简单。在本节中将对日常业务中常见的数据操作进行简单的封装，在后续的实际开发工作中，可以直接使用封装好的工具完成对应的数据操作。

在进行数据操作之前，需要明确当前 HBase 的环境参数，即服务器的地址等。可以定义 HBase 的环境配置信息对象和连接对象，并在初始化代码中直接获取。

```java
private static Configuration conf;
private static Connection con;
//private static long counter=0;
// 初始化连接
static {
  conf = HBaseConfiguration.create();              // 获得配制文件对象
  conf.set("hbase.rootdir", "hdfs://hadoop0:9000/hbase");
  conf.set("hbase.zookeeper.quorum", "hadoop0");
  try {
    con = ConnectionFactory.createConnection(conf); // 获得连接对象
  } catch (IOException e) {
    e.printStackTrace();
  }
}
```

为了在后续的操作中，保证获取到的连接对象是可用的，并且能够在操作完成后正常释放资源，还可以实现统一获取连接和释放连接的方法。

```java
// 获得连接
public static Connection getCon() {
  if (con == null || con.isClosed()) {
    try {
      con = ConnectionFactory.createConnection(conf);
    } catch (IOException e) {
      e.printStackTrace();
    }
  }
}
```

```java
    return con;
}

// 关闭连接
public static void close() {
    if (con != null) {
        try {
            con.close();
        } catch (IOException e) {
            e.printStackTrace();
        }
    }
}
```

接下来封装的是利用表名和列族名称列表作为参数在 HBase 中构建一个新表的方法，构建新表时应该保证提供的是一个目前系统中不存在的表名，因此在执行实际的建表操作之前应先判断提供的表名是否存在，如果已经存在，则跳出本次建表操作。

```java
// 创建表
public static void createTable(String tableName, String... FamilyColumn) {
    TableName tn = TableName.valueOf(tableName);
    try {
        Admin admin = getCon().getAdmin();
        // 判断提供的表名是否存在，如果已经存在，则跳出本次建表操作
        if (admin.tableExists(tn)) {
            return;
        }
        HTableDescriptor htd = new HTableDescriptor(tn);
        // 添加全部列族
        for (String fc : FamilyColumn) {
            HColumnDescriptor hcd = new HColumnDescriptor(fc);
            htd.addFamily(hcd);
        }
        admin.createTable(htd);
        admin.close();
    } catch (IOException e) {
        e.printStackTrace();
    }
}
```

另外一个针对表结果的重要操作是删除一个已经存在的表。必须先 disable，再删除，其参考实现如下。

```java
// 删除表
public static void dropTable(String tableName) {
```

```java
    TableName tn = TableName.valueOf(tableName);
    try {
     Admin admin = getCon().getAdmin();
     // Admin admin = con.getAdmin();
                //先disable,再删除
     admin.disableTable(tn);
     admin.deleteTable(tn);
     admin.close();
    } catch (IOException e) {
     e.printStackTrace();
    }
   }
```

构建好合适的表结构之后,接下来的操作就是向表中插入数据。插入或更新数据的 API 调用参考实现如下。

```java
    // 插入或者更新数据
    public static boolean insert(String tableName, String rowKey,
       String family, String qualifier, String value) {
     try {
      Table t = getCon().getTable(TableName.valueOf(tableName));
      Put put = new Put(Bytes.toBytes(rowKey));
      put.addColumn(Bytes.toBytes(family), Bytes.toBytes(qualifier),
         Bytes.toBytes(value));
      t.put(put);
      t.close();
      return true;
     } catch (IOException e) {
      e.printStackTrace();
     } finally {
      //HBaseUtil.close();
     }
     return false;
    }
```

根据 HBase 的操作特性,针对表的删除操作可以有不同的删除范围,如删除一个单元格、删除一个列族、删除一行等。下面展示的是如何删除一个单元格的数据。

```java
    // 删除
    public static boolean del(String tableName, String rowKey, String
family, String qualifier) {
     try {
      Table t = getCon().getTable(TableName.valueOf(tableName));
      // 根据rowKey删除
        Delete del = new Delete(Bytes.toBytes(rowKey));
```

```java
        if (qualifier != null) {
                        // 根据列删除
            del.addColumn(Bytes.toBytes(family), Bytes.toBytes(qualifier));
        } else if (family != null) {
                        // 根据列族删除
            del.addFamily(Bytes.toBytes(family));
        }
        t.delete(del);
        return true;
    } catch (IOException e) {
        e.printStackTrace();
    } finally {
        HBaseUtil.close();
    }
    return false;
}
```

接下来演示如何删除一行中的一个列族。

```java
// 删除一行中的一个列族
public static boolean del(String tableName, String rowKey, String family) {
    return del(tableName, rowKey, family, null);
}
```

可以看出，删除一个列族的操作实际上调用了删除单元格的方法，不过在列名的参数中提供了 null。同理，要删除一行也可以使用这个方法来完成。

```java
// 删除一行
public static boolean del(String tableName, String rowKey) {
    return del(tableName, rowKey, null, null);
}
```

查询数据也有很多不同的需求，例如直接查询一个单元格的数据、查询一行的数据、根据 row key 的范围来检索数据等。接下来对这些需求的实现方法进行一一展示，首先是读取一个单元格中的数据。

```java
// 数据读取
// 取到一个值
public static String byGet(String tableName, String rowKey, String family, String qualifier) {
    try {
        Table t = getCon().getTable(TableName.valueOf(tableName));
        Get get = new Get(Bytes.toBytes(rowKey));
        get.addColumn(Bytes.toBytes(family), Bytes.toBytes(qualifier));
        Result r = t.get(get);
```

```java
        return Bytes.toString(CellUtil.cloneValue(r.listCells().get(0)));
    } catch (IOException e) {
        e.printStackTrace();
    }
    return null;
}
```

然后是根据表名、行键、列族来获取一个列族的值。

```java
// 取到一个族列的值
public static Map<String, String> byGet(String tableName, String rowKey,String family) {
    Map<String, String> result = null;
    try {
        Table t = getCon().getTable(TableName.valueOf(tableName));
        Get get = new Get(Bytes.toBytes(rowKey));
        get.addFamily(Bytes.toBytes(family));
        Result r = t.get(get);
        List<Cell> cs = r.listCells();
        result = cs.size() > 0 ? new HashMap<String, String>() : result;
        for (Cell cell : cs) {
            result.put(Bytes.toString(CellUtil.cloneQualifier(cell)),
                Bytes.toString(CellUtil.cloneValue(cell)));
        }
    } catch (IOException e) {
        e.printStackTrace();
    }
    return result;
}
```

接下来是通过表名和行键获取一行数据的方法。

```java
// 取到多个族列的值
public static Map<String, Map<String, String>> byGet(String tableName, String rowKey) {
    Map<String, Map<String, String>> results = null;
    try {
        Table t = getCon().getTable(TableName.valueOf(tableName));
        Get get = new Get(Bytes.toBytes(rowKey));
        Result r = t.get(get);
        List<Cell> cs = r.listCells();
        results = cs.size() > 0 ? new HashMap<String, Map<String, String>>()
            : results;
        for (Cell cell : cs) {
            String familyName = Bytes.toString(CellUtil.cloneFamily(cell));
```

```java
      if (results.get(familyName) == null) {
       results.put(familyName, new HashMap<String, String>());
      }
      results.get(familyName).put(
        Bytes.toString(CellUtil.cloneQualifier(cell)),
        Bytes.toString(CellUtil.cloneValue(cell)));
     }
    } catch (IOException e) {
     e.printStackTrace();
    }
    return results;
   }
```

根据表名扫描表，获取所有数据的参考实现如下。

```java
   // 显示所有数据
   public static List<String> scan(String tableName) {
    try {
     List<String> list = new ArrayList<String>();
     Admin admin = getCon().getAdmin();
     TableName tn = TableName.valueOf(tableName);
     if (!admin.tableExists(tn)) {
      return list;
     }
     Table table = getCon().getTable(TableName.valueOf(tableName));
     // HTable table = new HTable(getConfiguration(), tableName);

     Scan scan = new Scan();
     ResultScanner scanner = table.getScanner(scan);
     for (Result result : scanner) {
      Cell[] cells = result.rawCells();
      for (Cell cl : cells) {
       // kv.getRow();
       System.out
         .println(String
           .format("row:%s, family:%s, qualifier:%s, qualifiervalue:%s, timestamp:%s.", Bytes.toString(result.getRow()),
             Bytes.toString(CellUtil
               .cloneFamily(cl)),
             Bytes.toString(CellUtil
               .cloneQualifier(cl)), Bytes
               .toString(CellUtil
                 .cloneValue(cl)),
             cl.getTimestamp()));
       list.add(Bytes.toString(CellUtil.cloneValue(cl)));
      }
```

```
      scanner.close();
      admin.close();
      return list;
    } catch (Exception ex) {
      ex.printStackTrace();
      return null;
    }
  }
```

最后是根据行键范围为索引查询数据。

```
// 根据行键范围为索引查询数据
public static List<String> scanScope(String tableName, String start,
String stop) throws IOException {
  try {
    List<String> list = new ArrayList<String>();
    // HBaseAdmin admin = new HBaseAdmin(getConfiguration());
    Admin admin = getCon().getAdmin();
    TableName tn = TableName.valueOf(tableName);
    if (!admin.tableExists(tn)) {
      return list;
    }
    // HTable table = new HTable(getConfiguration(), tableName);
    Table table = getCon().getTable(TableName.valueOf(tableName));
    Scan scan = new Scan();
    scan.setStartRow(Bytes.toBytes(start));
    scan.setStopRow(Bytes.toBytes(stop));
    scan.setBatch(1000);
    ResultScanner scanner = table.getScanner(scan);
    for (Result result : scanner) {
      Cell[] cells = result.rawCells();
      for (Cell cl : cells) {
        list.add(Bytes.toString(CellUtil.cloneValue(cl)));
      }
    }
    scanner.close();
    return list;
  } catch (Exception ex) {
    ex.printStackTrace();
    return null;
  }
}
```

如果在查询过程中需要获取历史版本的数据，则调用 Scan 对象的如下方法即可。

```
scan.setMaxVersions(版本数);//设置读取的最大的版本数
```
完整代码实现如下。

```java
package com.Chinasofti.hadooptest.hbaseapi;

import java.io.IOException;
import org.apache.hadoop.conf.Configuration;
import org.apache.hadoop.hbase.HBaseConfiguration;
import org.apache.hadoop.hbase.HColumnDescriptor;
import org.apache.hadoop.hbase.HTableDescriptor;
import org.apache.hadoop.hbase.client.*;
import org.apache.hadoop.hbase.util.Bytes;

public class HBaseJavaClient {
// HBase操作必备
 private static Configuration getConfiguration() {
  Configuration conf = HBaseConfiguration.create();
  conf.set("hbase.rootdir", "hdfs://hadoop0:9000/hbase");
  // 使用Eclipse时必须添加这个,否则无法定位
  conf.set("hbase.zookeeper.quorum", "hadoop0");
  return conf;
 }
// 创建一张表
 public static void create(String tableName, String columnFamily)
   throws IOException {
  HBaseAdmin admin = new HBaseAdmin(getConfiguration());
  if (admin.tableExists(tableName)) {
   System.out.println("table exists!");
  } else {
   HTableDescriptor tableDesc = new HTableDescriptor(tableName);
   tableDesc.addFamily(new HColumnDescriptor(columnFamily));
   admin.createTable(tableDesc);
   System.out.println("create table success!");
  }
 }
// 添加一条记录
   public static void put(String tableName, String row, String
columnFamily,String column, String data) throws IOException {
    HTable table = new HTable(getConfiguration(), tableName);
    Put p1 = new Put(Bytes.toBytes(row));
    p1.add(Bytes.toBytes(columnFamily), Bytes.toBytes(column),
      Bytes.toBytes(data));
    table.put(p1);
    System.out.println("put'" + row + "'," + columnFamily + ":" + column
```

```java
            + "','" + data + "'");
    }
    // 读取一条记录
    public static void get(String tableName, String row, String family,
    String qualifier) throws IOException {
        HTable table = new HTable(getConfiguration(), tableName);
        Get get = new Get(Bytes.toBytes(row));
        Result result = table.get(get);
        System.out.println("Get: "
            + new String(result.getValue(family.getBytes(),
                qualifier.getBytes())));
    }
    // 显示所有数据
    public static void scan(String tableName) throws IOException {
        HTable table = new HTable(getConfiguration(), tableName);
        Scan scan = new Scan();
        ResultScanner scanner = table.getScanner(scan);
        for (Result result : scanner) {
            System.out.println("Scan: " + result);
        }
    }
    // 删除表
    public static void delete(String tableName) throws IOException {
        HBaseAdmin admin = new HBaseAdmin(getConfiguration());
        if (admin.tableExists(tableName)) {
            try {
                admin.disableTable(tableName);
                admin.deleteTable(tableName);
            } catch (IOException e) {
                e.printStackTrace();
                System.out.println("Delete " + tableName + " 失败");
            }
        }
        System.out.println("Delete " + tableName + " 成功");
    }

    /**
     * @param args
     */
    public static void main(String[] args) throws Exception {
        // TODO Auto-generated method stub
        create("apitable", "apics");
        put("apitable", "NewUser", "apics", "newc", "Jerry");
        get("apitable", "NewUser", "apics", "newc");
        scan("apitable");
        delete("apitable");
```

        }
    }
```

示例运行的步骤如下。

## 1．添加 jar 包

在 Eclipse 工程名上单击鼠标右键→Properties→Java Build Path→Libraries→Add External JARs…，然后将 HBase 解压后的 lib 目录下的 jar 文件全部添加进来，如图 6.1 所示。

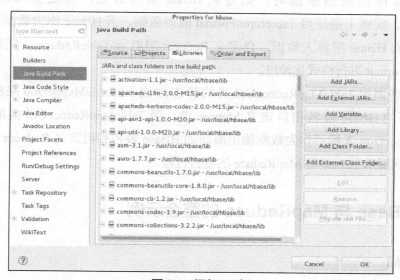

图 6.1　添加 jar 包

## 2．运行示例

在 Eclipse 工程中的 Java 文件上单击鼠标右键→run as→Java Application，运行程序。结果如图 6.2 所示。

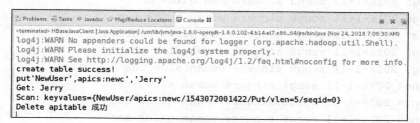

图 6.2　运行结果
```

6.2 HBase 与 MapReduce 的整合

HBase 与 MapReduce 整合时，有三种情形：HBase 作为 MapReduce 的数据流向；HBase 作为 MapReduce 的数据来源；HBase 同时作为 MapReduce 的数据来源和数据流向。本节用一个音乐播放的例子展示 HBase 作为 MapReduce 的整合过程。

6.2.1 HBase 与 MapReduce 的整合概述

当 HBase 作为数据来源时，如分析 HBase 里的数据，自定义 Mapper 需继承 TableMapper，实质上是使用 TableInputFormat 取得数据。当 HBase 作为数据流向时，如从 HDFS 里向 HBase 里导入数据，自定义 Reducer 需继承 TableReducer，实际上是使用 TableOutputFormat 进行格式化输出。

同时，需调用 TableMapReduceUtil 类的静态方法 initTableMapperJob 来标示作为数据输入来源的 HBase 表名和自定义 Mapper 类，用 TableMapReduceUtil 类的静态方法 initTableReducerJob 来标示作为数据输出流向的 HBase 表名和自定义 Reducer 类。下面以一个综合示例展示 HBase 与 MapReduce 的整合过程。

6.2.2 HBase 与 MapReduce 的整合示例

1．示例目标

有如下数据存在于 music1.txt 文件中，每一条代表一首音乐的一次播放记录，我们需要统计每首音乐的播放次数。例如，名为"song6"的音乐有 3 次播放记录。

```
1_song1_2016-1-11 song1 singer1 man slow pc
2_song2_2016-1-11 song2 singer2 woman slow ios
3_song3_2016-1-11 song3 singer3 man quick andriod
4_song4_2016-1-11 song4 singer4 woman slow ios
5_song5_2016-1-11 song5 singer5 man quick pc
6_song6_2016-1-11 song6 singer6 woman quick ios
7_song7_2016-1-11 song7 singer7 man quick andriod
8_song8_2016-1-11 song8 singer8 woman slow pc
9_song9_2016-1-11 song9 singer9 woman slow ios
10_song4_2016-1-11 song4 singer4 woman slow ios
11_song6_2016-1-11 song6 singer6 woman quick ios
12_song6_2016-1-11 song6 singer6 woman quick ios
13_song3_2016-1-11 song3 singer3 man quick andriod
14_song2_2016-1-11 song2 singer2 woman slow ios
```

具体做法是,首先使用 hbase/lib 中提供的工具 hbase-server-1.4.0.jar 来创建表并导入数据到 HBase,然后利用 MapReduce 读取 HBase 中的数据进行统计分析,最后将统计结果存入另一个 HBase 数据表中。

2. 导入数据

从 HDFS 导入数据到 HBase 时会将数据先暂存于 hdfs://hadoop0:9000/user/root/tmp。如果此文件夹存在,则先删除它。

```
[root@hadoop0 lib]# hadoop fs -rmr hdfs://hadoop0:9000/user/root/tmp
```

在 HDFS 上创建 /input2/music2 用于存放上传的音乐播放数据文件 music1.txt。

```
[root@hadoop0 lib]# hadoop fs -mkdir hdfs://hadoop0:9000/input2/music2
```

将音乐播放数据 music1.txt 复制到 linux 的 /root 目录下,再上传到 HDFS 上的 /input2/music2 目录。

```
[root@hadoop0 lib]# hadoop fs -put /root/music1.txt hdfs://hadoop0:9000/input2/music2
```

调用 HBase 提供的 importtsv 工具在 HBase 上创建表 music,并指定列族和列。

```
[root@hadoop0 lib]# hadoop jar /usr/local/hbase/lib/hbase-server-1.4.0.jar importtsv -Dimporttsv.bulk.output=tmp -Dimporttsv.columns=HBASE_ROW_KEY,info:name,info:singer,info:gender,info:ryghme,info:terminal music/input2/music2
```

调用 HBase 提供的 completebulkload 工具从暂存文件夹 hdfs://hadoop0:9000/user/root/tmp 加载数据到 music 表中。

```
[root@hadoop0 lib]# hadoop jar /usr/local/hbase/lib/hbase-server-1.4.0.jar completebulkload tmp music
```

进入 HBase Shell,创建 namelist 表,拥有一个列族 details,用于存放统计结果。

```
hbase(main):027:0> create 'namelist','details'
```

查看 music 表中数据。

```
hbase(main):013:0> scan 'music'
```

显示部分内容如图 6.3 所示。

数据准备就绪,我们就可以调用 MapReduce 进行统计分析了。

3. MapReduce 处理

创建 MyMapper 类,继承自 TableMapper,取出播放记录中的歌名,记为 1 次播放。

取出每行中的所有单元，实际上只扫描了一列 (info:name，即音乐名称)，因为在驱动中使用 Scan 来设置了过滤条件。同时，将音乐名称作为 key，播放次数 (每次为 1) 作为 value，传给 Reducer 来进一步统计分析。

```
hbase(main):013:0> scan 'music'
ROW                          COLUMN+CELL
 10_song4_2016-1-11          column=info:gender, timestamp=1545455816692, value=woman
 10_song4_2016-1-11          column=info:name, timestamp=1545455816692, value=song4
 10_song4_2016-1-11          column=info:ryghme, timestamp=1545455816692, value=slow
 10_song4_2016-1-11          column=info:singer, timestamp=1545455816692, value=singer4
 10_song4_2016-1-11          column=info:terminal, timestamp=1545455816692, value=ios
 11_song6_2016-1-11          column=info:gender, timestamp=1545455816692, value=woman
 11_song6_2016-1-11          column=info:name, timestamp=1545455816692, value=song6
 11_song6_2016-1-11          column=info:ryghme, timestamp=1545455816692, value=quick
 11_song6_2016-1-11          column=info:singer, timestamp=1545455816692, value=singer6
 11_song6_2016-1-11          column=info:terminal, timestamp=1545455816692, value=ios
 12_song6_2016-1-11          column=info:gender, timestamp=1545455816692, value=woman
```

图 6.3 music 表中的部分数据

```
static class MyMapper extends TableMapper<Text, IntWritable> {
  @Override
  protected void map(ImmutableBytesWritable key, Result value,
    Context context) throws IOException, InterruptedException {
    // 取出每行中的所有单元，实际上只扫描了一列 (info:name)，因为在驱动中设置了过滤条件
     List<Cell> cells = value.listCells();
     for (Cell cell : cells) {
      context.write(
        new Text(Bytes.toString(CellUtil.cloneValue(cell))),
        new IntWritable(1));
     }
  }
}
```

创建 MyReducer，继承自 TableReducer，将相同歌名的播放次数求和，与前面学习过的 MapReduce 入门示例 WordCount 的处理类似。统计完成后将结果另外输出到一个 HBase 表 namelist 中。

```
static class MyReducer extends TableReducer<Text, IntWritable, Text> {
  @Override
  protected void reduce(Text key, Iterable<IntWritable> values,
    Context context) throws IOException, InterruptedException {
   int playCount = 0;
   for (IntWritable num : values) {
    playCount += num.get();
   }
   // 为 Put 操作指定行键
   Put put = new Put(Bytes.toBytes(key.toString()));
   // 为 Put 操作指定列和值
   put.addColumn(Bytes.toBytes("details"), Bytes.toBytes("rank"),
     Bytes.toBytes(playCount));
```

```
        context.write(key, put);
    }
}
```

编写驱动程序,为 music 表设置过滤条件,只保留了歌名 name 一个字段,同时用 TableMapReduceUtil 工具设置 music 表为 MapReduce 的输入表,设置 namelist 表为 MapReduce 的输出表。

```
public static void main(String[] args) throws IOException,
    ClassNotFoundException, InterruptedException {
    Configuration conf = HBaseConfiguration.create();
    conf.set("hbase.rootdir", "hdfs://hadoop0:9000/hbase");
    conf.set("hbase.zookeeper.quorum", "hadoop0");
    Job job = Job.getInstance(conf, "top-music");
    // MapReduce 程序作业基本配置
    job.setJarByClass(TableReducerDemo.class);
    job.setNumReduceTasks(1);
    // 为 music 表设置过滤条件,只保留了歌名 name
    Scan scan = new Scan();
    scan.addColumn(Bytes.toBytes("info"), Bytes.toBytes("name"));
    // 使用 HBase 提供的工具类来设置 job
    TableMapReduceUtil.initTableMapperJob("music", scan, MyMapper.class,
        Text.class, IntWritable.class, job);
    TableMapReduceUtil
        .initTableReducerJob("namelist", MyReducer.class, job);
    job.waitForCompletion(true);
    System.out.println("执行成功,统计结果存于 namelist 表中。");
}
```

4. 运行

导入 /usr/local/hbase/lib 目录下的全部 jar 包,如图 6.4 所示。

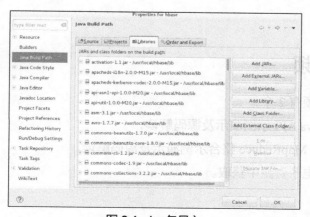

图 6.4 jar 包导入

运行结果如图 6.5 所示。

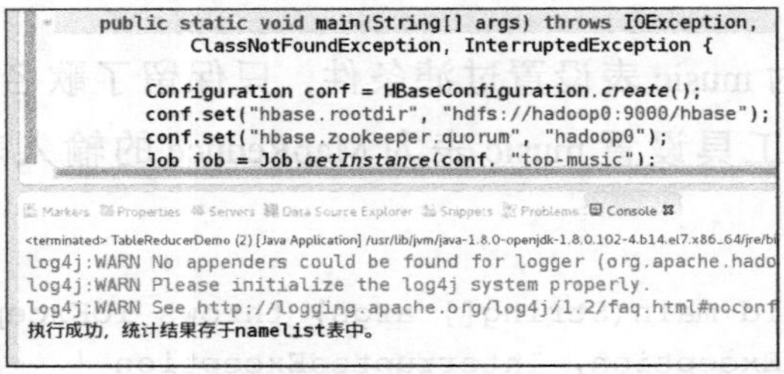

图 6.5 运行结果

查看存放统计结果的 namelist 表中的数据，可见名为"song6"的音乐的确显示为 3 次播放，如图 6.6 所示。

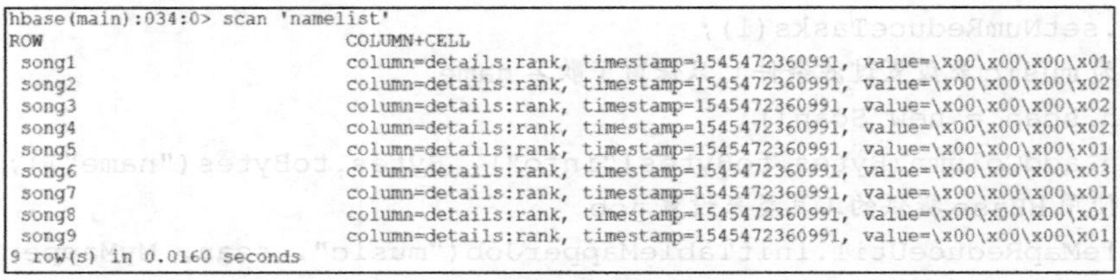

图 6.6 表中数据

6.3 小结

使用 HBase Java API，可以更灵活地操控 HBase 表中的数据，同时，MapReduce 也为读写 HBase 定制了专门的 API。本章在介绍相关理论的基础上，特别给出了两个综合示例。读者可从配套电子资源中获取并运行这两个示例，仔细研读源码，在实际工作中稍加修改即可应用。

6.4 配套视频

本章的配套视频有 2 个：
（1）HBase Java API 示例演示及源码解读；
（2）HBase 与 MapReduce 整合示例演示及源码解读。
读者可从配套电子资源中获取。

第7章 分布式数据仓库 Hive

Hive 是基于 Hadoop 的一个数据仓库工具,可以将结构化的数据文件映射为一张数据库表,并提供简单的 SQL 查询功能,可以将 SQL 语句转换为 MapReduce 任务进行运行。其优点是学习成本低,可以通过类 SQL 语句快速实现简单的 MapReduce 统计,不必开发专门的 MapReduce 应用,十分适合数据仓库的统计分析。

本章涉及的主要知识点如下。

(1) Hive 概述:Hive 的定义、设计特征、体系结构等基础知识。
(2) Hive 伪分布式安装:Hive 的伪分布式安装,使用 MySQL 存储 Hive 的元数据信息。
(3) Hive QL:使用类似 SQL 的语句 Hive QL 操作 Hive 数据。

7.1 Hive 概述

Hive 最初是由 Facebook 开发的,后来由 Apache 软件基金会开发,并作为 Apache 的一个顶级开源项目。Hive 基于 Hadoop,专为联机分析处理(On-Line Analytical Processing,OLAP)设计,但由于 Hadoop MapReduce 并不实时,所以 Hive 并不适合联机事务处理(On-Line Transaction Processing,OLTP)业务。Hive 的最佳使用场合是大数据集的批处理作业。本节对 Hive 的定义、设计特征、体系结构进行基本阐述。

7.1.1 Hive 的定义

Hive 是建立在 Hadoop 上的数据仓库基础构架。它提供了一系列的工具,可以用来进行数据提取转化加载(Extract-Transform-Load,ETL),这是一种可以存储、查询和分析存储在 Hadoop 中的大规模数据的机制。Hive 定义了简单的类 SQL 查询语言,称为 Hive QL,简称 HQL,它允许熟悉 SQL 的用户查询数据。

同时,这个语言也允许熟悉 MapReduce 的开发者开发自定义的 Mapper 和 Reducer 程序来处理内建的 Mapper 和 Reducer 无法完成的复杂的分析工作。Hive 没有专门的数据格式,可以很好地工作在 Thrift 之上。

7.1.2 Hive 的设计特征

Hive 是一种底层封装了 Hadoop 的数据仓库处理工具,使用类 SQL 的 Hive QL 语言实现数据查询,所有 Hive 的数据都存储在 Hadoop 兼容的文件系统(例如 Amazon S3、HDFS)中。Hive 在加载数据过程中不会对数据进行任何的修改,只是将数据移动到 HDFS 中 Hive 设定的目录下,因此,Hive 不支持对数据的改写和添加,所有的数据都是在加载时确定的。Hive 的设计特点如下。

(1)不同的存储类型,例如纯文本文件、HBase 中的文件。

(2)将元数据保存在关系数据库中,可大大减少在查询过程中执行语义检查的时间。

(3)可以直接使用存储在 Hadoop 文件系统中的数据。

(4)内置大量函数来操作时间、字符串和其他的数据挖掘工具,支持用户扩展 UDF 函数来完成内置函数无法实现的操作。

(5)类 SQL 的查询方式,将 SQL 查询转换为 MapReduce 的 Job 在 Hadoop 集群上执行。

7.1.3 Hive 的体系结构

Hive 本身建立在 Hadoop 的体系结构上,可以将结构化的数据文件映射为一张数据库表,并提供完整的 SQL 查询功能,可以将 SQL 语句转换为 MapReduce 任务,然后交给 Hadoop 集群进行处理。Hive 的体系结构如图 7.1 所示。

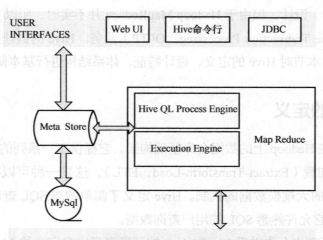

图 7.1 Hive 的体系结构

该体系结构图包含不同的单元，表 7.1 描述每个单元的功能。

表 7.1 Hive 体系结构表

单元名称	操作
USER INTERFACES 用户接口	Hive 是一个数据仓库基础工具软件，可以通过用户接口实现与 HDFS 之间的互动。用户接口包括 Web UI、Hive 命令行、JDBC，Web UI 就是通过 Web 访问 Hive，Hive 命令行就是通过命令行工具访问 Hive，JDBC 就是通过 Java API 访问 Hive
Meta Store 元存储	Hive 选择各自的数据库服务器，用以储存表、数据库、列模式、元数据表、数据类型和 HDFS 映射。一般使用 MySQL 存储 Hive 的元数据信息
Hive QL Process Engine Hive QL 处理引擎	Hive QL 处理引擎包括解释器、编译器、优化器等，完成 Hive QL 查询语句从词法分析、语法分析、编译、优化到查询计划生成的整个过程
Execution Engine 执行引擎	Hive 执行引擎处理查询请求并产生返回结果，由 MapReduce 调用执行
HDFS or HBase Data Storage HDFS 或 HBase 数据存储	Hadoop HDFS 或者 HBase 数据存储技术将数据存储到 HDFS 或 HBase 文件系统中

注意：HDFS 或 HBase 存储的数据并不是 Hive 的元数据信息，Meta Store 元数据信息一般保存在 MySQL 中。

7.2 Hive 伪分布式安装

软件安装是学习 Hive 的第一步，不同版本的 Hive 安装略有差异。Hive 2.X 的安装略显复杂，但只要按照本书步骤，并参考本章配置的视频，就一定可以成功安装。

7.2.1 安装 Hive 的前提条件

安装 Hive 的前提条件是 Hadoop 已经安装并成功启动，还要注意的是，Hive 的版本和 Hadoop 的版本必须匹配。本书使用的版本是 Hive 2.3.2，能够与 Hadoop 3.X 完美匹配。我们使用 jps 命令验证 Hadoop 的 5 个进程成功启动，如图 7.2 所示。

```
[root@hadoop0 sbin]# jps
23780 Jps
23493 NodeManager
22649 DataNode
22922 SecondaryNameNode
23180 ResourceManager
22510 NameNode
[root@hadoop0 sbin]#
```

图 7.2 验证 Hadoop 的 5 个进程成功启动

7.2.2 解压并配置环境变量

从 Hive 官网下载 apache-hive-2.3.2-bin.tar.gz，并通过 WinSCP 工具将 apache-hive-2.3.2-bin.tar.gz 文件上传到 CentOS 7 的 /usr/local 目录下，准备安装。

1．解压

首先使用 cd 命令切换到 /usr/local 目录，然后使用 tar -xvf apache-hive-2.3.2-bin.tar.gz 解压文件，如图 7.3 所示。

```
tar -xvf apache-hive-2.3.2-bin.tar.gz
```

```
[root@hadoop0 hadoop]# cd /usr/local/
[root@hadoop0 local]# tar -xvf apache-hive-2.3.2-bin
```

图 7.3　解压 Hive

2．配置环境变量

使用 mv 命令重命名解压后的文件夹 apache-hive-2.3.2-bin 为 hive，如图 7.4 所示。

```
mv   apache-hive-2.3.2-bin   hive
```

```
[root@hadoop0 local]# mv apache-hive-2.3.2-bin hive
```

图 7.4　重命名解压后的文件夹

然后将 Hive 的安装目录 /usr/local/hive 配置到 /etc/profile 的 PATH 环境变量中，如图 7.5 所示。

```
# /etc/profile
export JAVA_HOME=/usr/local/jdk
export HADOOP_HOME=/usr/local/hadoop
export HIVE_HOME=/usr/local/hive
export PATH=$PATH:$JAVA_HOME/bin:$HADOOP_HOME/bin:$HADOOP_HOME/sbin:$HIVE_HOME/bin
```

图 7.5　将 Hive 配置到 /etc/profile 的 PATH 环境变量中

3．使环境变量立即生效

/etc/profile 修改后需使用 source 执行一次才能立即生效，如图 7.6 所示。

```
source /etc/profile
```

```
[root@hadoop0 conf]# source /etc/profile
[root@hadoop0 conf]#
```

图 7.6　使环境变量立即生效

7.2.3 安装 MySQL

Hive 默认使用内嵌的 Derby 数据库作为存储引擎，存储 Hive 的元数据信息，但 Derby 引擎的缺点是一次只能打开一个会话，不能多用户并发访问。所以需要安装 MySQL，并将 Hive 的存储引擎改为 MySQL。由于 MySQL 采用在线安装，所以必须先要配置谷歌域名服务器。

```
vi /etc/resolv.conf
```

添加内容如下。

```
nameserver 8.8.8.8    # 谷歌域名服务器
nameserver 8.8.4.4    # 谷歌域名服务器
```

然后按照下列步骤进行安装。

1. 下载 MySQL 源安装包

MySQL 采用在线安装，先使用 wget 命令下载，如图 7.7 所示。

```
wget http://dev.mysql.com/get/mysql57-community-release-el7-7.noarch.rpm
```

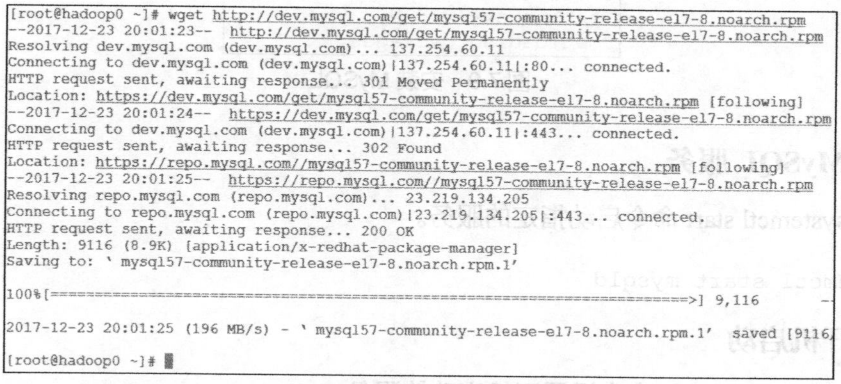

图 7.7　下载 MySQL 源安装包

2. 安装 MySQL 源

下载后使用 yum 本地安装。

```
yum localinstall mysql57-community-release-el7-7.noarch.rpm
```

在安装过程中需要输入 y 确认下载依赖包，如图 7.8 所示。

```
[root@hadoop0 ~]# yum localinstall mysql57-community-release-el7-8.noarch.rpm
Loaded plugins: fastestmirror, langpacks
Examining mysql57-community-release-el7-8.noarch.rpm: mysql57-community-release-el7-8.noarch
Marking mysql57-community-release-el7-8.noarch.rpm to be installed
Resolving Dependencies
--> Running transaction check
---> Package mysql57-community-release.noarch 0:el7-8 will be installed
--> Finished Dependency Resolution

Dependencies Resolved

================================================================================
 Package                      Arch       Version       Repository
================================================================================
Installing:
 mysql57-community-release    noarch     el7-8         /mysql57-community-release-el7

Transaction Summary
================================================================================
Install  1 Package

Total size: 8.2 k
Installed size: 8.2 k
Is this ok [y/d/N]: y
```

图 7.8　安装 MySQL 源

3．安装 MySQL

正式开始安装 MySQL Server。

```
yum install mysql-community-server
```

在安装过程中需要输入 y 确认下载，总共有 192MB，如图 7.9 所示。

```
Total download size: 192 M
Is this ok [y/d/N]: y
Downloading packages:
```

图 7.9　安装 MySQL

4．启动 MySQL 服务

使用 systemctl start 命令启动指定的服务。

```
systemctl start mysqld
```

5．设为开机启动

使用 systemctl enable 命令设置开机启动的服务。

```
systemctl enable mysqld
systemctl daemon-reload
```

6．修改 root 本地登录密码

注意： MySQL 老版本默认密码为空，可以跳过查看默认密码步骤。

MySQL 5.7 安装完成之后，在 /var/log/mysqld.log 文件中给 root 生成了一个默认密码。通过图 7.10 的方式找到 root 默认密码，然后登录 MySQL 进行修改。

```
grep 'temporary password'  /var/log/mysqld.log
```

```
[root@hadoop0 ~]# grep 'temporary password' /var/log/mysqld.log
2017-12-24T04:15:56.548915Z 1 [Note] A temporary password is generated for root@localhost: pjRTKa?d.4S<
[root@hadoop0 ~]#
```

图 7.10 查看默认密码

默认密码可能各不相同，笔者的默认密码是 pjRTKa?d.4S<。这个密码不方便记忆，可以登录后修改为一个方便记忆的默认密码。

登录 MySQL 命令如下。

```
mysql -uroot -p
```

需要输入刚刚生成的默认密码才能登录成功，如图 7.11 所示。

```
[root@hadoop0 ~]# grep 'temporary password' /var/log/mysqld.log
2017-12-24T04:15:56.548915Z 1 [Note] A temporary password is generated for root@localhost: pjRTKa?d.4S<
[root@hadoop0 ~]# mysql -uroot -p
Enter password:
```

图 7.11 查看默认密码

注意：默认密码太过复杂，非常容易输错，需要尝试多次。建议使用 PieTTY 远程连接工具，使用右键复制粘贴密码，以避免出错。

登录成功后，本书使用下面的语句将密码改成了 Wu2018!!。

```
mysql> ALTER USER 'root'@'localhost' IDENTIFIED BY 'Wu2018!!';
```

MySQL 5.7 默认安装了密码安全检查插件（validate_password），默认密码检查策略要求密码必须包含大小写字母、数字和特殊符号，并且长度不能少于 7 位，否则会提示 ERROR 1819（HY000）：Your password does not satisfy the current policy requirements 错误，如图 7.12 所示。

```
mysql> set password for 'yangxin'@'%'=password('123456abc!');
ERROR 1819 (HY000): Your password does not satisfy the current policy requirements
mysql>
```

图 7.12 提示密码太简单

7．创建用户

语法为 CREATE USER 'username'@'host' IDENTIFIED BY 'password';。

其中，username 为用户名；host 为指定在哪个主机上可以登录，本机可用 localhost,'%' 通配所有远程主机，password 为用户登录密码。例如：

```
mysql> CREATE USER 'hive1'@'%' IDENTIFIED BY 'Wu2018!!';
```

如图 7.13 所示。

```
mysql> CREATE USER 'hive1'@'%' IDENTIFIED BY 'Wu2018!!';
Query OK, 0 rows affected (0.00 sec)

mysql>
```

图 7.13 创建用户

8. 授权

语法为 GRANT ALL PRIVILEGES ON *.* TO 'username'@'%' IDENTIFIED BY 'password';。

@ 后面是访问 MySQL 的客户端 IP 地址（或是主机名），'%' 代表任意的客户端，如果填写 localhost 则表示本地访问。

```
mysql> GRANT ALL PRIVILEGES ON  *.* TO 'hive1'@'%' IDENTIFIED BY 'Wu2018!!';
```

如图 7.14 所示。

```
mysql> GRANT ALL PRIVILEGES ON *.* TO 'hive1'@'%' IDENTIFIED BY 'Wu2018!!';
Query OK, 0 rows affected, 1 warning (0.05 sec)

mysql>
```

图 7.14 授权 1

允许远程连接 MySQL 的命令如下。

```
mysql> GRANT ALL PRIVILEGES ON  *.* TO 'root'@'%' IDENTIFIED BY 'Wu2018!!';
```

如图 7.15 所示。

```
mysql> GRANT ALL PRIVILEGES ON *.* TO 'root'@'%' IDENTIFIED BY 'Wu2018!!';
Query OK, 0 rows affected, 1 warning (0.01 sec)
```

图 7.15 授权 2

9. 刷新权限

MySQL 配置若有更新，需刷新并立即生效。

```
mysql>FLUSH PRIVILEGES;
```

如图 7.16 所示。

```
mysql> FLUSH PRIVILEGES;
Query OK, 0 rows affected (0.14 sec)

mysql>
```

图 7.16 刷新权限

10．配置默认编码为 utf8

修改 /etc/my.cnf 配置文件，在 [mysqld] 下添加编码配置，如图 7.17 所示。

```
[mysqld]
character_set_server=utf8
init_connect='SET NAMES utf8'
```

```
# For advice on how to change settings please see
# http://dev.mysql.com/doc/refman/5.7/en/server-configuration-defaults.html

[mysqld]
character_set_server=utf8
init_connect='SET NAMES utf8'
#
# Remove leading # and set to the amount of RAM for the most important data
```

图 7.17　配置默认编码为 utf8

11．重新启动 MySQL 服务

使用 systemctl restart 命令重启服务。

```
systemctl restart mysqld
```

至此，MySQL 安装完成。

7.2.4　配置 Hive

切换到 Hive 的配置文件目录 /usr/local/hive/conf，分别将配置模板文件 hive-env.sh.template 重命名为 hive-env.sh，将 hive-default.xml.template 重命名为 hive-site.xml，如图 7.18 所示，然后就可以开始配置。

```
[root@hadoop0 conf]# cd /usr/local/hive/conf/
[root@hadoop0 conf]# mv hive-env.sh.template hive-env.sh
[root@hadoop0 conf]# mv hive-default.xml.template hive-site.xml
```

图 7.18　重命名配置文件

1．配置 $HIVE_HOME/bin 的 hive-config.sh

在 $HIVE_HOME/bin 的 hive-config.sh 文件末尾添加如下 3 行配置，明确 Java、HADOOP 和 HIVE 的安装目录。

```
export Java_HOME=/usr/local/jdk
export HADOOP_HOME=/usr/local/hadoop
export HIVE_HOME=/usr/local/hive
```

2. 复制 MySQL 驱动

下载 MySQL 的 JDBC 驱动包 mysql-connector-Java-5.1.45-bin.jar，然后复制到 $HIVE_HOME/lib 目录下，如图 7.19 所示。

```
cp mysql-connector-Java-5.1.45-bin.jar   /usr/local/hive/lib/
```

[root@hadoop0 local]# cp mysql-connector-java-5.1.45-bin.jar /usr/local/hive/lib/

图 7.19　复制 MySQL 的 JDBC 驱动包

3. 在 $HIVE_HOME/ 下新建 tmp 临时目录

创建 tmp 临时目录以存储临时数据，如图 7.20 所示。

```
mkdir   /usr/local/hive/tmp
```

[root@hadoop0 local]# mkdir /usr/local/hive/tmp

图 7.20　新建 tmp 临时目录

4. 配置 $HIVE_HOME/conf 的 hive-site.xml 支持 MySQL

在 $HIVE_HOME/conf 的 hive-site.xml 文件中，修改 ConnectionURL、ConnectionDriverName、ConnectionUserName、ConnectionPassword 共 4 个属性的值，将默认 Derby 数据库的连接配置改成 MySQL 数据库的连接配置，具体配置如下。

```xml
<property>
  <name>Javax.jdo.option.ConnectionURL</name>
  <value>jdbc:mysql://hadoop0:3306/hive?createDatabaseIfNotExist=true</value>
</property>
<property>
  <name>Javax.jdo.option.ConnectionDriverName</name>
  <value>com.mysql.jdbc.Driver</value>
</property>
<property>
  <name>Javax.jdo.option.ConnectionUserName</name>
  <value>root</value>
</property>
<property>
  <name>Javax.jdo.option.ConnectionPassword</name>
  <value>Wu2018!!</value>
</property>
```

注意：hive-site.xml 文件内容非常多，可以使用 vi 的 / 命令向后查找或 ? 命令向前查找,也可以使用 WinSCP 等远程编辑工具,使用 "Ctrl+F" 命令进行查找。

5. 配置 $HIVE_HOME/conf 的 hive-site.xml

替换全部的 ${system:Java.io.tmpdir} 为 /usr/local/hive/tmp,共有 4 处。

配置 $HIVE_HOME/conf 的 hive-site.xml,替换全部的 ${system:user.name} 为 root,共有 3 处。

注意: Hive 的早期版本不需要第 5 步操作!

7.2.5 验证 Hive

1. Hive 数据库的初始化

执行 schematool -dbType mysql -initSchema,进行 Hive 数据库的初始化,如图 7.21 所示。

```
schematool -dbType mysql -initSchema
```

```
[root@hadoop0 local]# schematool -dbType mysql -initSchema
SLF4J: Class path contains multiple SLF4J bindings.
SLF4J: Found binding in [jar:file:/usr/local/hive/lib/log4j-slf4j-i
r.class]
SLF4J: Found binding in [jar:file:/usr/local/hadoop/share/hadoop/co
pl/StaticLoggerBinder.class]
SLF4J: See http://           #multiple_bindings for a
SLF4J: Actual binding is of type [org.apache.logging.slf4j.Log4jLog
Metastore connection URL:        jdbc:mysql://hadoop0:3306/hive?cre
Metastore Connection Driver :    com.mysql.jdbc.Driver
Metastore connection User:       root
Starting metastore schema initialization to 2.3.0
Initialization script hive-schema-2.3.0.mysql.sql
Initialization script completed
schemaTool completed
[root@hadoop0 local]#
```

图 7.21 Hive 数据库的初始化

注意: Hive 的早期版本不需要执行 schematool 初始化操作。

2. 启动 Hive 客户端

输入 hive,启动 Hive 客户端命令行工具,如图 7.22 所示。

```
shell# hive
```

3. 输入 show tables; 显示所有表

与 MySQL 一致,查看所有表的命令如下,如图 7.23 所示。

```
hive>show tables;
```

```
[root@hadoop0 local]# hive
which: no hbase in (/usr/local/sbin:/usr/local/bi
op/bin:/usr/local/hadoop/sbin:/usr/local/hive/bin
/usr/local/hive/bin:/usr/local/jdk/bin:/usr/local
SLF4J: Class path contains multiple SLF4J binding
SLF4J: Found binding in [jar:file:/usr/local/hive
r.class]
SLF4J: Found binding in [jar:file:/usr/local/hado
pl/StaticLoggerBinder.class]
SLF4J: See http://www.     #multip
SLF4J: Actual binding is of type [org.apache.logg

Logging initialized using configuration in jar:fi
ies Async: true
Hive-on-MR is deprecated in Hive 2 and may not be
cution engine (i.e. spark, tez) or using Hive 1.X
hive>
```

图 7.22　启动 Hive 行

```
hive>
    > show tables;
OK
Time taken: 4.517 seconds
hive>
```

图 7.23　显示表

如果没有报错，则证明 Hive 已正确安装并成功启动。

7.3　Hive QL 的基础功能

Hive QL 是 Hive 支持的类似 SQL 的查询语言。Hive QL 大体可以分成 DDL、DML、UDF 共 3 种类型。DDL（Data Definition Language）可以创建数据库（create database）、创建表（create table），进行数据库和表的删除；DML（Data Manipulation Language）可以进行数据的添加、查询；UDF（User Defined Function）还支持用户自定义查询函数。本节对基本的 Hive QL 以示例的方式进行讲解。

7.3.1　操作数据库

使用 Hive QL，可以创建数据、显示数据库、打开数据、删除数据库等。
例如，创建数据的命令如下。

`hive> create database wu;`

查看 database 信息的命令如下，但无法查看当前数据库。

`hive> describe database wu;`

或使用如下命令。

`hive> desc  database wu;`

如图 7.24 所示。

```
hive>  desc  database wu;
OK
wu             hdfs://hadoop0:9000/user/hive/warehouse/wu.db    root    USER
Time taken: 0.014 seconds, Fetched: 1 row(s)
hive>
```

图 7.24　显示数据库

可见，新建的数据库在 HDFS 上的存储路径位于 hdfs://hadoop0:9000/user/hive/warehouse/wu.db 目录。

改变默认数据库的命令如下。

```
hive> use wu;
```

删除数据库的命令如下。

```
hive> drop database wu;
```

再重新创建数据库的命令如下。

```
hive> create database wu;
```

7.3.2 创建表

创建表的通用语句如下。

```
Create [EXTERNAL] TABLE [IF NOT EXISTS] table_name
[(col_name data_type [COMMENT col_comment], ...)]
[COMMENT table_comment]
[PARTITIONED BY (col_name data_type [COMMENT col_comment], ...)]
[CLUSTERED BY (col_name, col_name, ...) [SORTED BY (col_name [ASC|DESC],
...)]INTO num_buckets BUCKETS]
[ROW FORMAT row_format]
[STORED AS file_format]
[LOCATION hdfs_path]
```

CREATE TABLE 创建一个指定名字的表。如果相同名字的表已经存在，则抛出异常；用户可以用 IF NOT EXIST 选项来忽略这个异常。

EXTERNAL 关键字可以让用户创建一个外部表，在建表的同时指定一个指向实际数据的路径（LOCATION），Hive 创建内部表时，会将数据移动到数据仓库指向的路径；若创建外部表，仅记录数据所在的路径，不对数据的位置做任何改变。在删除表的时候，内部表的元数据和数据会被一起删除，而外部表则只删除元数据，不删除数据。

如果文件数据是纯文本，可以使用 STORED AS TEXTFILE。如果数据需要压缩，使用 STORED AS SEQUENCE。

有分区的表可以在创建时使用 PARTITIONED BY 语句。一个表可以拥有一个或者多个分区，每一个分区单独存在一个目录下。而且，表和分区都可以对某个列进行 CLUSTERED BY 操作，将若干个列放入一个桶（bucket）中。也可以利用 SORT BY 对数据进行排序。这样可以为特定应用提高性能。

使用下面的语句创建 emp 和 dept 两张表，并且加载 /usr/local/hive/examples/files 中的

emp.txt 和 dept.txt 数据到表中。

```
hive>use wu;

hive>create table emp (ename string, deptid int,degree int) row format delimited fields terminated by '|';
hive>load data local inpath '/usr/local/hive/examples/files/emp.txt' into table emp;

hive>create table dept (deptid int, dname string) row format delimited fields terminated by '|';
hive>load data local inpath '/usr/local/hive/examples/files/dept.txt' into table dept;
```

因为示例数据 /usr/local/hive/examples/files 中的 emp.txt 和 dept.txt 以 "|" 分割字段，所以在 Hive QL 中使用如下命令进行特别指定。

```
row format delimited fields terminated by '|';
```

查看表命令如下。

```
hive>show tables;
```

或使用如下命令。

```
hive>show tables in wu;
```

或使用如下命令。

```
hive>show tables 'em*';
```

如图 7.25 所示。

```
hive> show tables in wu;
OK
dept
emp
Time taken: 0.021 seconds, Fetched: 2 row(s)
hive>
```

图 7.25　查看表名

查看表的结构信息命令如下。

```
hive>describe wu.emp;
```

或使用如下命令

```
hive>desc  wu.emp;
```

如图 7.26 所示。

```
hive> create table emp (ename string, deptid int,degree int) row format delimited fields terminated by '|';
OK
Time taken: 0.103 seconds
hive> describe wu.emp;
OK
ename                   string
deptid                  int
degree                  int
Time taken: 0.039 seconds, Fetched: 3 row(s)
hive>
```

图 7.26　查看表的结构信息

查看数据库命令如下。

```
hive>show databases;
```

查看数据库信息命令如下。

```
describe database  wu ;
```

或使用如下命令。

```
desc database  wu ;
```

如图 7.27 所示。

```
hive> desc database wu;
OK
wu              hdfs://hadoop0:9000/user/hive/warehouse/wu.db    root    USER
Time taken: 0.019 seconds, Fetched: 1 row(s)
hive>
```

图 7.27　查看数据库信息

可见，Hive 在 HDFS 上创建了 hdfs://hadoop0:9000/user/hive/warehouse/wu.db 目录用于存放数据文件。我们进一步使用 hadoop fs 命令进行查看。

```
hdfs://hadoop0:9000/user/hive/warehouse/wu.db 目录信息
hadoop fs -ls -R hdfs://hadoop0:9000/user/hive/warehouse/wu.db
```

如图 7.28 所示。

```
[root@hadoop0 ~]# hadoop fs -ls -R hdfs://hadoop0:9000/user/hive/warehouse
drwxr-xr-x   - root supergroup          0 2017-12-30 00:57 hdfs://hadoop0:9000/user/hive/warehouse/wu.db
drwxr-xr-x   - root supergroup          0 2017-12-30 00:58 hdfs://hadoop0:9000/user/hive/warehouse/wu.db/dept
-rwxr-xr-x   3 root supergroup         68 2017-12-30 00:58 hdfs://hadoop0:9000/user/hive/warehouse/wu.db/dept/dept.txt
drwxr-xr-x   - root supergroup          0 2017-12-30 00:57 hdfs://hadoop0:9000/user/hive/warehouse/wu.db/emp
-rwxr-xr-x   3 root supergroup        600 2017-12-30 00:57 hdfs://hadoop0:9000/user/hive/warehouse/wu.db/emp/emp.txt
[root@hadoop0 ~]#
```

图 7.28　查看数据库文件

可见，Hive 在 hdfs://hadoop0:9000/user/hive/warehouse/wu.db 目录中又创建了 dept 和 emp 两个子目录，并且将 dept.txt 数据文件上传到了 hdfs://hadoop0:9000/user/hive/warehouse/wu.db/dept 目录中，将 emp.txt 数据文件上传到了 hdfs://hadoop0:9000/user/hive/warehouse/wu.db/emp 目录中。

7.3.3 数据准备

加载数据，local 字段表示是本机目录，如果不加，则表示是 HDFS 上的目录；overwrite 关键字表示删除目标目录，当没有时则保留，但会覆盖同名旧目录。

```
hive>load data local inpath '/usr/local/hive/examples/files/dept.txt' into table dept;
hive>load data local inpath '/usr/local/hive/examples/files/dept.txt' into table dept;
```

连续执行两次加载数据操作，结果用下列语句查看结果。

```
hive>select * from dept;
```

发现数据重复两次，如图 7.29 所示。

图 7.29 查看数据

用 overwrite 第三次重新加载数据，结果发现重复的数据已删除，说明 overwrite 关键字会删除目标目录，如图 7.30 所示。

图 7.30 查看 Load overwrite 操作后的 dept 表数据

```
hive>load data local inpath '/usr/local/hive/examples/files/dept.txt'
overwrite  into table dept;
```

我们创建一个与 dept 结构一样的表 dept2。

```
hive> create table dept2 (deptid int , dname string) row format
delimited fields terminated by '|';
```

将 dept 的数据导入 dept2。

```
hive> insert  into dept2 select * from dept;
```

查看 dept2 中的数据。

```
hive>  select * from dept2;
```

发现数据已导入。

再次将 dept 的数据导入 dept2。

```
hive> insert  into dept2 select * from dept;
```

查看 dept2 中的数据。

```
hive>  select * from dept2;
```

发现数据重复导入，如图 7.31 所示。

```
hive> select *from dept2;
OK
31      sales
33      engineering
34      clerical
35      marketing
36      transport
37      hr
31      sales
33      engineering
34      clerical
35      marketing
36      transport
37      hr
Time taken: 0.092 seconds, Fetched: 12 row(s)
hive>
```

图 7.31 查看 dept2 表数据

使用 overwrite 导入。

```
hive> insert overwrite table  dept2 select * from dept;
```

再次查看 dept2 中的数据。

```
hive>  select * from dept2;
```

发现重复数据已删除，说明 overwrite 会先删除原来的数据，如图 7.32 所示。

我们也可在创建表的同时加载数据。

```
hive> select * from dept;
OK
31      sales
33      engineering
34      clerical
35      marketing
36      transport
37      hr
Time taken: 0.088 seconds, Fetched: 6 row(s)
hive>
```

图 7.32　查看 insert overwrite 操作后的 dept 表数据

```
hive> create table dept3 as select * from dept;
```

导出数据的命令如下。

```
hive> insert overwrite local directory '/root/dept' select * from dept;
```

结果在本地目录 /root/dept 下生成一个数据文件 000000_0，查看数据文件内容，正是 dept 表中内容，如图 7.33 所示。

```
[root@hadoop0 ~]# cat /root/dept/000000_0
31sales
33engineering
34clerical
35marketing
36transport
37hr
[root@hadoop0 ~]#
```

图 7.33　查看导出数据

查询 emp 员工表的全部数据，如图 7.34 所示。

```
hive> select * from emp;
```

```
hive> select * from emp;
OK
Rafferty        31      1
Jones   33      2
Steinberg       33      3
Robinson        34      4
Smith   34      5
John    31      6
Rafferty        31      1
Jones   33      2
Steinberg       33      3
Robinson        34      4
Smith   34      5
John    31      6
Rafferty        31      1
Jones   33      2
Steinberg       33      3
Robinson        34      4
```

图 7.34　查看 emp 表数据

发现相同的记录重复多次，因为导入的原始数据中存在大量重复数据。我们先备份原始数据，然后修改原始数据，只保留前 6 行。

```
cp /usr/local/hive/examples/files/emp.txt /usr/local/hive/examples/files/emp_backup.txt
vi /usr/local/hive/examples/files/emp.txt
cat /usr/local/hive/examples/files/emp.txt
```

修改后的 emp.txt 内容如图 7.35 所示。

图 7.35 修改原始数据

再使用 overwrite 对 emp 数据重写载入。

```
hive> load data local inpath '/usr/local/hive/examples/files/emp.txt' overwrite into table emp;
```

然后查看 emp 表的数据，发现重复的数据已清除，如图 7.36 所示。

```
hive> select * from emp;
```

图 7.36 查看 emp 表数据

数据准备好之后，下面我们就以 emp 员工表和 dept 部门表两个表的数据进行查询实验。

7.4 Hive QL 的高级功能

与 SQL 类似，Hive QL 具有一般查询、聚合函数、distinct 去除重复、order 排序、连接查询等功能，本节简要介绍。

7.4.1 select 查询

使用 Hive QL 进行查询的典型例子如下。

```
hive> select * from emp;
hive> select ename,deptid,degree from emp;
hive> select * from dept;
hive> select deptid,dname from dept;
```

注意： 在 Hive 早期版本中，只有使用 * 查询全部字段才不会触发 MapReduce 操作，如果以 select 后指定查询某些字段，则会触发 MapReduce 操作。但在 Hive 新版本中，不管使用 * 查询全部字段，还是使用 select 后指定查询某些字段，都不会触发 MapReduce 操作。

7.4.2 函数

在查询中使用 upper 等函数，同样不会触发 MapReduce 操作，如图 7.37 所示。

```
hive> SELECT upper(ename),  deptid, degree  FROM emp;
```

```
hive> SELECT upper(ename),  deptid, degree   FROM emp;
OK
RAFFERTY        31      1
JONES   33      2
STEINBERG       33      3
ROBINSON        34      4
SMITH   34      5
JOHN    31      6
Time taken: 0.115 seconds, Fetched: 6 row(s)
hive>
```

图 7.37 upper 函数的执行结果

可见，upper 函数已将全部人员名变成了大写字母。

7.4.3 统计函数

与 SQL 一样，可以使用 count( ) 函数统计记录条数，对数值型字段，可以用 max( ) 函数求最大值，用 min( ) 函数求最小值，用 sum( ) 函数求和，用 avg( ) 函数求平均值。使用这些函数，都会触发 MapReduce 操作，如图 7.38 所示。

```
hive>SELECT  count(*), max(degree) , min(degree) , avg(degree) , sum(degree) FROM emp;
```

```
hive> SELECT count(*), max(degree) , min(degree) , avg(degree) , sum(degree) FROM emp;
WARNING: Hive-on-MR is deprecated in Hive 2 and may not be available in the future ver
erent execution engine (i.e. spark, tez) or using Hive 1.X releases.
Query ID = root_20180106051747_b515bafa-345b-48fe-a2cd-ddf1cb699a30
Total jobs = 1
Launching Job 1 out of 1
Number of reduce tasks determined at compile time: 1
In order to change the average load for a reducer (in bytes):
  set hive.exec.reducers.bytes.per.reducer=<number>
In order to limit the maximum number of reducers:
  set hive.exec.reducers.max=<number>
In order to set a constant number of reducers:
  set mapreduce.job.reduces=<number>
Job running in-process (local Hadoop)
2018-01-06 05:17:48,689 Stage-1 map = 100%,  reduce = 100%
Ended Job = job_local1110749634_0011
MapReduce Jobs Launched:
Stage-Stage-1:  HDFS Read: 18722 HDFS Write: 1486 SUCCESS
Total MapReduce CPU Time Spent: 0 msec
OK
6       6       1       3.5     21
Time taken: 1.36 seconds, Fetched: 1 row(s)
hive>
```

图 7.38 统计函数的执行结果

7.4.4 distinct 去除重复值

distinct 用于去除重复值，如图 7.39 所示。

```
hive>select distinct (deptid) from emp;
```

```
hive> select distinct(deptid) from emp;
WARNING: Hive-on-MR is deprecated in Hive 2 and may not be available in
erent execution engine (i.e. spark, tez) or using Hive 1.X releases.
Query ID = root_20180106051437_aa8bc7c7-c8f0-4032-a048-3287f5f4bbf4
Total jobs = 1
Launching Job 1 out of 1
Number of reduce tasks not specified. Estimated from input data size: 1
In order to change the average load for a reducer (in bytes):
  set hive.exec.reducers.bytes.per.reducer=<number>
In order to limit the maximum number of reducers:
  set hive.exec.reducers.max=<number>
In order to set a constant number of reducers:
  set mapreduce.job.reduces=<number>
Job running in-process (local Hadoop)
2018-01-06 05:14:39,227 Stage-1 map = 100%, reduce = 100%
Ended Job = job_local1149991206_0010
MapReduce Jobs Launched:
Stage-Stage-1:  HDFS Read: 18572 HDFS Write: 1486 SUCCESS
Total MapReduce CPU Time Spent: 0 msec
OK
31
33
34
Time taken: 1.395 seconds, Fetched: 3 row(s)
hive>
```

图 7.39 distinct 的执行结果

可见，重复的部门号 deptid 只保留了一份，并且触发了 MapReduce 操作。

7.4.5 limit 限制返回记录的条数

与 MySQL 一样，可以使用 limit 限制返回记录的最大条数，如图 7.40 所示。

```
hive> SELECT upper(ename), deptid, degree FROM emp  LIMIT 3;
```

```
hive> SELECT upper(ename), deptid, degree FROM emp  LIMIT 3;
OK
RAFFERTY         31         1
JONES    33      2
STEINBERG        33         3
Time taken: 0.113 seconds, Fetched: 3 row(s)
hive>
```

图 7.40　limit 的执行结果

结果返回了前三条记录。

7.4.6 为列名取别名

与 SQL 一样，可以使用 as 为列指定别名，但 Hive QL 并不显示列名称，所以别名意义不大，如图 7.41 所示。

```
hive> SELECT upper(ename) as empname, deptid  as empdeptid from emp LIMIT 3;
```

```
hive> SELECT upper(ename) as empname, deptid  as empdeptid from emp LIMIT 3;
OK
RAFFERTY       31
JONES    33
STEINBERG      33
Time taken: 0.168 seconds, Fetched: 3 row(s)
hive>
```

图 7.41　为列名取别名的执行结果

7.4.7 case when then 多路分支

类似于 Java 中的 switch…case 语法，可以用 case when then 实现多路分支的效果，如图 7.42 所示。

```
hive> select ename ,case when degree<3 then 'follower'
    > when degree>5 then 'leader'
    > else 'middle'
    > end as newdegree from emp;
```

级别低于 3 为 follower（跟随者），级别高于 5 为 leader（领导者），否则为中间层。

```
hive> select ename ,case when degree<3 then 'follower'
    > when degree>5 then 'leader'
    > else 'middle'
    > end as newdegree from emp;
OK
Rafferty        follower
Jones           follower
Steinberg       middle
Robinson        middle
Smith           middle
John            leader
Time taken: 0.154 seconds, Fetched: 6 row(s)
hive>
```

图 7.42　case when then 的执行结果

7.4.8　like 模糊查询

like 如同 SQL 语句，可以对字符型字段进行模糊查询，如图 7.43 所示。

```
hive> select * from emp where ename like '%o%';
```

```
hive>  select * from emp where ename like '%o%';
OK
Jones       33      2
Robinson            34      4
John        31      6
Time taken: 0.128 seconds, Fetched: 3 row(s)
hive>
```

图 7.43　like 的执行结果

'%o%' 中的 % 表示字母 o 前后可以是任意字符，结果查出了姓名中含有 o 的有 3 个人。

7.4.9　group by 分组统计

与 SQL 语句相同，group by 语句表示分组统计，如图 7.44 所示。

```
hive>  select deptid,avg (degree) from emp group by deptid;
```

分部门统计每个部门员工的平均级别。

注意： 使用 group by 分组统计的场合，select 后只能出现分组字段和聚合函数，而不能有其他字段。

7.4.10　having 过滤分组统计结果

与 SQL 语句相同，having 后面跟聚合函数，对分组统计的结果进行过滤，如图 7.45 所示。

```
hive> select deptid,avg (degree) from emp group by deptid;
WARNING: Hive-on-MR is deprecated in Hive 2 and may not be
ferent execution engine (i.e. spark, tez) or using Hive 1.X
Query ID = root_20180106054326_d06abced-7c70-4101-8ab0-70dc
Total jobs = 1
Launching Job 1 out of 1
Number of reduce tasks not specified. Estimated from input
In order to change the average load for a reducer (in bytes)
  set hive.exec.reducers.bytes.per.reducer=<number>
In order to limit the maximum number of reducers:
  set hive.exec.reducers.max=<number>
In order to set a constant number of reducers:
  set mapreduce.job.reduces=<number>
Job running in-process (local Hadoop)
2018-01-06 05:43:28,834 Stage-1 map = 0%,  reduce = 0%
2018-01-06 05:43:33,581 Stage-1 map = 100%,  reduce = 100%
Ended Job = job_local1395348414_0002
MapReduce Jobs Launched:
Stage-Stage-1:  HDFS Read: 150 HDFS Write: 0 SUCCESS
Total MapReduce CPU Time Spent: 0 msec
OK
31    3.5
33    2.5
34    4.5
Time taken: 7.227 seconds, Fetched: 3 row(s)
hive>
```

图 7.44　group by 的执行结果

```
hive> select deptid,avg (degree) from emp group by deptid having avg(degree)>3;
WARNING: Hive-on-MR is deprecated in Hive 2 and may not be available in the futu
ferent execution engine (i.e. spark, tez) or using Hive 1.X releases.
Query ID = root_20180106054736_3aaa9013-89c0-4f13-bdb5-225dfe9f27d9
Total jobs = 1
Launching Job 1 out of 1
Number of reduce tasks not specified. Estimated from input data size: 1
In order to change the average load for a reducer (in bytes):
  set hive.exec.reducers.bytes.per.reducer=<number>
In order to limit the maximum number of reducers:
  set hive.exec.reducers.max=<number>
In order to set a constant number of reducers:
  set mapreduce.job.reduces=<number>
Job running in-process (local Hadoop)
2018-01-06 05:47:40,801 Stage-1 map = 0%,  reduce = 0%
2018-01-06 05:47:41,815 Stage-1 map = 100%,  reduce = 100%
Ended Job = job_local540620051_0003
MapReduce Jobs Launched:
Stage-Stage-1:  HDFS Read: 300 HDFS Write: 0 SUCCESS
Total MapReduce CPU Time Spent: 0 msec
OK
31    3.5
34    4.5
Time taken: 5.572 seconds, Fetched: 2 row(s)
```

图 7.45　having 的执行结果

```
hive> select deptid,avg (degree) from emp group by deptid having
avg(degree)>3;
```

条件 having avg(degree)>3 过滤掉了平均级别低于 3 的部门员工。

7.4.11　inner join 内联接

与 SQL 一样，inner join 表示内联接。

```
hive> select e.*,d.* from emp e  inner join dept d on e.deptid=d.deptid;
```

inner 关键字可省略，例如以下命令。

```
hive> select e.*,d.* from emp e       join dept d on e.deptid=d.deptid;
```

如图 7.46 所示。

```
Rafferty        31      1       31      sales
Jones   33      2       33      engineering
Steinberg       33      3       33      engineering
Robinson        34      4       34      clerical
Smith   34      5       34      clerical
John    31      6       31      sales
Time taken: 11.342 seconds, Fetched: 6 row(s)
hive>
```

图 7.46 inner join 的执行结果

根据相同的 deptid 字段将两张表连接到了一起。

7.4.12 left outer join 和 right outer join 外联接

left outer join 表示左外联接，right outer join 表示右外联接。

```
hive> select e.*,d.* from emp e left outer  join dept d on e.deptid=d.deptid;
hive> select e.*,d.* from emp e left outer  join dept d on e.deptid=d.deptid;
```

left outer join 显示左表全部数据。如果右表没有数据与之对应，则显示 NULL。

right outer join 显示右表全部数据，如果左表没有数据与之对应，则显示 NULL。

right outer join 的查询结果如图 7.47 所示。

```
Rafferty        31      1       31      sales
John    31      6       31      sales
Jones   33      2       33      engineering
Steinberg       33      3       33      engineering
Robinson        34      4       34      clerical
Smith   34      5       34      clerical
NULL    NULL    NULL    35      marketing
NULL    NULL    NULL    36      transport
NULL    NULL    NULL    37      hr
```

图 7.47 right outer join 的执行结果

因为 emp 表中并没有 35、36、37 这 3 个部门的员工，所以左边全部显示为 NULL。

7.4.13 full outer join 外部联接

full outer join 表示完全外部联接。

```
hive> select e.*,d.* from emp e full outer join dept d on e.deptid=d.deptid;
```

以上命令执行后会显示 full outer join 左右两表的全部数据。如果左表或右表中没有对应数据，则显示为 NULL，如图 7.48 所示。

```
John      31      6       31      sales
Rafferty          31      1       31      sales
Steinberg         33      3       33      engineering
Jones     33      2       33      engineering
Smith     34      5       34      clerical
Robinson          34      4       34      clerical
NULL      NULL    NULL    35      marketing
NULL      NULL    NULL    36      transport
NULL      NULL    NULL    37      hr
Time taken: 1.37 seconds, Fetched: 9 row(s)
```

图 7.48　full outer join 的执行结果

7.4.14　order by 排序

order by 后面指明排序字段，默认是按 asc 升序排序，也可用 desc 指示降序排序。

```
hive> select * from emp order by deptid;
```

或使用如下命令。

```
hive> select * from emp order by deptid desc;
```

降序列排序结果如图 7.49 所示。

```
Smith     34      5
Robinson          34      4
Steinberg         33      3
Jones     33      2
John      31      6
Rafferty          31      1
Time taken: 1.502 seconds, Fetched: 6 row(s)
```

图 7.49　order by 的执行结果

图 7.49 中按 deptid 字段由大至小进行了降序排序。

注意：order by 会触发 MapReduce 操作。

7.4.15　where 查找

按指定条件进行查找使用 where，如图 7.50 所示。

```
hive> select * from emp where deptid=31;
```

```
hive> select * from emp where deptid=31;
OK
Rafferty         31      1
John    31       6
Time taken: 0.195 seconds, Fetched: 2 row(s)
```

图 7.50 where 的执行结果

查询结果为 31 这个部门的所有员工。

如果要查询 sales 部门的所有员工信息，hive 并不支持 SQL 中的子查询，报错如图 7.51 所示。

```
hive> select e.* from emp e where deptid=(select deptid from dept where dname='sales');
```

```
hive>
    > select e.* from emp e where deptid=(select deptid from dept where dname='sales')
;
FAILED: SemanticException Line 0:-1 Unsupported SubQuery Expression ''sales'': Only Sub
Query expressions that are top level conjuncts are allowed
hive>
```

图 7.51 子查询的报错结果

正确的做法是利用联接查询来实现，查询结果如图 7.52 所示。

```
hive> select e.*,d.dname from emp e join dept d on e.deptid=d.deptid where d.dname='sales';
```

```
Rafferty         31      1       sales
John    31       6       sales
Time taken: 10.157 seconds, Fetched: 2 row(s)
```

图 7.52 联接查询结果

7.5 小结

Hive 是基于 Hadoop 的一个数据仓库工具，可以将结构化的数据文件映射为一张数据库表，并提供简单的 SQL 查询功能，可以将 SQL 语句转换为 MapReduce 任务进行运行。其优点是学习成本低，可以通过类 SQL 语句快速实现简单的 MapReduce 统计，而不必开发专门的 MapReduce 应用，十分适合数据仓库的统计分析。本章讲解了 Hive 的基本理论、Hive 的安装以及 Hive QL 的使用。如果需用 Java API 来操作 Hive，请继续学习下一章"Hive 高级特性"。

7.6 配套视频

本章的配套视频有 2 个:
(1) Hive 安装;
(2) Hive QL 使用。

读者可从配套电子资源中获取。

第8章　Hive 高级特性

要想发掘更多 Hive 功能，就需要研究 Hive 的高级特性，比如通过 Beeline 连接 Hive、通过 JDBC 灵活操作 Hive 数据、通过自定义函数实现特殊功能等。

本章涉及的主要知识点如下。

（1）Beeline：使用 Beeline 的前提条件、Beeline 的基本操作、Beeline 的参数选项与管理命令。

（2）Hive JDBC：Hive 可以使用类似操作 RDBMS 的 JDBC 方式来操作数据，本章将给出具体示例。

（3）Hive 函数：内置函数和自定义函数，本章将给出自定义函数的使用示例。

（4）Hive 表的高级特性：外部表和分区表，本章将给出这两种表的使用示例。

8.1　Beeline

HiveServer2 支持一个新的命令行 Shell，称为 Beeline，后续将使用 Beeline 替代 Hive CLI，并且后续版本也会废弃 Hive CLI 客户端工具。Beeline 是基于 SQLLine CLI 的 JDBC 客户端。Hive CLI、Beeline 均为控制台命令行操作模式，主要区别在于 Hive CLI 只能操作本地 Hive 服务，而 Beeline 可以通过 JDBC 连接远程服务。

8.1.1　使用 Beeline 的前提条件

Beeline 基于 Hive JDBC，在使用 JDBC 访问 Hive 时，可能出现访问权限问题。解决办法是，在 Hadoop 的配置文件 core-site.xml 中加入如下配置，赋予 root 访问权限。

```
<property>
  <name>hadoop.proxyuser.root.hosts</name>
  <value>*</value>
</property>

<property>
  <name>hadoop.proxyuser.root.groups</name>
```

```
        <value>*</value>
    </property>
```

然后重新启动 Hadoop 就可以了。

此外，使用 Beeline 之前必须开启 HiveServer2。

```
# hiveserver2 &
```

& 表示 HiveServer2 作为守护进程在后台运行。

也可以通过下面的方式启动 HiveServer2。

```
#hive    --service hiveserver2
```

HiveServer2 默认开启 10000 号端口，然后就可以采用 Beeline 和 JDBC 的方式访问 Hive，如图 8.1 所示。

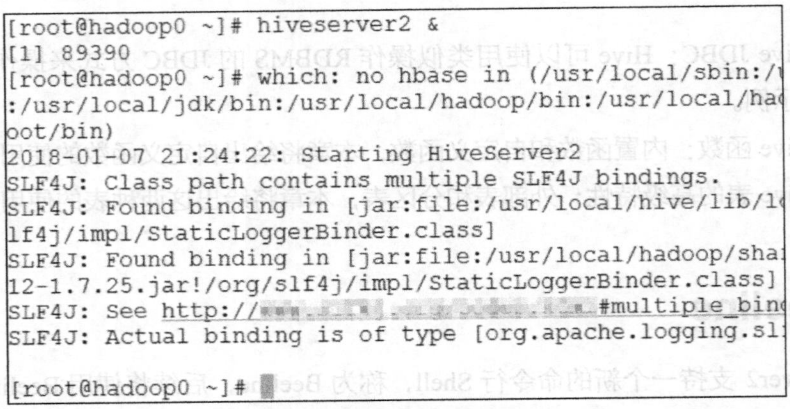

```
[root@hadoop0 ~]# hiveserver2 &
[1] 89390
[root@hadoop0 ~]# which: no hbase in (/usr/local/sbin:/
:/usr/local/jdk/bin:/usr/local/hadoop/bin:/usr/local/ha
oot/bin)
2018-01-07 21:24:22: Starting HiveServer2
SLF4J: Class path contains multiple SLF4J bindings.
SLF4J: Found binding in [jar:file:/usr/local/hive/lib/l
lf4j/impl/StaticLoggerBinder.class]
SLF4J: Found binding in [jar:file:/usr/local/hadoop/sha
12-1.7.25.jar!/org/slf4j/impl/StaticLoggerBinder.class]
SLF4J: See http://         #multiple_bin
SLF4J: Actual binding is of type [org.apache.logging.sl

[root@hadoop0 ~]#
```

图 8.1　开启 HiveServer2

8.1.2　Beeline 的基本操作

使用 Beeline 之前必须先登录。Beeline 的常用参数如下。

（1）-u：连接信息。

（2）-n：登录用户。

（3）-p：登录密码。

（4）-e：执行 hql。

```
# beeline -u jdbc:hive2://hadoop0:10000/default   -n hive1  -p
```

登录 Beeline，如图 8.2 所示。

输入密码 Wu2018!!，即可登录成功（有时不输入密码也能登录）。

Hive 高级特性

```
[root@hadoop0 ~]# beeline -u jdbc:hive2://hadoop0:10000/default -n hive1 - p
SLF4J: Class path contains multiple SLF4J bindings.
SLF4J: Found binding in [jar:file:/usr/local/hive/lib/log4j-slf4j-impl-2.6.2.
r.class]
SLF4J: Found binding in [jar:file:/usr/local/hadoop/share/hadoop/common/lib/s]
pl/StaticLoggerBinder.class]
SLF4J: See http://www.slf4j.org/codes.html#multiple_bindings for an explanati
SLF4J: Actual binding is of type [org.apache.logging.slf4j.Log4jLoggerFactory]
Connecting to jdbc:hive2://hadoop0:10000/default
Connected to: Apache Hive (version 2.3.2)
Driver: Hive JDBC (version 2.3.2)
Transaction isolation: TRANSACTION_REPEATABLE_READ
Beeline version 2.3.2 by Apache Hive
0: jdbc:hive2://hadoop0:10000/default>
```

图 8.2 登录 Beeline

查看当前数据库：

0: jdbc:hive2://hadoop0:10000/default> show databases;

打开数据库：

0: jdbc:hive2://hadoop0:10000/default>use wu;

查看所有表：

0: jdbc:hive2://hadoop0:10000/default>show tables;

创建表：

0: jdbc:hive2://hadoop0:10000/default>create table users(user_id int, fname string,lname string);

插入数据：

0: jdbc:hive2://hadoop0:10000/default>INSERT INTO users (user_id, fname, lname) VALUES (1, 'john', 'smith');
0: jdbc:hive2://hadoop0:10000/default>INSERT INTO users (user_id, fname, lname) VALUES (2, 'john', 'doe');
0: jdbc:hive2://hadoop0:10000/default>INSERT INTO users (user_id, fname, lname) VALUES (3, 'john', 'smith');
0: jdbc:hive2://hadoop0:10000/default>INSERT INTO users (user_id, fname, lname) VALUES (4, 'john4', 'smith4');

如图 8.3 所示。

```
0: jdbc:hive2://hadoop0:10000/default> INSERT INTO users (user_id, fname, lname) VALUES (1, 'john', 'smith');
WARNING: Hive-on-MR is deprecated in Hive 2 and may not be available in the future versions. Consider using a diff
erent execution engine (i.e. spark, tez) or using Hive 1.X releases.
No rows affected (3.608 seconds)
0: jdbc:hive2://hadoop0:10000/default>
```

图 8.3 插入数据

查询数据，如图 8.4 所示。

```
0: jdbc:hive2://hadoop0:10000/default>select * from users;
```

```
0: jdbc:hive2://hadoop0:10000/default>  select * from users;
+----------------+--------------+--------------+
| users.user_id  | users.fname  | users.lname  |
+----------------+--------------+--------------+
| 1              | john         | smith        |
| 2              | john         | doe          |
| 3              | john         | smith        |
| 4              | john4        | smith4       |
+----------------+--------------+--------------+
```

图 8.4　查询数据

可见，Beeline 与 Hive CLI 相比，显示结果列出了字段名，而且对显示结果进行了格式化和对齐操作，显示更加美观。同样，Beeline 也支持 count()、max()、min()、sum()、avg() 等聚合函数，如图 8.5 所示。

```
0: jdbc:hive2://hadoop0:10000/default>select count(1) from users;
```

```
0: jdbc:hive2://hadoop0:10000/default> select count(1) from users;
WARNING: Hive-on-MR is deprecated in Hive 2 and may not be available in the future v
ersions. Consider using a different execution engine (i.e. spark, tez) or using Hive
 1.X releases.
+------+
| _c0  |
+------+
| 6    |
+------+
1 row selected (1.9 seconds)
0: jdbc:hive2://hadoop0:10000/default>
```

图 8.5　统计数据

8.1.3　Beeline 的参数选项与管理命令

本节讲述 Beeline 的参数选项和管理命令，以使读者能够灵活操作 Beeline。

1．Beeline 的参数选项

在 Linux Shell 窗口中，输入以下命令可查看更多的 Beeline 参数选项。

```
[root@hadoop0 ~]# beeline  --help
```

2．Beeline 的管理命令

进入 Beeline 后，除了执行 SQL 外，还可以执行一些 Beeline 的管理命令。

Beeline 和其他工具有一些不同，执行查询都是正常的 SQL 输入，但如果是一些管理命令，比如进行连接、中断、退出等，执行 Beeline 命令需要带上"！"，不需要终止符。常用命令介绍如下

（1）!connect url：连接不同的 Hive2 服务器。

（2）!exit：退出 Shell。
（3）!help：显示全部管理命令列表。
（4）!verbose：显示查询追加的明细。

例如可以使用以下命令查看所有管理命令。

```
beeline>!help
```

8.2 Hive JDBC

Hive JDBC 类似于 Java 访问关系型数据库的方式，主要是 URL 和驱动不一样，而且主要是查询数据，不能更新和删除数据。使用 Hive JDBC，可以更灵活地操作 Hive 数据。

8.2.1 运行 Hive JDBC 的前提条件

运行 Hive JDBC 的前提条件与使用 Beeline 的前提条件一致，因为 Beeline 也是基于 JDBC 的，因此可参见 "8.1.1 使用 Beeline 的前提条件"。

8.2.2 Hive JDBC 基础示例

Hive JDBC 与 MySQL 等关系型数据 JDBC 的主要区别，就是连接驱动及连接 URL 不一样。Hive JDBC 的连接参数如下。

（1）驱动名：org.apache.hive.jdbc.HiveDriver。
（2）连接字符串：jdbc:hive2:// 主机 : 端口（默认 10000）/ 数据库名（默认数据库是 default）。

编写与传统关系型数据连接相同的 JDBC 代码，即可连接 Hive 进行数据查询操作，参考实现如下。

```
import Java.sql.Connection;
import Java.sql.DriverManager;
import Java.sql.ResultSet;
import Java.sql.Statement;

public class HiveHelloWorld {
public static void main(String[] args) throws Throwable {
    // 注册驱动
    Class.forName("org.apache.hive.jdbc.HiveDriver");
    // 建立连接，此处需要用自己的用户名和密码,hadoop0 也可用实际的 IP 代替
```

```
        Connection con = DriverManager.getConnection("jdbc:hive2://
hadoop0:10000/default", "hive1", "Wu2018!!");
        // 创建语句
        Statement stmt = con.createStatement();
        String querySQL = "show tables";
        // 执行查询
        ResultSet res = stmt.executeQuery(querySQL);
        // 遍历结果
        while (res.next()) {
         System.out.println(res.getString(1));
        }
        // 关闭连接
        res.close();
        stmt.close();
        con.close();
        }
    }
```

1．添加 jar 包

在 Eclipse 工程名上单击鼠标右键→ Properties → Java Build Path → Libraries → Add External JARs...，然后将 Hive 解压后的 lib 目录和 jdbc 目录下的全部 jar 文件添加进来，如图 8.6 所示。

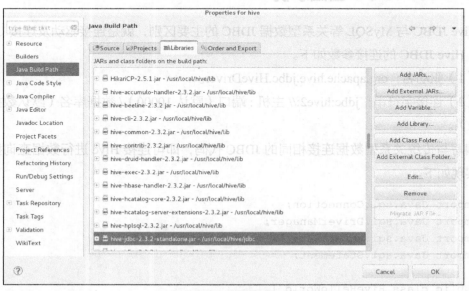

图 8.6　添加 jar 包

注意： Hive 解压后的 lib 目录里的 php 和 py 子目录不要添加。

2．运行示例

在 Eclipse 工程中的 HiveHelloWorld.Java 文件上单击右键→ run as → Java Application，运行程序。运行结果如图 8.7 所示。

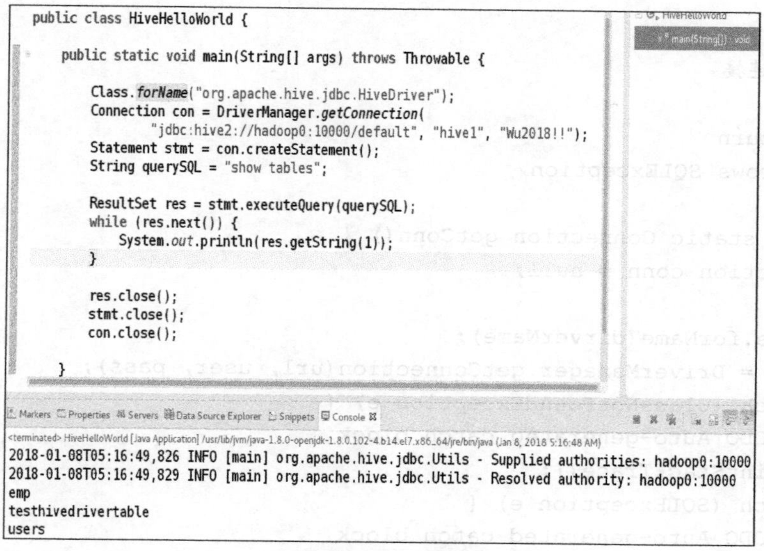

图 8.7　运行结果

8.2.3　Hive JDBC 综合示例

我们再通过一个综合示例来展示 Hive JDBC 的更多用法。

首先编写 HiveService.Java，参照 MVC 的编程规范，封装了打开连接 getConn、断开连接 closeConn、获取语句 getStmt 等常用方法，内容如下。

```
package hive;

import Java.sql.Connection;
import Java.sql.DriverManager;
import Java.sql.SQLException;
import Java.sql.Statement;
import org.apache.log4j.Logger;

public class HiveService {
  static Logger logger = Logger.getLogger(HiveService.class);
  // Hive 的 JDBC 驱动类
  public static String dirverName = "org.apache.hive.jdbc.HiveDriver";
  // 连接 Hive 的 URL Hive2 版本需要的是 jdbc:hive2,而不是 jdbc:hive
```

```java
public static String url = "jdbc:hive2://hadoop0:10000/default";
// 登录Linux的用户名 一般会给权限大一点的用户，否则无法进行事务型操作
public static String user = "hive1";
// 登录Linux的密码
public static String pass = "Wu2018!!";

/**
 * 创建连接
 *
 * @return
 * @throws SQLException
 */
public static Connection getConn() {
    Connection conn = null;
    try {
        Class.forName(dirverName);
        conn = DriverManager.getConnection(url, user, pass);
    } catch (ClassNotFoundException e) {
        // TODO Auto-generated catch block
        e.printStackTrace();
    } catch (SQLException e) {
        // TODO Auto-generated catch block
        e.printStackTrace();
    }
    return conn;
}

/**
 * 创建命令
 *
 * @param conn
 * @return
 * @throws SQLException
 */
public static Statement getStmt(Connection conn) throws SQLException {
    logger.debug(conn);
    if (conn == null) {
        logger.debug("this conn is null");
    }
    return conn.createStatement();
}

/**
 * 关闭连接
 *
 * @param conn
```

```java
    */
    public static void closeConn(Connection conn) {
        try {
            conn.close();
        } catch (SQLException e) {
            // TODO Auto-generated catch block
            e.printStackTrace();
        }
    }

    /**
     * 关闭命令
     *
     * @param stmt
     */
    public static void closeStmt(Statement stmt) {
        try {
            stmt.close();
        } catch (SQLException e) {
            // TODO Auto-generated catch block
            e.printStackTrace();
        }
    }
}
```

然后编写 HiveTest.Java，展示 Hive JDBC 创建表、插入数据、加载数据、查询数据、列出全部表名、显示表结构、删除表等全部功能，内容如下。

注意： Hive JDBC 可以使用 insert 语句插入数据，而 Hive CLI 不可以使用 insert 语句插入数据，只能使用 load 加载数据文件。

```java
package hive;

import Java.sql.Connection;
import Java.sql.ResultSet;
import Java.sql.ResultSetMetaData;
import Java.sql.SQLException;
import Java.sql.Statement;
import org.apache.log4j.Logger;

public class HiveTest {

    static Logger logger = Logger.getLogger(HiveTest.class);
    public static void main(String[] args) {
        Connection conn = HiveService.getConn();
        Statement stmt = null;
```

```java
      try {
        stmt = HiveService.getStmt(conn);
        stmt.execute("drop table  if exists users");
        // 拥有HDFS文件读写权限的用户才可以进行此操作
        logger.debug("drop table is susscess");
         stmt.execute("create table users(user_id int, fname string,lname string )   row format delimited fields terminated by ','");
        // 拥有HDFS文件读写权限的用户才可以进行此操作
        logger.debug("create table is susscess");
          stmt.execute("insert  into  users(user_id,  fname,lname) values(222,'yang','yang2')");// 拥有HDFS文件读写权限的用户才可以进行此操作
        logger.debug("insert is susscess");
          stmt.execute("load data local inpath '/root/data.txt' into table users");// 拥有HDFS文件读写权限的用户才可以进行此操作
        logger.debug("load data is susscess");
        String sql = "select * from users";
        ResultSet res = null;
        res = stmt.executeQuery(sql);
        ResultSetMetaData meta = res.getMetaData();
        for (int i = 1; i <= meta.getColumnCount(); i++) {
         System.out.print(meta.getColumnName(i) + "\t");
        }
        System.out.println();
        while (res.next()) {
         System.out.print(res.getInt(1) + "\t\t");
         System.out.print(res.getString(2) + "\t\t");
         System.out.print(res.getString(3));
         System.out.println();
        }

        sql = "show tables ";
        System.out.println("\nRunning: " + sql);
        res = stmt.executeQuery(sql);
        while (res.next()) {
         System.out.println(res.getString(1));
        }
        // describe table
        sql = "describe users";
        System.out.println("\nRunning: " + sql);
        res = stmt.executeQuery(sql);
        while (res.next()) {
         System.out.println(res.getString(1) + "\t" + res.getString(2));
        }
      } catch (SQLException e) {
        // TODO Auto-generated catch block
        e.printStackTrace();
```

```
    }
    HiveService.closeStmt(stmt);
    HiveService.closeConn(conn);
  }
}
```

1. 添加 jar 包

在 Eclipse 工程名上单击鼠标右键→ Properties → Java Build Path → Libraries → Add External JARs...，然后将 Hive 解压后的 lib 目录和 jdbc 目录下的全部 jar 文件添加进来。

2. 准备数据

在 /root 目录下新建一个 data.txt 文件，在里面键入 3 行内容。

```
1,wu,zy
2,zhang,shan
3,li,si
```

注意： 每行的字段一定要用英文下的"，"来分割，如图 8.8 所示。

```
[root@hadoop0 ~]# cat /root/data.txt
1,wu,zy
2,zhang,shan
3,li,si
[root@hadoop0 ~]#
```

图 8.8　准备数据

3. 运行示例

在 Eclipse 工程中的 HiveTest.Java 文件上单击鼠标右键→ run as → Java Application，运行程序，结果如图 8.9 所示。

```
2018-01-08T05:43:48,596 INFO [main] org.apache.hive.jdbc.Utils - Supplied authorities: hadoop0:10000
2018-01-08T05:43:48,599 INFO [main] org.apache.hive.jdbc.Utils - Resolved authority: hadoop0:10000
users.user_id    users.fname     users.lname
222              yang            yang2
1                wu              zy
2                zhang           shan
3                li              si

Running: show tables
emp
testhivedrivertable
users
values__tmp__table__1

Running: describe users
user_id    int
fname      string
lname      string
```

图 8.9　运行结果

8.3 Hive 函数

Hive 函数包括内置函数和自定义函数。Hive 内置函数类似于 MySQL 中的内置函数，包含了常规的字符串、数字、日期等处理功能。我们也可以按照 Hive 的规范，创建自定义函数，解决内置函数不能处理的特殊问题，本节将给出具体示例。

8.3.1 内置函数

本节介绍在 Hive 中可用的内置函数。这些函数看起来非常类似于 SQL 的函数，除了它们的使用环境有点不一样之外。

Hive 支持如表 8.1 所示的内置函数。

表 8.1 Hive 内置函数

返回类型	签名	描述
bigint	round(double a)	返回 bigint 最近的 double 值
bigint	floor(double a)	返回最大 bigint 值，其等于或小于 double
bigint	ceil(double a)	返回最小 bigint 值，其等于或大于 double
double	rand(), rand(int seed)	返回一个随机数，从行改变到行
string	concat(string A, string B,...)	返回从 A 后串联 B 产生的字符串
string	substr(string A, int start)	返回一个从起始位置开始的子字符串
string	substr(string A, int start, int length)	返回从给定长度的起始位置开始的字符串
string	upper(string A)	返回转换所有字符为大写产生的字符串
string	ucase(string A)	和上一行一样
string	lower(string A)	返回转换 A 中所有字符为小写产生的字符串
string	lcase(string A)	和上一行一样
string	trim(string A)	返回字符串从 A 两端修剪空格的结果
string	ltrim(string A)	返回 A 从开始修整空格时产生的字符串（左侧）
string	rtrim(string A)	返回 A 从结束修整空格时产生的字符串（右侧）
string	regexp_replace(string A, string B, string C)	将字符串 A 中的所有子字符串 B 替换为字符串 C，并返回替换后的结果
int	size(Map<K.V>)	返回映射类型的元素数量
int	size(Array<T>)	返回数组类型的元素数量

续表

返回类型	签名	描述
string	from_unixtime(int unixtime)	转换的秒数从 Unix 纪元 (1970-01-01 00:00:00 UTC) 代表那一刻，当前系统时区的时间戳字符串的格式："1970-01-01 00:00:00"
string	to_date(string timestamp)	返回一个字符串时间戳的日期部分：to_date("1970-01-01 00:00:00") = "1970-01-01"
int	year(string date)	返回日期或时间戳字符串年份部分：year("1970-01-01 00:00:00") = 1970, year("1970-01-01") = 1970
int	month(string date)	返回日期或时间戳字符串月份部分：month("1970-11-01 00:00:00") = 11, month("1970-11-01") = 11
int	day(string date)	返回日期或时间戳字符串当天部分：day("1970-11-01 00:00:00") = 1, day("1970-11-01") = 1
string	get_json_object(string json_string, string path)	从指定的 JSON 路径提取 JSON 字符串，如果输入的 JSON 字符串无效，则返回 NULL

以下查询演示了一些内置函数示例。

round( ) 函数

hive> SELECT round(2.6) from users;

成功执行查询，将看到以下回应：

3

floor( ) 函数

hive> SELECT floor(2.6) from users;

成功执行查询，将看到以下回应：

2

ceil( ) 函数

hive> SELECT ceil(2.6) from users;

成功执行查询，将看到以下回应：

3

8.3.2 自定义函数

自定义函数使用更灵活，但定义比较复杂。本节我们一起学习如何在 Hive 中创建和使用自定义函数。

要在 Hive 中完成自定义函数的操作,可按照如下流程进行操作。

(1)定义 Java 类并实现 org.apache.hadoop.hive.ql.exec.UDF。

(2)覆写 evaluate。

(3)将 jar 上传到 Hive 所在服务器。

(4)启动 Hadoop 和 Hive。

(5)在 Hive 的命令行中输入"add jar " 你的 jar 包所在路径 ""。

(6)在命令行中输入"CREATE TEMPORARY FUNCTION 方法名 as'Java 完整类名(包含包名)'"来创建关联到 Java 类的 Hive 函数。

(7)在 Hive 命令行中执行查询语句"select id, 方法名 (name) from 表名"。

(8)得出自定义函数输出的结果。

流程清楚后,接下来就来实现 Hive 的自定义函数。

1. 创建 Java 类

这里新建一个 Java 工程,并将 HIVE_HOME/lib 下所有的 jar 包导入到 Java 工程的 classpath 下。创建 Java 类如下。

```java
package com.etc.bigdata;

import org.apache.hadoop.hive.ql.exec.UDF;
/**
 * 自定义Hive函数,需要继承org.apache.hadoop.hive.ql.exec.UDF
 * 并覆写evaluate方法
 *
 */
public class StringExt extends UDF{
public String evaluate(String name){
  return "Hello " + name;
}

//添加一个空的main方法,是为了使用Eclipse工具打成jar包时方便;如果没有main方法,
不能使用Eclipse工具可视化打成jar包
  public static void main(String[] args) {
}
}
```

这个类的实现很简单,继承了 org.apache.hadoop.hive.ql.exec.UDF 类,并覆写了 evaluate 方法。方法的实现也很简单,就是无论输入什么字符串,都在字符串的前面加上 Hello。

另外添加一个空的 main 方法,是为了使用 Eclipse 工具打成 jar 包时可自动列出包名和类名供选择。如果没有 main 方法,则不能使用 Eclipse 工具可视化打成 jar 包。

2. 打包上传

这里将 Java 工程在 Eclipse 下打包成 Jar 包 aa.jar，并上传到服务器的 /root/Destop/ 路径下。

首先在 Ecipse 的源码文件上单击右键→Export...，如图 8.10 所示。

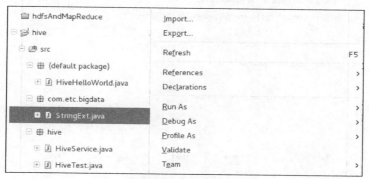

图 8.10 操作界面

然后在导出类型中选择 JAR file，如图 8.11 所示。

单击"Browse..."按钮，选择 JAR file 的输出路径为 /root/Desktop，键入输出文件名为 aa.jar，如图 8.12 所示。

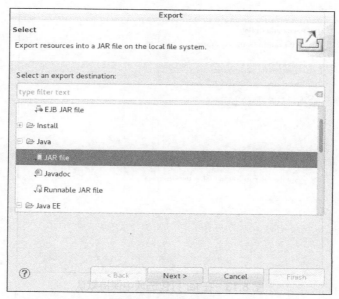

图 8.11 选择 JAR file

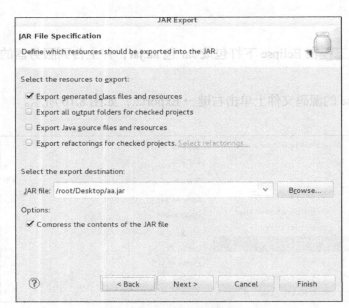

图 8.12 运行结果

在 jar 打包选项中保持默认，直接单击"下一步"按钮，如图 8.13 所示。

在"Select the class of the application entry point"右边，单击"Browse..."按钮，选择主类为 com.etc.bigdata.StringExt，如图 8.14 所示。

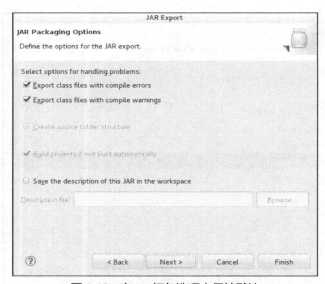

图 8.13 在 jar 打包选项中保持默认

直接单击"Finish"按钮即可在 /root/Desktop 目录下生成 aa.jar。

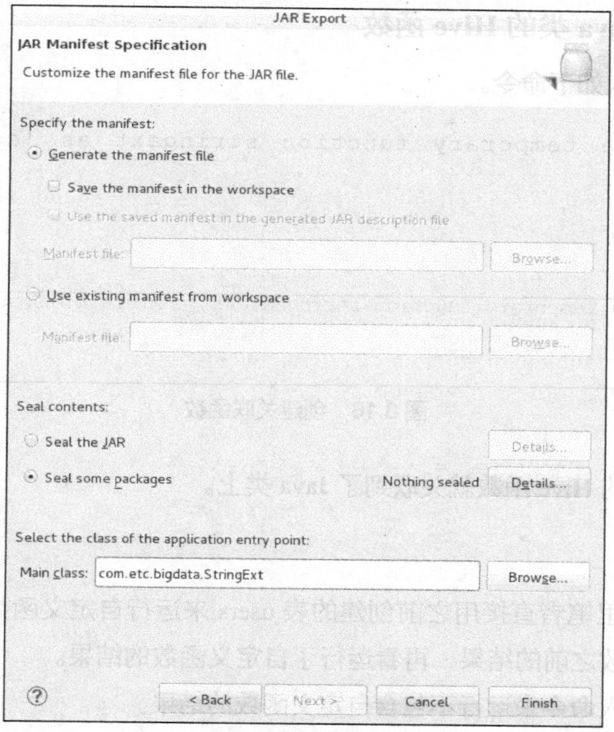

图 8.14 选择主类

3. Hadoop 和 Hive

为了方便，笔者在一个单节点上部署 Hadoop 和 Hive，在命令行中输入如下命令分别启动 Hadoop 和 Hive。

```
#start-all.sh
#hive
```

前提是 Hadoop 和 Hive 都配置到了系统环境变量中。

4. 将 jar 包导入到 Hive 的 ClassPath

在 Hive 命令行中输入如下命令。

```
hive> add jar  /root/Desktop/aa.jar;
```

将 aa.jar 导入 Hive 的 ClassPath，如图 8.15 所示。

```
hive> add jar /root/Desktop/aa.jar;
Added [/root/Desktop/aa.jar] to class path
Added resources: [/root/Desktop/aa.jar]
hive>
```

图 8.15 上传 jar 包

5. 创建关联到 Java 类的 Hive 函数

在命令行中输入如下命令。

```
hive> create temporary function stringext as 'com.etc.bigdata.StringExt';
```

如图 8.16 所示。

```
hive> create temporary function stringext as 'com.etc.bigdata.StringExt';
OK
Time taken: 0.087 seconds
hive>
```

图 8.16　创建关联函数

此时，自定义的 Hive 函数就关联到了 Java 类上。

6. 运行结果

为了方便，这里笔者直接用之前创建的表 users 来运行自定义函数的结果。我们先看没有使用自定义函数之前的结果，再看运行了自定义函数的结果。

在命令行中输入命令来运行不包含自定义函数的结果。

```
hive> select * from users;
```

结果如图 8.17 所示。

```
hive> select * from users;
OK
222     yang    yang2
1       wu      zy
2       zhang   shan
3       li      si
Time taken: 0.306 seconds, Fetched: 4 row(s)
hive>
```

图 8.17　不使用函数的运行结果

可以看出这就是一个普通的查询语句，没有使用任何自定义函数。

然后在命令行中输入命令来查看包含自定义函数的运行结果，如图 8.18 所示。

```
hive> select fname, stringext(lname) from users;
```

```
hive> select fname,stringext(lname) from users;
OK
yang    Hello yang2
wu      Hello zy
zhang   Hello shan
li      Hello si
Time taken: 0.213 seconds, Fetched: 4 row(s)
hive>
```

图 8.18　使用函数的运行结果

可以看出，运行包含了自定义函数的查询语句，在 lname 字段输出的结果前面加上了 Hello。

至此，Hive 自定义函数实现完毕。

注意：按照本文的实现方式，通过如下命令：来创建自定义函数。一旦退出 Hive，重新启动并进入 Hive 命令行，上述自定义的函数就会失效，要使自定义函数不失效，则需要将导出的 Jar 包放到 HIVE_HOME/lib 目录下。

```
hive> add jar /root/Desktop/aa.jar;
create temporary function stringext as 'com.lyz.bigdata.StringExt';
```

8.4　Hive 表的高级特性

本节讲述 Hive 表的两个高级特性——外部表和分区表。使用外部表，可以使数据独立于 Hive 存在，不受 Hive 删除表操作的影响；使用分区表，可以将数据分门别类，提高查询效率。

8.4.1　外部表

在 Hive 中创建表时，默认情况下 Hive 负责管理数据。这意味着 Hive 把数据移入它的"仓库目录"，叫托管表或内部表。另一种选择是创建一个"外部表"(external table）。这会让 Hive 到仓库目录以外的位置访问数据。

这两种表的区别表现在 LOAD 和 DROP 命令的语义上。

从之前的案例中可以看出，托管表加载数据时会将数据文件上传到 HDFS 的位置。

由于加载操作就是文件系统中的文件移动或文件重命名，因此它的执行速度很快。即使是托管表，Hive 也并不检查表目录中的文件是否与表所声明的模式相符合。如果有数据和模式不匹配，只有在查询时才会知道。通常要通过查询为缺失字段返回的空值 NULL 才知道存在不匹配的行。可以发出一个简单的 SELECT 语句来查询表中的若干行数据，从而检查数据是否能够被正确解析。

如果随后要丢弃某个表，可使用以下语句。

```
DROP TABLE tablename;
```

这个表，包括它的元数据和数据，会被一起删除。

注意：因为最初的 LOAO 是一个移动操作，而 DROP 是一个删除操作，所以数据会彻底消失。这就是 Hive 所谓的"托管数据"的含义。

对于外部表而言，加载数据和删除表操作的结果不一样: 手动控制数据的创建和删除。

外部数据的位置需要在创建表的时候进行指明。

```
CREATE EXTERNAL TABLE 表名（模式说明） LOCATION 数据文件路径；
```

具体命令如下。

```
hive> create external table ext_users(user_id int, fname string,lname string ) row format delimited fields terminated by ',' LOCATION '/ext_users';
```

加载数据的命令和托管表一致：

```
hive> load data local inpath '/root/data.txt' into table ext_users;
hive> select  *   from   ext_users;
```

如图 8.19 所示。

```
hive> create external table ext_users(user_id int, fname string,lname string ) row format delimited fi
elds terminated by ',' LOCATION  '/ext_users';
OK
Time taken: 0.294 seconds
hive>  load data local inpath '/root/data.txt' into table ext_users;
Loading data to table default.ext_users
OK
Time taken: 0.786 seconds
hive> select  *   from   ext_users;
OK
1       wu      zy
2       zhang   shan
3       li      si
Time taken: 0.347 seconds, Fetched: 3 row(s)
hive>
```

图 8.19 使用外部表的运行结果

丢弃外部表时，Hive 不会碰数据，而只会去除元数据。本例中，在 ext_users 外部表删除时，存在于 HDFS 上 /etx_users 目录下的数据并不会被删除。

应该如何选择使用哪种表呢？

在多数情况下，这两种方式没有太大的区别（当然 DROP 语义除外），因此这只是个人的喜好问题。作为一个经验法则，如果所有处理都由 Hive 完成，应该使用托管表；但如果要用 Hive 和其他工具来处理同一个数据集，则应该使用外部表。

普遍的用法是把存放在 HDFS（由其他进程创建）的初始数据集用作外部表进行使用，然后用 Hive 的变换功能把数据移到托管的 Hive 表。这一方法反过来也成立，外部表（未必在 HDFS 中）可以用于从 Hive 导出数据供其他应用程序使用。需要使用外部表的另一个原因是希望为同一个数据集关联不同的模式。

8.4.2 分区表

Hive 把表组织成"分区"（partition）。这是一种根据"分区列"（partition column，如日期）的值对表进行粗略划分的机制。使用分区，可以加快数据分片的查询速度。由于

Hive 使用的是读时模式，查询时无论是否带有附加的查询条件，Hive 都需要对数据仓库中的数据文件进行全扫描，而对表进行分区则表示在加载数据时就会根据分区条件将对应的数据放置到不同的子文件夹中，此时如果利用分区条件作为查询条件使用，则进行全表扫描的数据文件数量将大大缩小，从而优化查询的效率。

以分区的常用情况为例：考虑日志文件，其中每条记录包含一个时间戳。如果根据日期来对它进行分区，那么同一天的记录就会存放在同一个分区中。

这样做的优点是，对限制到某个或某些特定日期的查询，它们的处理可以变得非常高效。因为它们只需要扫描查询范围内分区中的文件。

使用分区并不会影响大范围查询的执行，仍然可以查询跨多个分区的整个数据集。

一个表可以以多个维度进行分区。例如，在根据日期对日志进行分区以外，我们可能还要进一步根据国家对每个分区进行子分区（sub partition），以加速根据地理位置进行的查询。

分区是在创建表的时候用 "PARTITION BY" 子句定义的。该子句需要定义列的列表。例如，对前面提到的 users 表，我们可能要把表记录定义为由时间戳和日志行构成。

利用日志日期和国家分区创建分区表。与创建非分区表的区别是，创建分区表必须用 partitioned by（分区字段名，分区字段类型）来标识分区字段，如图 8.20 所示。

```
hive> create    table p_users(user_id int, fname string,lname string)
partitioned by (dt string,country string) row format delimited fields
terminated by ',' ;
```

```
hive> create table p_users(user_id int, fname string,lname string ) partitioned by (dt string,country string)  row format delimited fields terminated by ',' ;
OK
Time taken: 0.351 seconds
hive>
```

图 8.20　创建分区表

将文件加载到表对应的分区中，与加载非分区表的区别是，加载分区表必须用 partition by（分区字段名 = 分区字段值）来标识分区，如图 8.21 所示。

```
hive> load data local inpath '/root/data.txt' into table p_users partition (dt='2016-8-1',country ='GB');
Loading data to table default.p_users partition (dt=2016-8-1, country=GB)
OK
Time taken: 2.477 seconds
hive> load data local inpath '/root/data.txt' into table p_users partition (dt='2018-7-4',country ='US');
Loading data to table default.p_users partition (dt=2018-7-4, country=US)
OK
Time taken: 2.183 seconds
hive>
```

图 8.21　为分区表加载数据

```
hive> load data local inpath '/root/data.txt' into table p_users
```

```
partition (dt='2016-8-1',country ='GB');
    hive> load data local inpath '/root/data.txt' into table p_users
partition (dt='2018-7-4',country ='US');
```

查看数据加载后的文件夹结构。

```
[root@hadoop0 ~]# hadoop fs -lsr  /user/hive/warehouse/p_users
```

由于刚创建的分区表是二级分区,所以先在 HDFS 的 /user/hive/warehouse/p_users 表目录下创建了名为"dt=2016-8-1"的文件夹,然后又在"dt=2016-8-1"的文件夹下创建了名为"country=GB"的子文件夹,再将数据文件 data.txt 加载到"country=GB"的子文件夹下,如图 8.22 所示。

```
[root@hadoop0 ~]# hadoop fs -lsr /user/hive/warehouse/p_users
lsr: DEPRECATED: Please use 'ls -R' instead.
drwxrwxrwx   - root supergroup          0 2018-12-20 06:50 /user/hive
/warehouse/p_users/dt=2016-8-1
drwxrwxrwx   - root supergroup          0 2018-12-20 06:50 /user/hive
/warehouse/p_users/dt=2016-8-1/country=GB
-rwxrwxrwx   3 root supergroup         29 2018-12-20 06:50 /user/hive
/warehouse/p_users/dt=2016-8-1/country=GB/data.txt
drwxrwxrwx   - root supergroup          0 2018-12-20 06:50 /user/hive
/warehouse/p_users/dt=2018-7-4
drwxrwxrwx   - root supergroup          0 2018-12-20 06:50 /user/hive
/warehouse/p_users/dt=2018-7-4/country=US
-rwxrwxrwx   3 root supergroup         29 2018-12-20 06:50 /user/hive
/warehouse/p_users/dt=2018-7-4/country=US/data.txt
```

图 8.22　查看分区表目录结构

可以用 show partitions 命令让 Hive 告诉我们表中有哪些分区。

```
hive> show partitions  p_users;
```

在本例中,有两个分区,分别名为 dt=2016-8-1/country=GB 和 dt=2018-7-4/country=US,如图 8.23 所示。

```
hive> show partitions  p_users;
OK
dt=2016-8-1/country=GB
dt=2018-7-4/country=US
Time taken: 0.2 seconds, Fetched: 2 row(s)
hive>
```

图 8.23　查看分区

PARTITIONED BY 子句中的列定义是表中正式的列,称为"分区列"(partition column),但是,数据文件并不包含这些列的值,因为它们源于目录名。

可以在 SELECT 语句中以通常的方式使用分区列。Hive 会对输入进行修剪,从而只扫描相关的分区,例如:

```
select * from p_users where dt='2018-7-4'  and  country='US';
```

查看某分区数据，如图 8.24 所示。

```
hive> select * from p_users where dt='2018-7-4' and country='US';
OK
1       wu      zy      2018-7-4        US
2       zhang   shan    2018-7-4        US
3       li      si      2018-7-4        US
Time taken: 0.897 seconds, Fetched: 3 row(s)
hive>
```

图 8.24　查看某分区数据

查看分区全部数据，如图 8.25 所示。

```
hive> select * from p_users ;
OK
1       wu      zy      2016-8-1        GB
2       zhang   shan    2016-8-1        GB
3       li      si      2016-8-1        GB
1       wu      zy      2018-7-4        US
2       zhang   shan    2018-7-4        US
3       li      si      2018-7-4        US
Time taken: 0.548 seconds, Fetched: 6 row(s)
```

图 8.25　查看分区全部数据

可见分区列虽然在数据文件中没有对应列，但也可以作为普通字段显示，但只有查询字段的 where 条件与分区字段信息一致时，才可以起到加快查询速度的作用。

8.5　小结

本章讲解了 Hive 的高级特性，包括 Beeline、JDBC、内置函数与自定义函数、外部表、分区表等，已基本满足日常使用所需。有关 Hive 的更多高级特性可通过 Hive 官网进一步学习。

8.6　配套视频

本章的配套视频有 4 个：

（1）Beeline；
（2）Hive JDBC；
（3）Hive 函数；
（4）外部表与分区表。
读者可从配套电子资源中获取。

第9章 数据转换工具 Sqoop

Sqoop 是 Apache 旗下的一款开源工具，用于 Hadoop 与关系型数据库服务器之间传送数据，其核心功能有两个：导入数据和导出数据。导入数据是指将 MySQL、Oracle 等关系型数据库导入到 Hadoop 的 HDFS、Hive、HBase 等数据存储系统；导出数据是指将 Hadoop 文件系统中的数据导出到 MySQL、Oracle 等关系型数据库。Sqoop 的本质是一个命令行工具，与 HDFS、Hive、MySQL 等经常一起使用。

本章涉及的主要知识点如下。

（1）Sqoop 概述与安装：Sqoop 的基本介绍、Sqoop 在 Linux 系统上的安装。

（2）Sqoop 导入数据：数据准备、导入数据、查看数据等。

（3）Sqoop 导出数据：准备表、导出数据、查看数据等。

（4）深入理解 Sqoop 的导入导出：简单分析 Sqoop 自动生成的实体类源码，加深读者对 Sqoop 的理解。

9.1 Sqoop 概述与安装

Sqoop 是一款开源工具，主要用于在 Hadoop 或 Hive 与传统的数据库（MySQL、Oracle 等）进行数据传递，它可以将一个关系型数据库中的数据导入到 Hadoop 的 HDFS 中，也可以将 HDFS 的数据导出到关系型数据库中。

9.1.1 Sqoop 概述

Hadoop 平台的优势在于它支持使用不同形式的数据。HDFS 能够可靠地存储日志和来自不同渠道的其他数据，MapReduce 程序能够解析多种"即席"（ad hoc）数据格式，抽取相关信息并将多个数据集组合成非常有用的结果。但是为了能够与 HDFS 之外的数据存储库进行交互，MapReduce 程序需要使用外部 API 来访问数据。

通常，一个组织中有价值的数据都存储在关系型数据库系统等结构化存储器中。Sqoop 允许用户将数据从结构化存储器抽取到 Hadoop 中，用于进一步的处理。抽取出的数据可以被 MapReduce 程序使用，也可以被其他类似于 Hive 的工具使用，甚至可以使用 Sqoop 将数据从数据库转移到 HBase。

一旦生成最终的分析结果，Sqoop 便可以将这些结果导回数据存储器，供其他客户端使用。Sqoop 的导入导出如图 9.1 所示。

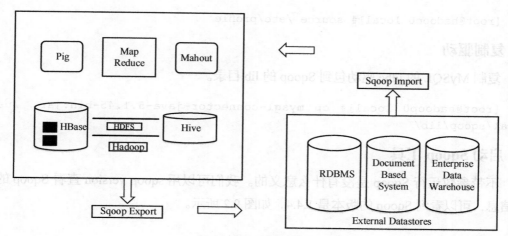

图 9.1　Sqoop 的导入导出

9.1.2　Sqoop 安装

Sqoop 的安装仍然满足解压后配置环境变量的模式。首先从官方网站下载发行包 sqoop-1.4.4.bin__hadoop-2.0.4-alpha.tar.gz，解压后并配置对应的环境变量，复制相关的 jar 包即可。具体安装步骤如下。

1．解压

解压 sqoop-1.4.4.bin__hadoop-2.0.4-alpha.tar.gz 到 /usr/local 目录下。

```
[root@hadoop0 local]# tar -xvf sqoop-1.4.4.bin__hadoop-2.0.4-alpha.tar.gz -C /usr/local/
```

2．重命名

重命名解压后的文件夹。

```
[root@hadoop0 local]# mv sqoop-1.4.4.bin__hadoop-2.0.4-alpha sqoop
```

3．配置环境变量

配置对应的环境变量，在 /etc/profile 中添加如下内容。

```
export SQOOP_HOME=/usr/local/sqoop
export PATH=$PATH:$SQOOP_HOME/bin
```

4. 使修改后环境变量立即生效

环境变量修改后需要使用 source 执行一下才能立即生效。

```
[root@hadoop0 local]# source /etc/profile
```

5．复制驱动

复制 MySQL 的 jdbc 驱动包到 Sqoop 的 lib 目录。

```
[root@hadoop0 local]# cp mysql-connector-java-5.1.45-bin.jar  /usr/local/sqoop/lib/
```

6．启动 Sqoop 工具

不带参数运行 Sqoop 是没有什么意义的。我们可以用 sqoop version 查看 Sqoop 的版本信息，可以看到 Sqoop 的版本是 1.4.4，如图 9.2 所示。

```
[root@hadoop0 local]# sqoop version
Warning: /usr/lib/hcatalog does not exist! HCatalog jobs
Please set $HCAT_HOME to the root of your HCatalog insta
SLF4J: Class path contains multiple SLF4J bindings.
SLF4J: Found binding in [jar:file:/usr/local/hadoop/shar
p1/StaticLoggerBinder.class]
SLF4J: Found binding in [jar:file:/usr/local/hbase/lib/s
.class]
SLF4J: See http://...
SLF4J: Actual binding is of type [org.slf4j.impl.Log4jLo
Sqoop 1.4.4
git commit id 050a2015514533bc25f3134a33401470ee9353ad
Compiled by vasanthkumar on Mon Jul 22 20:06:06 IST 2013
```

图 9.2　查看 sqoop 的版本信息

也可以使用 sqoop help 查看 Sqoop 支持的命令列表，如图 9.3 所示。

```
Available commands:
  codegen            Generate code to interact with database records
  create-hive-table  Import a table definition into Hive
  eval               Evaluate a SQL statement and display the results
  export             Export an HDFS directory to a database table
  help               List available commands
  import             Import a table from a database to HDFS
  import-all-tables  Import tables from a database to HDFS
  job                Work with saved jobs
  list-databases     List available databases on a server
  list-tables        List available tables in a database
  merge              Merge results of incremental imports
  metastore          Run a standalone Sqoop metastore
  version            Display version information
See 'sqoop help COMMAND' for information on a specific command.
```

图 9.3　查看 sqoop 支持的命令列表

本章重点讲述 Sqoop 两个常用命令：import 导入数据和 export 导出数据。其他不常用命令需要用时，可在 Shell 中使用 sqoop help COMMAND 调出使用帮助进行查看。

9.2 Sqoop 导入数据

Sqoop 拥有一个可扩展的框架，使得它能够从（向）任何支持批量数据传输的外部存储系统导入（导出）数据。导入（导出）数据都需要使用 Sqoop 连接器（connector），Sqoop 连接器就是这个框架下的一个模块化组件，用于支持 Sqoop 的导入和导出操作。下面展示从 MySQL 中进行数据导入的完整过程。

9.2.1 更改 MySQL 的 root 用户密码

由于原 MySQL 的 root 用户密码设置为 Wu2018!!，密码中的特殊符号"!!"在使用 Sqoop 进行数据导入导出时会引发未知错误，所以我们将 MySQL 的 root 用户密码修改为 Wu2018**。

（1）重新启动 MySQL，如图 9.4 所示。

```
[root@hadoop0 local]# service mysqld restart
```

```
[root@hadoop0 local]# service mysqld restart
Redirecting to /bin/systemctl restart  mysqld.service
[root@hadoop0 local]#
```

图 9.4　重启 MySQL

（2）输入旧密码 Wu2018!!，登录 MySQL，如图 9.5 所示。

```
[root@hadoop0 local]# mysql -uroot -p
```

```
[root@hadoop0 local]# mysql -uroot -p
Enter password:
Welcome to the MySQL monitor.  Commands end with ; or \g.
Your MySQL connection id is 6
Server version: 5.7.20 MySQL Community Server (GPL)

Copyright (c) 2000, 2017, Oracle and/or its affiliates. All rights reserved.

Oracle is a registered trademark of Oracle Corporation and/or its
affiliates. Other names may be trademarks of their respective
owners.

Type 'help;' or '\h' for help. Type '\c' to clear the current input statement.

mysql>
```

图 9.5　登录 MySQL

（3）在 MySQL 中使用如下命令修改密码。

```
mysql> set password for root@'%' = password('Wu2018**');
```

（4）刷新配置，如图 9.6 所示。

```
,mysql>  flush privileges;
```

```
mysql> set password for root@'%' = password('Wu2018**');
Query OK, 0 rows affected, 1 warning (0.00 sec)

mysql> flush privileges;
Query OK, 0 rows affected (0.00 sec)
```

图 9.6 修改密码

注意： MySQL 密码修改后，Hive 配置文件 hive-site.xml 中的 ConnectionPassword 也进行同步修改后，Hive 才可以正常使用。

9.2.2 准备数据

首先在 MySQL 中构建示例数据库。

```
mysql> create database sqooptest;
```

在该示例数据库中创建表。

```
use sqooptest
    create table temp(year varchar(30),temperature int,quality int);
```

向表中写入测试数据。

```
insert into temp values('2012',21,1);
insert into temp values('2013',23,2);
insert into temp values('2014',21,2);
insert into temp values('2015',216,1);
select * from temp;
```

全部效果如图 9.7 所示。

```
mysql> insert into temp values('2012',21,1);
Query OK, 1 row affected (0.10 sec)

mysql> insert into temp values('2013',23,2);
Query OK, 1 row affected (0.00 sec)

mysql> insert into temp values('2014',21,2);
Query OK, 1 row affected (0.00 sec)

mysql> insert into temp values('2015',216,1);
Query OK, 1 row affected (0.00 sec)

mysql> select * from temp;
+------+-------------+---------+
| year | temperature | quality |
+------+-------------+---------+
| 2012 |          21 |       1 |
| 2013 |          23 |       2 |
| 2014 |          21 |       2 |
| 2015 |         216 |       1 |
+------+-------------+---------+
4 rows in set (0.01 sec)
```

图 9.7 数据准备

9.2.3 导入数据到 HDFS

新版 Sqoop 导入导出数据时会自动创建实体类，我们需要手动将该实体类复制到 $SQOOP_HOME/lib 目录下才可顺利导入导出。本节将展示一个数据导入的完整过程。

1．开始数据导入 HDFS

由于先前已将 MySQL JDBC 驱动包复制到 $SQOOP_HOME/lib，现在可以直接执行下面的 Shell 模板进行数据导入。

```
sqoop import --connect jdbc:mysql://服务器地址[:端口号]/数据库名 --username 数据库用户名 --password 数据库密码 --table 表名 -m Map任务数量
```

具体的 shell 命令如下。

```
[root@hadoop0 local]# sqoop import --connect jdbc:mysql://hadoop0:3306/sqooptest --username root --password Wu2018** --table temp --fields-terminated-by '\t'    -m 1
```

结果报错：java.lang.ClassNotFoundException: Class temp not found。因为 Sqoop 会针对 temp 表生成一个名为 temp 的实体类（类名与表名一致），Sqoop 找不到此类，所以报错。那么 Sqoop 自动生成的 temp 的实体类到底放哪里呢？我们继续查看输出记录，找到一个关键信息，如图 9.8 所示。

```
Note: /tmp/sqoop-root/compile/e117144173e27240c4a476935a0aecf3/temp.java uses or overrides a deprecated API.
Note: Recompile with -Xlint:deprecation for details.
2018-12-16 02:56:36,286 INFO orm.CompilationManager: Writing jar file: /tmp/sqoop-root/compile/e117144173e27240c4a476935a0aecf3/temp.jar
```

图 9.8　自动生成实体类的提示

原来 Sqoop 自动生成的 temp 的实体类放到 /tmp/sqoop-root/compile/e117144173e27240c4a476935a0aecf3/ 目录下，我们只需将此目录下的 temp.jar 文件复制到 Sqoop 的 /lib 目录下即可。

2．复制实体类的 jar 包

命令如下。

```
cp /tmp/sqoop-root/compile/e117144173e27240c4a476935a0aecf3/temp.jar /usr/local/sqoop/lib/
```

注意：如果 MySQL 表结构有变化，需要重新生成实体类并重新复制。

3．再次导入 HDFS

执行先前的导入命令再次导入。

```
[root@hadoop0 local]# sqoop import --connect jdbc:mysql://hadoop0:3306/
sqooptest --username root --password Wu2018** --table temp --fields-
terminated-by '\t'    -m 1
```

报错：org.apache.hadoop.mapred.FileAlreadyExistsException: Output directory hdfs://hadoop0: 9000/user/root/temp already exists。提示文件输出目录 hdfs://hadoop0:9000/user/root/temp 已存在，由此可知系统默认的导入目录在 HDFS 上的 /user/root/temp 目录下（我们也可以使用 --outdir 参数来自定义导入目录），我们只需删除此目录再重新导入即可。

删除目录的命令如下。

```
[root@hadoop0 local]# hadoop fs -rmr hdfs://hadoop0:9000/user/root/temp
```

重新导入的命令如下。

```
[root@hadoop0 local]# sqoop import --connect jdbc:mysql://hadoop0:3306/
sqooptest --username root --password Wu2018** --table temp --fields-
terminated-by '\t'    -m 1
```

提示导入成功，有 4 条记录被导入，如图 9.9 所示。

```
2018-12-16 17:27:01,108 INFO mapreduce.ImportJobBase: Transferred 41 bytes
2018-12-16 17:27:01,109 INFO mapreduce.ImportJobBase: Retrieved 4 records.
```

图 9.9 导入成功

9.2.4 查看 HDFS 数据

查看目录的命令如下。

```
[root@hadoop0 local]# hadoop fs -ls  hdfs://hadoop0:9000/user/root/temp/
```

查看数据的命令如下。

```
[root@hadoop0 local]# hadoop fs -cat  hdfs://hadoop0:9000/user/root/temp/*
```

如图 9.10 所示。

```
[root@hadoop0 local]# hadoop fs -ls  hdfs://hadoop0:9000/user/root/temp/
Found 2 items
-rw-r--r--   3 root supergroup          0 2018-12-16 03:09 hdfs://hadoop0:9000/user/root/temp/_SUCCESS
-rw-r--r--   3 root supergroup         41 2018-12-16 03:09 hdfs://hadoop0:9000/user/root/temp/part-m-00000
[root@hadoop0 local]# hadoop fs -cat  hdfs://hadoop0:9000/user/root/temp/*
2012    21    1
2013    23    2
2014    21    1
2015    216   1
```

图 9.10 查看数据

9.2.5 导入数据到 Hive

我们只需在导入命令中加入参数"--hive-import"即可导入数据并存入 Hive。
删除目录的命令如下。

```
[root@hadoop0 local]# hadoop fs -rmr hdfs://hadoop0:9000/user/root/temp
```

导入 Hive 的命令如下。

```
[root@hadoop0 local]# sqoop import --connect jdbc:mysql://hadoop0:3306/sqooptest --username root --password Wu2018** --table temp --fields-terminated-by '\t'  -m 1 --hive-import
```

9.2.6 查看 Hive 数据

我们可以通过查看表名称、表结构、表数据 3 种方式来验证 Sqoop 是否成功地将数据导入到了 Hive 中。

查看表名的命令如下。

```
hive> show tables;
```

查看表结构的命令如下。

```
hive> desc temp;
```

查看数据的命令如下。

```
hive> select * from temp;
```

运行结果如图 9.11 所示，说明数据已成功导入。

```
hive> desc temp;
OK
year                    string
temperature             int
quality                 int
Time taken: 0.08 seconds, Fetched: 3 row(s)
hive> select * from temp;
OK
2012    21      1
2013    23      2
2014    21      2
2015    216     1
Time taken: 0.279 seconds, Fetched: 4 row(s)
```

图 9.11 查看 Hive 数据

Sqoop 的 import 工具导入示例命令中的常用参数含义解释如表 9.1 所示。
至于 sqoop import 工具的更多参数，在需要时可以使用 sqoop help import 进行查看。

表 9.1 import 工具导入的常用参数

组成	描述
sqoop import	运行 Sqoop 并执行导入操作
--connect	提供连接器
--username	连接数据库的用户名
--password	连接数据库的密码
--table	要导出的表
--fields-terminated-by	导出文件的分隔符（若不提供，则默认为逗号分割）
-m	Map 任务的个数
--hive-import	把数据复制到 Hive 空间中。如果不使用该选项，则意味着复制到 HDFS 中

9.3 Sqoop 导出数据

与导入操作相反，"导出"（export）是将 HDFS 或 Hive 作为数据源，而将一个远程数据库作为目标。我们之前曾经导入了一些数据并且使用 Hive 对数据进行了分析，接下来可以将分析的结果导出到一个数据库中，供其他工具使用。

9.3.1 准备 MySQL 表

将一张表从 HDFS 导出到数据库时，必须在数据库中手动创建一张用于接收数据的目标表，然后再行导出。

将之前的 temp 表重新导入到一个新的 MySQL 表中，首先创建新的兼容的 MySQL 表。

```
use sqooptest;
create table tempexport(year varchar(30),temperature int,quality int);
```

9.3.2 导出数据到 MySQL

与导入数据类似，Sqoop 也会生成一个实体类，需要手动复制到 Sqoop 的 lib 目录下。本节展示一个完整的导出过程。

1. 执行导出操作

执行导出操作如下。

```
sqoop export --connect jdbc:mysql://服务器地址[:端口号]/数据库名 -m Map任
务数量 --table 表名 --export-dir 要导出的数据文件路径 --input-fields-terminated-by
',' --username 数据库用户名 --password 数据库密码
```

本次使用如下命令。

```
[root@hadoop0 local]# sqoop export --connect jdbc:mysql://hadoop0:3306/sqooptest --username root --password Wu2018** --table tempexport --export-dir '/user/hive/warehouse/temp' --input-fields-terminated-by '\t'
```

在使用 sqoop export 导出数据的参数中，与 sqoop import 的大多数参数相同，值得注意的是如下两个参数。

```
--export-dir '/user/hive/warehouse/temp' --input-fields-terminated-by '\t'
```

--export-dir 标示了导出文件存在于 HDFS 上的目录位置；--input-fields-terminated-by 标示了导出文件的字段分割符，与 sqoop import 中使用 --fields-terminated-by 来标示导入文件的字段分割符不同，导出参数前面多了一个 "input"。

更多的 Sqoop 导出参数可以用 sqoop help export 进行查看。

2．复制实体类的 jar 包

执行导入，结果报错：java.lang.ClassNotFoundException: tempexport。
注意到输出日志中的以下记录。

```
2018-12-16 04:40:55,064 INFO orm.CompilationManager: Writing jar file: /tmp/sqoop-root/compile/e0503c08107a793617e2c409dfd2c85f/tempexport.jar
```

与导入时的示例类似，我们只需将 /tmp/sqoop-root/compile/e0503c08107a793617e2c409dfd2c85f/tempexport.jar 复制到 Sqoop 中的 lib 目录下即可。

```
[root@hadoop0 local]# cp /tmp/sqoop-root/compile/e0503c08107a793617e2c409dfd2c85f/tempexport.jar /usr/local/sqoop/lib/
```

3．再次导出

```
[root@hadoop0 local]# sqoop export --connect jdbc:mysql://hadoop0:3306/sqooptest --username root --password Wu2018** --table tempexport --export-dir '/user/hive/warehouse/temp' --input-fields-terminated-by '\t'
```

结果提示 "2018-12-16 04:45:31,566 INFO mapreduce.ExportJobBase: Exported 4 records."，表示成功导出了 4 条记录。

9.3.3 查看 MySQL 中的导出数据

在 MySQL 中输入 SQL 语句。

```
mysql> select * from tempexport;
```

即可查看到导出的数据，如图 9.12 所示。

```
mysql> select * from tempexport;
+------+-------------+---------+
| year | temperature | quality |
+------+-------------+---------+
| 2012 |          21 |       1 |
| 2013 |          23 |       2 |
| 2014 |          21 |       2 |
| 2015 |         216 |       1 |
+------+-------------+---------+
4 rows in set (0.00 sec)
```

图 9.12　查看导出数据

9.4　深入理解 Sqoop 的导入与导出

Sqoop 在导入导出数据时都会使用代码生成器创建对应表的实体类，用于保存从表中抽取的记录，默认存放于"/tmp/sqoop-root/compile/ 随机字符 /"目录下，用户必须手动将此目录下的实体类 jar 包上传至 Sqoop 的 lib 目录下，才可执行导入导出操作。研究 Sqoop 生成的实体类有助于我们深入理解 Sqoop。

例如，之前用到的 temp 类生成的源码如下。

```
// ORM class for table 'temp'
// WARNING: This class is AUTO-GENERATED. Modify at your own risk.
//
// Debug information:
// Generated date: Sun Dec 16 05:30:10 PST 2018
// For connector: org.apache.sqoop.manager.MySQLManager
import org.apache.hadoop.io.BytesWritable;
import org.apache.hadoop.io.Text;
import org.apache.hadoop.io.Writable;
import org.apache.hadoop.mapred.lib.db.DBWritable;
import com.cloudera.sqoop.lib.JdbcWritableBridge;
import com.cloudera.sqoop.lib.DelimiterSet;
import com.cloudera.sqoop.lib.FieldFormatter;
import com.cloudera.sqoop.lib.RecordParser;
import com.cloudera.sqoop.lib.BooleanParser;
import com.cloudera.sqoop.lib.BlobRef;
import com.cloudera.sqoop.lib.ClobRef;
import com.cloudera.sqoop.lib.LargeObjectLoader;
import com.cloudera.sqoop.lib.SqoopRecord;
import java.sql.PreparedStatement;
import java.sql.ResultSet;
import java.sql.SQLException;
```

```java
import java.io.DataInput;
import java.io.DataOutput;
import java.io.IOException;
import java.nio.ByteBuffer;
import java.nio.CharBuffer;
import java.sql.Date;
import java.sql.Time;
import java.sql.Timestamp;
import java.util.Arrays;
import java.util.Iterator;
import java.util.List;
import java.util.Map;
import java.util.TreeMap;

public class temp extends SqoopRecord  implements DBWritable, Writable {
  private final int PROTOCOL_VERSION = 3;
  public int getClassFormatVersion() { return PROTOCOL_VERSION; }
  protected ResultSet __cur_result_set;
  private String year;
  public String get_year() {
    return year;
  }
  public void set_year(String year) {
    this.year = year;
  }
  public temp with_year(String year) {
    this.year = year;
    return this;
  }
  private Integer temperature;
  public Integer get_temperature() {
    return temperature;
  }
  public void set_temperature(Integer temperature) {
    this.temperature = temperature;
  }
  public temp with_temperature(Integer temperature) {
    this.temperature = temperature;
    return this;
  }
  private Integer quality;
  public Integer get_quality() {
    return quality;
  }
  public void set_quality(Integer quality) {
    this.quality = quality;
```

```java
    }
    public temp with_quality(Integer quality) {
      this.quality = quality;
      return this;
    }
    public boolean equals(Object o) {
      if (this == o) {
        return true;
      }
      if (!(o instanceof temp)) {
        return false;
      }
      temp that = (temp) o;
      boolean equal = true;
      equal = equal && (this.year == null ? that.year == null : this.year.equals(that.year));
      equal = equal && (this.temperature == null ? that.temperature == null : this.temperature.equals(that.temperature));
      equal = equal && (this.quality == null ? that.quality == null : this.quality.equals(that.quality));
      return equal;
    }
    public void readFields(ResultSet __dbResults) throws SQLException {
      this.__cur_result_set = __dbResults;
      this.year = JdbcWritableBridge.readString(1, __dbResults);
      this.temperature = JdbcWritableBridge.readInteger(2, __dbResults);
      this.quality = JdbcWritableBridge.readInteger(3, __dbResults);
    }
    public void loadLargeObjects(LargeObjectLoader __loader)
        throws SQLException, IOException, InterruptedException {
    }
    public void write(PreparedStatement __dbStmt) throws SQLException {
      write(__dbStmt, 0);
    }

    public int write(PreparedStatement __dbStmt, int __off) throws SQLException {
      JdbcWritableBridge.writeString(year, 1 + __off, 12, __dbStmt);
      JdbcWritableBridge.writeInteger(temperature, 2 + __off, 4, __dbStmt);
      JdbcWritableBridge.writeInteger(quality, 3 + __off, 4, __dbStmt);
      return 3;
    }
    public void readFields(DataInput __dataIn) throws IOException {
      if (__dataIn.readBoolean()) {
          this.year = null;
      } else {
        this.year = Text.readString(__dataIn);
```

```java
        if (__dataIn.readBoolean()) {
            this.temperature = null;
        } else {
            this.temperature = Integer.valueOf(__dataIn.readInt());
        }
        if (__dataIn.readBoolean()) {
            this.quality = null;
        } else {
            this.quality = Integer.valueOf(__dataIn.readInt());
        }
    }
    public void write(DataOutput __dataOut) throws IOException {
        if (null == this.year) {
            __dataOut.writeBoolean(true);
        } else {
            __dataOut.writeBoolean(false);
        Text.writeString(__dataOut, year);
        }
        if (null == this.temperature) {
            __dataOut.writeBoolean(true);
        } else {
            __dataOut.writeBoolean(false);
        __dataOut.writeInt(this.temperature);
        }
        if (null == this.quality) {
            __dataOut.writeBoolean(true);
        } else {
            __dataOut.writeBoolean(false);
        __dataOut.writeInt(this.quality);
        }
    }
    private final DelimiterSet __outputDelimiters = new DelimiterSet ((char) 9, (char) 10, (char) 0, (char) 0, false);
    public String toString() {
        return toString(__outputDelimiters, true);
    }
    public String toString(DelimiterSet delimiters) {
        return toString(delimiters, true);
    }
    public String toString(boolean useRecordDelim) {
        return toString(__outputDelimiters, useRecordDelim);
    }
    public String toString(DelimiterSet delimiters, boolean useRecordDelim) {
        StringBuilder __sb = new StringBuilder();
        char fieldDelim = delimiters.getFieldsTerminatedBy();
```

```java
      __sb.append(FieldFormatter.escapeAndEnclose(year==null?"null":year,
delimiters));
      __sb.append(fieldDelim);
      __sb.append(FieldFormatter.escapeAndEnclose(temperature==null?"
null":"" + temperature, delimiters));
      __sb.append(fieldDelim);
      __sb.append(FieldFormatter.escapeAndEnclose(quality==null?"null":""
+ quality, delimiters));
    if (useRecordDelim) {
      __sb.append(delimiters.getLinesTerminatedBy());
    }
    return __sb.toString();
  }
  private final DelimiterSet __inputDelimiters = new DelimiterSet((char) 9,
(char) 10, (char) 0, (char) 0, false);
  private RecordParser __parser;
  public void parse(Text __record) throws RecordParser.ParseError {
    if (null == this.__parser) {
      this.__parser = new RecordParser(__inputDelimiters);
    }
    List<String> __fields = this.__parser.parseRecord(__record);
    __loadFromFields(__fields);
  }

  public void parse(CharSequence __record) throws RecordParser.
ParseError {
    if (null == this.__parser) {
      this.__parser = new RecordParser(__inputDelimiters);
    }
    List<String> __fields = this.__parser.parseRecord(__record);
    __loadFromFields(__fields);
  }
  public void parse(byte [] __record) throws RecordParser.ParseError {
    if (null == this.__parser) {
      this.__parser = new RecordParser(__inputDelimiters);
    }
    List<String> __fields = this.__parser.parseRecord(__record);
    __loadFromFields(__fields);
  }
  public void parse(char [] __record) throws RecordParser.ParseError {
    if (null == this.__parser) {
      this.__parser = new RecordParser(__inputDelimiters);
    }
    List<String> __fields = this.__parser.parseRecord(__record);
    __loadFromFields(__fields);
```

```java
    }
    public void parse(ByteBuffer __record) throws RecordParser.ParseError {
      if (null == this.__parser) {
        this.__parser = new RecordParser(__inputDelimiters);
      }
      List<String> __fields = this.__parser.parseRecord(__record);
      __loadFromFields(__fields);
    }
    public void parse(CharBuffer __record) throws RecordParser.ParseError {
      if (null == this.__parser) {
        this.__parser = new RecordParser(__inputDelimiters);
      }
      List<String> __fields = this.__parser.parseRecord(__record);
      __loadFromFields(__fields);
    }
    private void __loadFromFields(List<String> fields) {
      Iterator<String> __it = fields.listIterator();
      String __cur_str;
      __cur_str = __it.next();
      if (__cur_str.equals("null")) { this.year = null; } else {
        this.year = __cur_str;
      }
      __cur_str = __it.next();
      if (__cur_str.equals("null") || __cur_str.length() == 0) { this.temperature = null; } else {
        this.temperature = Integer.valueOf(__cur_str);
      }
      __cur_str = __it.next();
      if (__cur_str.equals("null") || __cur_str.length() == 0) { this.quality = null; } else {
        this.quality = Integer.valueOf(__cur_str);
      }
    }
    public Object clone() throws CloneNotSupportedException {
      temp o = (temp) super.clone();
      return o;
    }
    public Map<String, Object> getFieldMap() {
      Map<String, Object> __sqoop$field_map = new TreeMap<String, Object>();
      __sqoop$field_map.put("year", this.year);
      __sqoop$field_map.put("temperature", this.temperature);
      __sqoop$field_map.put("quality", this.quality);
      return __sqoop$field_map;
    }
    public void setField(String __fieldName, Object __fieldVal) {
      if ("year".equals(__fieldName)) {
```

```java
            this.year = (String) __fieldVal;
        }
        else    if ("temperature".equals(__fieldName)) {
          this.temperature = (Integer) __fieldVal;
        }
        else    if ("quality".equals(__fieldName)) {
          this.quality = (Integer) __fieldVal;
        }
        else {
          throw new RuntimeException("No such field: " + __fieldName);
        }
      }
    }
```

由源码可见，生成的实体类实现了 DBWritable 接口的序列化方法，如图 9.13 所示，这些方法能使 temp 类和 JDBC 进行交互。

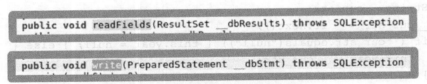

图 9.13　DBWritable 接口方法

JDBC 的 Resultset 接口提供了一个用于从查询结果中检索记录的游标，这里的 readFields() 方法将用 ResultSet 中一行数据的列来填充 temp 对象的字段。write() 方法允许 Sqoop 将新的 temp 行插入表中，这个过程称为"导出"。

Sqoop 启动的 MapReduce 作业用到一个 InputFormat，它可以通过 JDBC 从一个数据库表中读取部分内容。Hadoop 提供的 DataDBInputFormat 能够为几个 Map 任务对查询结果进行划分。但是，为了获得更好的导入性能，经常将这样的查询划分到多个节点上执行。查询是根据一个"划分列"来进行划分的。根据表的元数据，Sqoop 会选择一个合适的列作为划分列（通常是表的主键）。主键列中的最小值和最大值会被读出，与目标任务数一起用来确定每个 Map 任务要执行的查询。

例如，假设表中有 100 000 条记录，其 id 列的值为 0 ~ 99 999。

在导入这张表时，Sqoop 会判断出 id 是表的主键列。启动 MapReduce 作业时，用来执行导入的 DataDrivenDBInputFormat 便会发出一条类似于 SELECT MIN(id),MAX(id) FROM table 的查询语句。检索出的数据将用于对整个数据集进行划分。

假设指定并行运行 5 个 Map 任务（使用 -m 5），这样便可以确定每个 Map 任务要执行的查询数据条件。划分列的选择是影响并行执行效率的重要因素。如果 id 列的值不是均匀分布的（也许在 id 值 50 000 ~ 75 000 的范围内没有记录），那么有一部分 Map 任务可能只有很少或没有工作要做，而其他任务则有很多工作要做。

在运行一个导入作业时，用户可以指定一个列作为划分列，从而调整作业的划分使其符合数据的真实分布。如果使用 -m 1 参数来让一个任务执行导入作业，就不再需要这个划分过程。

生成反序列化代码和配置 InputFormat 之后，Sqoop 将作业发送到 MapReduce 集群。Map 任务执行查询并且将 ResultSet 中的数据反序列化到生成类的实例，这些数据或被直接保存在 SequenceFile 文件中，或在写到 HDFS 之前被转换成分隔的文本。

为了使用导入记录的个别字段，必须对字段分隔符（以及转义 / 包围字符）进行解析，抽出字段的值并转换为相应的数据类型。例如，在文本文件中，气候质量被表示成字符串"1"，但必须被解析为 Java 的 Integer 或 int 类型的变量。Sqoop 生成的实体类能够自动完成这个过程，使开发人员可以将精力集中在真正要运行的 MapReduce 作业上。每个自动生成的类都有几个名为 parse() 的重载方法，这些方法可以对表示为 Text、Charsequence、char[] 或其他常见类型的数据进行操作。

9.5 小结

传统的应用系统使用 RDBMS 关系型数据库，是产生大数据的来源之一。由 RDBMS 生成的数据存储在关系型数据库服务器中。Hadoop 可以借助 Sqoop 工具来与关系型数据库服务器进行交互，以导入和导出驻留其中的大数据。本章介绍了 Sqoop 的安装、Sqoop 的数据导入和数据导出。最后还简单分析了 Sqoop 工具自动生成的实体类源码，供学有余力的读者研究。

9.6 配套视频

本章的配套视频有 3 个：
（1）Sqoop 安装；
（2）Sqoop 导入数据；
（3）Sqoop 导出数据。
读者可从配套电子资源中获取。

第10章 内存计算框架 Spark

Apache Spark 是专为大规模数据处理而设计的快速通用的计算引擎。Spark 是加州大学伯克利分校 AMP 实验室所开源的类 Hadoop MapReduce 的通用并行框架，但比 Hadoop MapReduce 计算速度更快。

本章涉及的主要知识点如下。

（1）Spark 入门：介绍 Spark 概述与安装及 Scala 语言，并用 Spark Shell 和编程控制两种方式介绍 Spark 的入门示例。

（2）Spark Streaming：类似 Storm 的流式计算框架，主要介绍 Spark Streaming 概述与 Spark Streaming 接收，以及处理流式数据的示例。

（3）Spark SQL：类似 Hive 的数据处理工具，但比 Hive 更快，主要介绍 Spark SQL 概述、Spark SQL 命令行工具和 Spark SQL Scala 示例。

10.1 Spark 入门

Spark 是开源类 Hadoop MapReduce 的通用并行框架。Spark 拥有 Hadoop MapReduce 所具有的优点，但不同于 MapReduce 的是，Job 中间输出结果可以保存在内存中，从而不再需要读写 HDFS，因此，Spark 能更好地适用于数据挖掘与机器学习等需要迭代的场景。本节讲述 Spark 入门的基础理论。

10.1.1 Spark 概述

Spark 是一种与 Hadoop 相似的开源集群计算环境，但是两者之间还是存在一些不同之处的，这些不同之处使 Spark 在某些工作负载方面表现得更加优越。Spark 启用了内存分布数据集，除了能够提供交互式查询外，还可以优化迭代工作负载。

Spark 是在 Scala 语言中实现的，它将 Scala 用作其应用程序框架。与 Hadoop 不同，Spark 和 Scala 能够紧密集成，其中的 Scala 可以像操作本地集合对象一样轻松地操作分布式数据集。

尽管创建 Spark 是为了支持分布式数据集上的迭代作业，但实际上它是对 Hadoop 的补充，可以在 Hadoop 文件系统中并行运行。

在 Hadoop MR 过程中，中间结果会借助磁盘传递，因此对比计算，大量的 MapReduce 作业受限于 IO。然而对 ETL、数据整合和清理这样的用例来说，IO 约束并不会产生很大的影响，因为这些场景对数据处理时间往往不会有较高的需求。

在现实世界中，同样存在许多对延时要求较为苛刻的用例，比如，对流数据进行处理来做近实时分析。举个例子，通过分析单击流数据做视频推荐，从而提高用户的参与度。在这个用例中，开发者必须在精度和延时之间做平衡。另外就是在大型数据集上进行交互式分析，数据科学家可以在数据集上做 ad-hoc 查询。

历经数年发展，Hadoop 生态圈中的丰富工具已深受用户喜爱，然而仍然存在的众多问题也给使用带来了挑战。

（1）每个用例都需要多个不同的技术堆栈来支撑，在不同使用场景下，大量的解决方案往往捉襟见肘。

（2）在生产环境中开发者往往需要精通数门技术。

（3）许多技术存在版本兼容性问题。

（4）无法在并行 job 中更快地共享数据。

通过 Apache Spark，上述问题可以迎刃而解！

10.1.2 Spark 伪分布式安装

1. 安装 Scala

Spark 是用 Scala 语言写的，安装 Spark 之前先要安装 Scala。从 Scala 官网下载 scala-2.11.8.tgz 解压并配置环境变量即可。

```
[root@hadoop0 local]# cd /usr/local/
[root@hadoop0 local]# tar -xvf scala-2.11.8.tgz
[root@hadoop0 local]# mv scala-2.11.8  scala
```

修改 /etc/profile 环境变量，加上以下两行内容。

```
export SCALA_HOME=/usr/local/scala
export PATH=$SCALA_HOME/bin:$PATH
```

然后通过以下命令使环境变量立即生效。

```
[root@hadoop0 local]# source /etc/profile
```

2. 安装 Spark

通过 Spark 官方网站下载 Spark 发行包 spark-2.3.2-bin-hadoop2.7.tgz 并解压,然后修改环境变量和 Spark 配置文件即可。

注意: 如果 Spark 以 Yarn 模式运行则必须安装 Hadoop 才能使用 Spark,但如果使用 Spark 过程中没用到 HDFS,那么不启动 Hadoop 也是可以的。

```
[root@hadoop0 local]# cd /usr/local/
[root@hadoop0 local]# tar -xvf spark-2.3.2-bin-hadoop2.7.tgz
[root@hadoop0 local]# mv spark-2.3.2-bin-hadoop2.7 spark
```

修改 /etc/profile 环境变量,加上以下两行内容。

```
export SPARK_HOME=/usr/local/spark
export PATH=$SPARK_HOME/bin:$PATH
```

然后通过以下命令使环境变量立即生效。

```
[root@hadoop0 local]# source /etc/profile
```

3. 配置 Spark

首先切换到 Spark 配置文件目录,复制模板并修改其中的配置文件 slaves、spark-env.sh、spark-defaults.conf。

```
[root@hadoop0 local]# cd /usr/local/spark/conf/
[root@hadoop0 conf]# cp slaves.template    slaves
[root@hadoop0 conf]# cp spark-env.sh.template    spark-env.sh
[root@hadoop0 conf]# cp spark-defaults.conf.template    spark-defaults.conf
```

修改 slaves,追加自己的主机名 hadoop0,如图 10.1 所示。

```
[root@hadoop0 conf]# cat slaves
#
# Licensed to the Apache Software Foundation (AS
# contributor license agreements.  See the NOTIC
# this work for additional information regarding
# The ASF licenses this file to You under the Ap
# (the "License"); you may not use this file exc
# the License.  You may obtain a copy of the Lic
#
#    http://www.apache.org/licenses/LICENSE-2.0
#
# Unless required by applicable law or agreed to
# distributed under the License is distributed o
# WITHOUT WARRANTIES OR CONDITIONS OF ANY KIND,
# See the License for the specific language gove
# limitations under the License.
#

# A Spark Worker will be started on each of the
hadoop0
[root@hadoop0 conf]#
```

图 10.1 slaves 配置

修改 spark-env.sh，追加如下内容。

```
export JAVA_HOME=/usr/local/jdk
export SCALA_HOME=/usr/local/scala
export HADOOP_HOME=/usr/local/hadoop
export HADOOP_CONF_DIR=/usr/local/hadoop/etc/hadoop
export SPARK_MASTER_HOST=hadoop0
export SPARK_PID_DIR=/usr/local/spark/data/pid
export SPARK_LOCAL_DIRS=/usr/local/spark/data/spark_shuffle
export SPARK_EXECUTOR_MEMORY=1G
export SPARK_WORKER_MEMORY=4G
```

修改 spark-defaults.conf，追加如下内容，如图 10.2 所示。

```
spark.master                spark://hadoop0:7077
spark.eventLog.enabled      true
spark.eventLog.dir          hdfs://hadoop0:9000/eventLog
spark.serializer            org.apache.spark.serializer.KryoSerializer
spark.driver.memory         1g
spark.jars.packages         Azure:mmlspark:0.12
```

```
# Default system properties included when running spark-submit.
# This is useful for setting default environmental settings.
spark.master                      spark://hadoop0:7077
spark.eventLog.enabled            true
spark.eventLog.dir                hdfs://hadoop0:9000/eventLog
spark.serializer                  org.apache.spark.serializer.KryoSerializer
spark.driver.memory               1g
spark.jars.packages       Azure:mmlspark:0.12
# Example:
# spark.master                    spark://master:7077
# spark.eventLog.enabled          true
```

图 10.2　spark-defaults.conf 配置

配置中要使用 hdfs://hadoop0:9000/eventLog 来存放日志，我们需要手动创建这个目录。

```
[root@hadoop0 conf]# hadoop fs -mkdir /eventLog
```

同时在配置中指定要安装 mmlspark，Spark 在第一次启动时需要安装此程序，所以第一次启动的时间较长。

4．测试 Spark

首先启动 Spark，在启动 Spark 之前先要启动 Hadoop。

```
[root@hadoop0 conf]# start-all.sh                                # 启动 Hadoop
[root@hadoop0 conf]# /usr/local/spark/sbin/start-all.sh          # 启动 Spark
```

通过 jps 命名，可以看到 Spark 创建了 Master 和 Worker 两个进程，如图 10.3 所示。

在 ./examples/src/main 目录下有一些 Spark 的示例程序，包括 Scala、Java、Python、R 等语言的版本。可以先运行一个示例程序 SparkPi（即计算 π 的近似值），执行如下命令。

```
[root@hadoop0 conf]# jps
4149 NameNode
23302 SparkSubmit
4983 NodeManager
22471 Master
4840 ResourceManager
4489 SecondaryNameNode
4282 DataNode
22554 Worker
```

图 10.3　查看 Spark 进程

[root@hadoop0 local]# /usr/local/spark/bin/run-example SparkPi

执行时会输出非常多的运行信息，输出结果不容易找到，从后往前查找能找到 Pi 的运算结果，如图 10.4 所示。

```
2018-12-30 19:08:11 INFO  TaskSchedulerImpl:54 -
2018-12-30 19:08:11 INFO  DAGScheduler:54 - Resu
2018-12-30 19:08:11 INFO  DAGScheduler:54 - Job
Pi is roughly 3.139395696978485
2018-12-30 19:08:11 INFO  AbstractConnector:318
```

图 10.4　SparkPi 的运算结果

Spark Shell 提供了简单的方式来调用 API，也提供了交互的方式来分析数据。Spark Shell 支持 Scala 和 Python，接下来选择 Scala 进行介绍。

Scala 是 Spark 的主要编程语言，如果仅仅是写 Spark 应用，并非一定要用 Scala，用 Java、Python 都是可以的。使用 Scala 的优势是开发效率更高、代码更精简，并且可以通过 Spark Shell 进行交互式实时查询，方便排查问题。

通过执行如下命令启动 Spark Shell。

[root@hadoop0 spark]# spark-shell

运行结果如图 10.5 所示。

```
Spark context Web UI available at http://hadoop0:4040
Spark context available as 'sc' (master = spark://hadoop0:7077, app id = app-2
Spark session available as 'spark'.
Welcome to
      ____              __
     / __/__  ___ _____/ /__
    _\ \/ _ \/ _ `/ __/  '_/
   /___/ .__/\_,_/_/ /_/\_\   version 2.3.2
      /_/

Using Scala version 2.11.8 (Java HotSpot(TM) 64-Bit Server VM, Java 1.8.0_152)
Type in expressions to have them evaluated.
Type :help for more information.

scala>
```

图 10.5　Spark Shell 运算结果

从图 10.5 可见，我们也可以通过 http://hadoop0:4040 和 http://hadoop0:8080 两个 URL 来查看 Spark 的运行状态信息，如图 10.6 和图 10.7 所示。

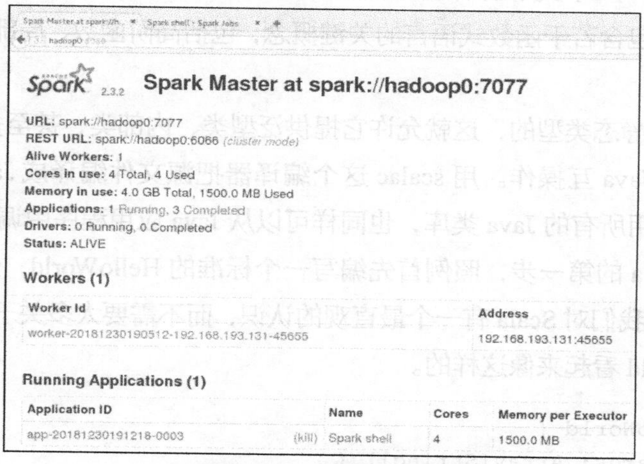

图 10.6　Spark Master 信息

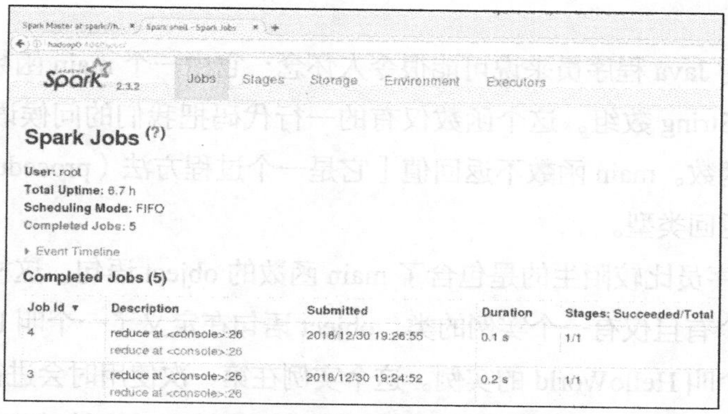

图 10.7　Spark Jobs 信息

10.1.3　由 Java 到 Scala

Spark 内存计算框架由 Scala 语言编写，其交互式环境也支持直接编写 Scala 表达式来进行数据操作，因此在介绍 Spark 之前，首先来了解 Scala 和 Java 的区别。

Scala 是一门多范式的编程语言，一种类似 Java 的编程语言，设计初衷是实现可伸缩的语言，并集成面向对象编程和函数式编程的各种特性。

Scala 具备如下的核心特征。

（1）Scala 中的每个值都是一个对象，包括基本数据类型（即布尔值、数字等）在内，连函数也是对象。

（2）与只支持单继承的语言相比，Scala 具有更广泛意义上的类重用。Scala 允许定义新类的时候重用"一个类中新增的成员定义"。

（3）Scala 还包含若干函数式语言的关键概念，包括高阶函数、局部套用、嵌套函数、序列解读等。

（4）Scala 是静态类型的，这就允许它提供泛型类、内部类，甚至多态方法。

Scala 可以与 Java 互操作。用 scalac 这个编译器把源文件编译成 Java 的 class 文件，可以从 Scala 中调用所有的 Java 类库，也同样可以从 Java 应用程序中调用 Scala 的代码。

作为学习 Scala 的第一步，照例首先编写一个标准的 HelloWorld，这个虽然不是很有趣，但是它可以让我们对 Scala 有一个最直观的认识，而不需要太多关于这个语言的知识。Scala 的 Hello World 看起来像这样的。

```
object HelloWorld {
  def main(args: Array[String]) {
    println("Hello, world!")
  }
}
```

程序的结构对 Java 程序员来说可能很令人怀念：它由一个 main 函数来接收命令行参数，也就是一个 String 数组。这个函数仅有的一行代码把我们的问候语传递给了一个叫 println 的预定义函数。main 函数不返回值［它是一个过程方法（procedure method）］，所以也不需要声明返回类型。

对于 Java 程序员比较陌生的是包含了 main 函数的 object 语句。这样的语句定义了一个单例对象：一个有且仅有一个实例的类。object 语句在定义了一个叫 HelloWorld 的类的同时还定义了一个叫 HelloWorld 的实例。这个实例在第一次使用时会进行实例化。

main 函数并没有使用 static 修饰符，这是由于静态成员（方法或者变量）在 Scala 中并不存在。Scala 从不定义静态成员，而通过定义单例 object 取而代之。

Scala 的一个强项在于可以很简单地与已有的 Java 代码交互，所有 Java.lang 中的类都已经被自动导入，而其他的类需要显式声明导入。

如果希望对日期进行格式化处理，比如说用法国的格式，Java 类库定义了一系列很有用的类，比如 Date 和 DateFormat。由于 Scala 与 Java 能够进行很好的交互，所以不需要在 Scala 类库中实现等效的代码，而只需直接把 Java 的相关类导入即可。

```
import java.util.{Date, Locale}
import java.text.DateFormat
import java.text.DateFormat._
object FrenchDate {
```

```
def main(args: Array[String]) {
    val now = new Date
    val df = getDateInstance(LONG, Locale.FRANCE)
    println(df format now)
}
```

Scala 的 import 语句看上去与 Java 的 import 语句非常相似,但是它更加强大。可以使用大括号来导入同一个包里的多个类,就像上面代码中第一行所做的那样。另一个不同点是当导入一个包中所有的类或者符号时,应该使用下划线(_)而不是星号(*)。这是由于星号在 Scala 中是一个有效的标识符(如作为方法名称)。

第三行的 import 语句导入了 DataFormat 类中的所有成员,这使得静态方法 getDateInstance 和静态变量 LONG 可以被直接引用。

在 main 函数中,首先建立了一个 Java 的 Date 实例。这个实例默认会包含当前时间。接下来使用刚才导入的静态函数 getDateInstance 定义了日期格式。最后将使用 DataFotmat 格式化好的日期打印了出来。最后一行代码显示了 Scala 的一个有趣的语法,即只有一个参数的函数可以使用下面这样的表达式来表示。

```
df format now
```

其实就是下面冗长的表达式的简洁写法。

```
df.format(now)
```

Scala 中可以直接继承或者实现 Java 中的接口和类。

Scala 是一个纯面向对象的语言,于是在 Scala 中万物皆对象,包括数字和函数。在这方面,Scala 与 Java 存在很大不同:Java 区分原生类型(比如 boolean 和 int)和引用类型,并且不能把函数当作变量操纵。

由于数字本身就是对象,所以它们也有方法。事实上平时使用如下算数表达式。

```
1 + 2 * 3 / x
```

它是由方法调用组成的,它等效于下面的表达式。

```
(1).+(((2).*(3))./(x))
```

这也意味着 +、-、*、/ 在 Scala 中也是有效的名称。

函数在 Scala 语言里面也是一个对象,也许这对于 Java 程序员来说会感到比较惊讶。于是把函数作为参数进行传递、把它们存储在变量中、当作另一个函数的返回值都是可能的。把函数当成值进行操作是函数型编程语言的基石。

为了解释为什么把函数当作值进行操作是十分有用的,可以考虑一个计时器函数。这个函数的目的是每隔一段时间就执行某些操作。那么如何把要做的操作传入计时器呢?可以把它当作一个函数。这种函数对于经常进行用户界面编程的程序员来说是最熟悉的：注册一个回调函数以便在事件发生后得到通知。

在下面的程序中，计时器函数被叫作 oncePerSceond，它接收一个回调函数作为参数。这种函数的类型被写作 () => Unit，它们不接收任何参数也没有任何返回（Unit 关键字类似于 C/C++ 中的 void）。程序的主函数调用计时器并传递一个打印某个句子的函数作为回调。换句话说，这个程序永无止境地每秒打印一个"time flies like an arrow"。

```
object Timer {
  def oncePerSecond(callback: () => Unit) {
    while (true) { callback(); Thread sleep 1000 }
  }
  def timeFlies() {
    println("time flies like an arrow...")
  }
  def main(args: Array[String]) {
    oncePerSecond(timeFlies)
  }
}
```

可以把这个程序改得更加易于理解。首先定义函数 timeFlies 的唯一目的就是当作传给 oncePerSecond 的参数。这么看来给这种只用一次的函数命名似乎没有什么太大的必要，事实上可以在用到这个函数的时候再定义它。这些可以通过匿名函数在 Scala 中实现，匿名函名的意思就是没有名字的函数。在新版的程序中将使用一个匿名函数来代替原来的 timeFlies 函数，程序看起来像这样的：

```
object TimerAnonymous {
  def oncePerSecond(callback: () => Unit) {
    while (true) { callback(); Thread sleep 1000 }
  }
  def main(args: Array[String]) {
    oncePerSecond(() =>
      println("time flies like an arrow..."))
  }
}
```

本例中的匿名函数使用了一个箭头（=>）把它的参数列表和代码分开。在这里参数列表是空的，所以在右箭头的左边写上了一对空括号。函数体内容与上面的 timeFlise 是相同的。

详细的 Scala 指导可参考易百教程上的 Scala 教程。

10.1.4 Spark 的应用

Spark 的主要抽象是分布式的元素集合，称为弹性分布式数据集（Resilient Distributed

Dataset，RDD），它可被分发到集群的各个节点上进行并行操作。RDD 可以通过 Hadoop InputFormats 创建（如 HDFS），或者从其他 RDD 转化而来。

例如，从 Spark 的 ./README 文件新建一个 RDD：

```
scala> val textFile = sc.textFile("file:///usr/local/spark/README.md")
```

然后统计文件内容行数：

```
scala> textFile.count()
```

结果如图 10.8 所示。

```
scala> val textFile = sc.textFile("file:///usr/local/spark/README.md")
textFile: org.apache.spark.rdd.RDD[String] = file:///usr/local/spark/README.md
<console>:24

scala> textFile.count()
res6: Long = 103
```

图 10.8　统计文件内容行数

代码中通过 "file://" 前缀指定读取本地文件。Spark Shell 默认是读取 HDFS 中的文件，需要先上传文件到 HDFS 中，否则会有 "org.apache.hadoop.mapred.InvalidInputException: Input path does not exist" 的错误提示。

RDD 是一种特殊集合，支持多种来源，有容错机制，可以被缓存，支持并行操作，一个 RDD 代表一个分区里的数据集。RDD 有两种操作算子。

（1）Transformation（转换）：Transformation 属于延迟计算，当一个 RDD 转换成另一个 RDD 时并没有立即进行转换，仅仅是记住了数据集的逻辑操作。

（2）Ation（执行）：触发 Spark 作业的运行，真正触发转换算子的计算。

接下来展示一些简单的 Spark 操作。首先是 count() 和 first() actions 操作。count() 操作可以返回数据集的大小，也就是数据集中有多少条数据，和 MapReduce 一样，Spark 默认情况下会将输入源数据文件的每一行数据切分成数据集中的一个元素，而 first() 会直接返回数据集中的第一个元素。

还可以通过 filter transformation 来返回一个新的 RDD。filter 提供了一个元素过滤器，只有符合过滤条件的元素才会被包含到新集合中。如图 10.9 所示示例是统计 /usr/local/spark/README.md 文件中含有 Spark 的内容行数。

```
scala> val linesWithSpark = textFile.filter(line => line.contains("Spark"))
linesWithSpark: org.apache.spark.rdd.RDD[String] = MapPartitionsRDD[2] at filter

scala> linesWithSpark.count()
res3: Long = 20

scala>
```

图 10.9　统计文件内容含 Spark 行数

RDD 的 actions 和 transformations 可用在更复杂的计算中，例如通过如图 10.10 所示的代码可以找到包含单词最多的那一行内容共有多少个单词。

```
scala> textFile.map(line => line.split(" ").size).reduce((a, b) => if (a > b) a else b)
res4: Int = 22

scala>
```

图 10.10 统计包含单词最多的那一行内容共有多少个单词

代码首先将每一行内容 map 为一个整数，这将创建一个新的 RDD，并在这个 RDD 中执行 reduce 操作，找到最大的数。map()、reduce() 中的参数是 Scala 的函数字面量，并且可以使用语言特征或 Scala/Java 的库。例如，通过使用 Math.max() 函数（需要导入 Java 的 Math 库），可以使上述代码更容易理解，如图 10.11 所示。

```
scala> textFile.map(line => line.split(" ").size).reduce((a, b) => Math.max(a,b))
res5: Int = 22

scala>
```

图 10.11 统计包含单词最多的那一行内容共有多少个单词

Hadoop MapReduce 是常见的数据流模式，在 Spark 中同样可以实现单词数统计。

```
scala> val textFile=sc.textFile("file:///usr/local/spark/README.md")
scala> val wordCounts = textFile.flatMap(line => line.split(" ")).map(word => (word, 1)).reduceByKey((a, b) => a + b)
scala> wordCounts.collect
```

运行结果如图 10.12 所示。

```
scala> val textFile=sc.textFile("file:///usr/local/spark/README.md")
textFile: org.apache.spark.rdd.RDD[String] = file:///usr/local/spark/README.md MapPa
rtitionsRDD[13] at textFile at <console>:24

scala> val wordCounts = textFile.flatMap(line => line.split(" ")).map(word => (word,
 1)).reduceByKey((a, b) => a + b)
wordCounts: org.apache.spark.rdd.RDD[(String, Int)] = ShuffledRDD[16] at reduceByKey
 at <console>:25

scala> wordCounts.collect
res8: Array[(String, Int)] = Array((package,1), (this,1), (Version"](http://spark.ap
                         /building-spark.html#specifying-the-hadoop-version),1), (Because
,1), (Python,2), (page](http://                    /documentation.html),,1), (cluster.,1
), (its,1), ([run,1), (general,3), (have,1), (pre-built,1), (YARN,,1), (locally,2),
 (changed,1), (locally.,1), (sc.parallelize(1,1), (only,1), (several,1), (This,2), (b
asic,1), (Configuration,1), (learning,,1), (documentation,3), (first,1), (graph,1),
 (Hive,2), (info,1), (["Specifying,1), ("yarn",1), ([params]`.,1), ([project,1), (pre
fer,1), (SparkPi,2), (<http://                    />,1), (engine,1), (version,1), (file,
1), (documentation,,1), (MASTER,1), (example,3), (["Parallel,1), (are,1), (params,1)
, (scala>,1), (DataFrames,,1), (provides,...

scala>
```

图 10.12 Spark 版单词数统计

Spark 函数分为 Transformations 操作和 Actions 操作。Transformations 操作是 Lazy 懒加载的，也就是说从一个 RDD 转换生成另一个 RDD 的操作不是立刻执行，Spark 在遇到 Transformations 操作时只会记录需要这样的操作，并不会去执行，需要等到有 Actions 操作的时候才会真正启动计算过程进行计算。Actions 操作会返回结果或把 RDD 数据写到存储系统中。Actions 是触发 Spark 启动计算的动因。

表 10.1 是常用的 Spark 函数，更多函数可以参考 Spark 官网上的 Spark 文档。

表 10.1 常用的 Spark 函数

转换	作用
reduce(func)	通过函数 func 聚集数据集中的所有元素。func 函数接收两个参数，返回一个值。这个函数必须是关联性的，确保可以被正确地并发执行
collect()	在 Driver 的程序中，以数组的形式返回数据集的所有元素。这通常会在使用 filter 或者其他操作后，返回一个足够小的数据子集再使用，直接将整个 RDD 集 Collect 返回，很可能会让 Driver 程序 OOM
count()	返回数据集的元素个数
take(n)	返回一个数组，由数据集的前 n 个元素组成。注意：这个操作目前并非在多个节点上并行执行，而是 Driver 程序所在机器，单机计算所有的元素（Gateway 的内存压力会增大，需要谨慎使用）
first()	返回数据集的第一个元素，类似于 take（1）
saveAsTextFile(path)	将数据集的元素以 textfile 的形式保存到本地文件系统、HDFS 或者任何其他 Hadoop 支持的文件系统。Spark 将调用每个元素的 toString 方法，并将它转换为文件中的一行文本
saveAsSequenceFile(path)	将数据集的元素以 sequencefile 的格式保存到指定的目录、本地系统、HDFS 或者任何其他 Hadoop 支持的文件系统。RDD 的元素必须由 key-value 对组成，并都实现了 Hadoop 的 Writable 接口，或隐式可以转换为 Writable（Spark 包括基本类型的转换，例如 Int、Double、String 等）
foreach(func)	在数据集的每一个元素上运行函数 func。这通常用于更新一个累加器变量或者与外部存储系统进行交互

下面展示一个基本的 RDD transformations 示例。RDD 包含 {1, 2, 3, 3}，transformations 操作示例如表 10.2 所示。

表 10.2 RDD transformations 操作示例

函数名	功能	例子	结果
map()	对每个元素应用函数	rdd.map(x => x + 1)	{2, 3, 4, 4}
flatMap()	压扁，常用来抽取单词	rdd.flatMap(x => x.to(3))	{1, 2, 3, 2,3, 3, 3}
filter()	过滤	rdd.filter(x => x != 1)	{2, 3, 3}
distinct()	去重	rdd.distinct()	{1, 2, 3}

RDD transformations 也支持两个 RDD 的集合操作。一个 RDD 包含 {1, 2, 3}，另一个 RDD 包含 {3, 4, 5}，两个 RDD 的集合操作示例如表 10.3 所示。

表 10.3　RDD 集合操作示例

函数名	功能	例子	结果
union()	并集	rdd.union(other)	{1, 2, 3, 3, 4, 5}
intersection()	交集	rdd.intersection(other)	{3}
subtract()	取存在第一个 RDD 而不存在第二个 RDD 的元素（使用场景，机器学习中，移除训练集）	rdd.subtract(other)	{1, 2}
cartesian()	笛卡儿积	rdd.cartesian(other)	{(1, 3), (1,4), …(3,5)}

RDD action 操作示例如表 10.4 所示。

表 10.4　RDD action 操作示例

函数名	功能	例子	结果
collect()	返回 RDD 的所有元素	rdd.collect()	{1, 2, 3, 3}
count()	计数	rdd.count()	4
countByValue()	返回一个 map，表示唯一元素出现的个数	rdd.countByValue()	{(1, 1),(2, 1),(3, 2)}
take(num)	返回几个元素	rdd.take(2)	{1, 2}
top(num)	返回前几个元素	rdd.top(2)	{3, 3}
reduce(func)	合并 RDD 中元素	rdd.reduce((x, y) => x + y)	9
foreach(func)	对 RDD 的每个元素作用函数，什么也不返回	rdd.foreach(func)	什么也没有

Spark 可以使用 persist 和 cache 方法将任意 RDD 缓存到内存、磁盘文件系统中。缓存是容错的，如果一个 RDD 分片丢失，可以通过构建它的 transformation 自动重构。被缓存的 RDD 被使用时，存取速度会大大加速。一般的 executor 内存 60% 做 cache，剩下的 40% 做 task。

Spark 中，RDD 类可以使用 cache() 和 persist() 方法来缓存。cache() 是 persist() 的特例，将该 RDD 缓存到内存中。而 persist 可以指定一个 StorageLevel 标识存储级别。

Spark 有不同的存储级别 StorageLevel，目的是满足内存使用和 CPU 效率权衡上的不同需求，建议通过以下的步骤来进行选择。

（1）如果 RDD 可以很好地与默认的存储级别（MEMORY_ONLY）契合，就不需要做任何修改。这已经是 CPU 使用效率最高的选项，它使得 RDD 的操作尽可能地快。

（2）如果不行，试着使用 MEMORY_ONLY_SER 并且选择一个快速序列化的库使得对象在有比较高的空间使用率的情况下,依然可以较快被访问。

(3)尽可能不要存储到硬盘上,除非计算数据集的函数,计算量特别大,或者它们过滤了大量的数据。否则,重新计算一个分区的速度,与从硬盘中读取基本差不多快。

(4)如果要有快速故障恢复能力,使用复制存储级别(如用 Spark 来响应 Web 应用的请求)。所有的存储级别都有通过重新计算丢失数据恢复错误的容错机制,但是复制存储级别可以让用户在 RDD 上持续地运行任务,而不需要等待丢失的分区被重新计算。

(5)如果要定义用户自己的存储级别,可以使用 StorageLevel 单例对象的 apply() 方法。

(6)在不使用 cached RDD 的时候,应及时使用 unpersist 方法来释放它。

并行化集合是通过调用 SparkContext 的 parallelize 方法,在一个已经存在的 Scala 集合上创建的一个序列化对象。集合的对象将会被复制,创建出一个可以被并行操作的分布式数据集。例如,根据能启动的 executor 的数量来切分多个 slice,每一个 slice 启动一个 Task 来进行处理。

10.1.5　Spark 入门示例

下面的 Spark 入门示例是统计 Spark 提供的 README.md 文件中含有字母 a 和字母 b 的行数,分别用 Scala 和 Java 两种语言实现。

Spark 入门示例 Scala 版源码如下。

```
/* SimpleApp.scala */
import org.apache.spark.SparkContext
import org.apache.spark.SparkContext._
import org.apache.spark.SparkConf

object SimpleApp {
  def main(args: Array[String]) {
    //val logFile = "hdfs://hadoop0:9000/README.md";
    val logFile = "file:///usr/local/spark/README.md";
    val conf = new SparkConf().setAppName("Simple Application").setMaster("local")
    val sc = new SparkContext(conf)
    val logData = sc.textFile(logFile, 2).cache()
    val numAs = logData.filter(line => line.contains("a")).count()
    val numBs = logData.filter(line => line.contains("b")).count()
    println("Lines with a: %s, Lines with b: %s".format(numAs, numBs))
  }
}
```

Scala IDE 中运行此程序之前必须先添加 Spark 依赖的 jar 包。右键单击工程名 → Properties → Java Build Path → Libraries → Add External JARs...，然后将 /usr/local/spark/jars 目录下的全部 jar 包添加进来，如图 10.13 所示。

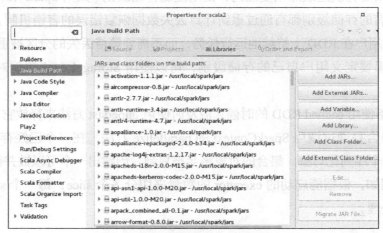

图 10.13　添加 Spark jar 包

运行结果如图 10.14 所示。

图 10.14　运行结果

由图 10.13 可知，Spark 提供的 README.md 文件中含有字母 a 共 61 行，含有字母 b 共 30 行。

注意： 如果用 Scala IDE 运行时报错，则需要在工程属性中设置 Scala Compiler，将 Scala Installation 设置为 "Fixed Scala Installation 2.11.11 (built-in)"，如图 10.15 所示。

```
Description Resource Path Location Type
akka-actor_2.11-2.3.10.jar of scala2 build path is cross-compiled with
an incompatible version of Scala (2.11.0). In case this report is mistaken,
this check can be disabled in the compiler preference page. scala2  Unknown
Scala Version Problem
```

Spark 入门示例 Java 版源码如下。

```
import org.apache.spark.api.java.*;
```

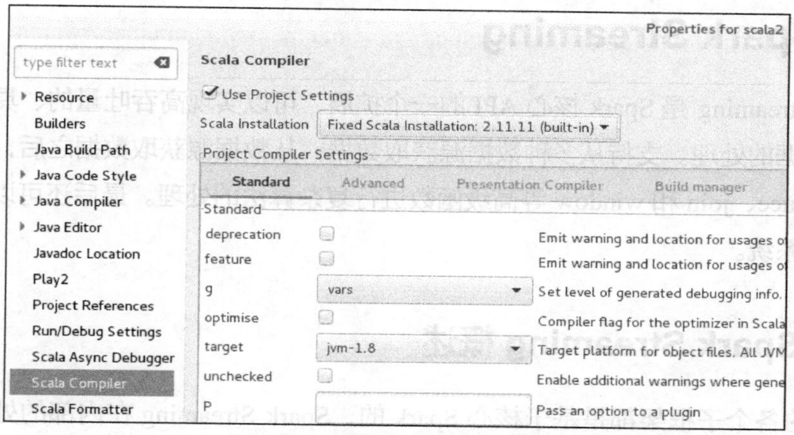

图 10.15 设置 Scala 编译器

```
import org.apache.spark.SparkConf;
import org.apache.spark.api.java.function.Function;
public class SimpleApp2 {
  public static void main(String[] args) {
    String logFile = "hdfs://hadoop0:9000/README.md";
    // String logFile = "file:///usr/local/spark/README.md";
    SparkConf conf = new SparkConf().setAppName("Simple Application").setMaster("local");
    JavaSparkContext sc = new JavaSparkContext(conf);
    JavaRDD<String> logData = sc.textFile(logFile).cache();
    long numAs = logData.filter(new Function<String, Boolean>() {
      public Boolean call(String s) {
        return s.contains("a");
      }
    }).count();
    long numBs = logData.filter(new Function<String, Boolean>() {
      public Boolean call(String s) {
        return s.contains("b");
      }
    }).count();
    System.out.println("Lines with a: " + numAs + ", lines with b: " + numBs);
  }
}
```

要运行此示例，必须先将 /usr/local/spark/README.md 文件上传到 HDFS 的根目录下。

```
hadoop fs -put /usr/local/spark/README.md /
```

然后将 /usr/local/spark/jars 目录下的全部 jar 包添加进来。运行结果与 Scala 版类似。

10.2 Spark Streaming

Spark Streaming 是 Spark 核心 API 的一个扩展，可以实现高吞吐量的、具备容错机制的实时流数据的处理。支持从多种数据源获取数据，从数据源获取数据之后，可以使用诸如 map、reduce、join 和 window 等高级函数进行复杂算法的处理。最后还可以将处理结果存储到文件系统。

10.2.1 Spark Streaming 概述

Spark 的各个子框架都是基于核心 Spark 的，Spark Streaming 在内部的处理机制是，接收实时流的数据，并根据一定的时间间隔拆分成一批批的数据，然后通过 Spark Engine 处理这些批数据，最终得到处理后的一批批结果数据。

对应的批数据，在 Spark 内核对应一个 RDD 实例，因此，对应流数据的 DStream 可以看成是一组 RDDs，即 RDD 的一个序列。通俗点理解的话就是，在流数据分成一批一批后，通过一个先进先出的队列，然后 Spark Engine 从该队列中依次取出一个个批数据，把批数据封装成一个 RDD，然后进行处理，这是一个典型的生产者消费者模型，对应的就有生产者消费者模型的问题，即如何协调生产速率和消费速率。

Spark Engine 与另一个流计算框架 Storm 的比较如下。

（1）Storm 是由 BackType 和 Twitter 开发的，Spark Streaming 是在加州大学伯克利分校开发的，都由 Apache 开源。

（2）Storm 处理的是每次传入的一个事件，而 Spark Streaming 是处理某个时间段窗口内的事件流。因此，Storm 处理一个事件可以达到秒内的延迟，而 Spark Streaming 则有几秒的延迟。

（3）Storm 初次是由 Clojure 实现的，而 Spark Streaming 是使用 Scala，都支持 Java。

（4）Spark Streaming 一个好的特性是其运行在 Spark 上，这样用户能够编写批处理的同样代码，而不需要编写单独的代码来处理实时流数据，并可与 Spark SQL、MLLib、Graphx 等紧密集成。

（5）Spark Streaming 吞吐量更大，Storm 延迟更低。

SparkStream 术语定义如下。

（1）离散流（discretized stream）或 DStream：这是 Spark Streaming 对内部持续的实时数据流的抽象描述。

（2）批数据（batch data）：将实时流数据以时间片为单位进行分批，将流处理转化为时间片数据的批处理。

（3）时间片或批处理时间间隔（batch interval）：以时间片作为拆分流数据的依据。一个时间片的数据对应一个 RDD 实例。

（4）窗口长度（window length）：一个窗口覆盖的流数据的时间长度。必须是批处理时间间隔的倍数。

（5）滑动时间间隔：前一个窗口到后一个窗口所经过的时间长度。必须是批处理时间间隔的倍数。

（6）Input DStream：一个 Input DStream 是一个特殊的 DStream，将 Spark Streaming 连接到一个外部数据源来读取数据。

10.2.2 Spark Streaming 示例

作为构建于 Spark 之上的应用框架，Spark Streaming 承袭了 Spark 的编程风格，对于已经了解 Spark 的用户来说能够快速地上手。接下来以 Spark Streaming 官方提供的 WordCount 代码为例，介绍 Spark Streaming 的使用方式。

首先新建一个网络模拟器类 SaleSimulation.scala，其作用是读取 /usr/local/spark/README.md 文件，接受客户端连接，每秒从文件中随机选取一行内容，发往客户端。再由客户端对接收到的内容作单词计数的统计。SaleSimulation.scala 源码如下：

```scala
import java.io.{ PrintWriter }
import java.net.ServerSocket
import scala.io.Source

object SaleSimulation {
// 产生随机数
  def randomIndex(length: Int) = {
    import java.util.Random
    val rdm = new Random
    rdm.nextInt(length)
  }
  def main(args: Array[String]): Unit = {
    // 读取文件
    val filename = "/usr/local/spark/README.md"
    val lines = Source.fromFile(filename).getLines.toList
    val filerow = lines.length
    val serverSocket = new ServerSocket(9999)
    while (true) {
// 对每个连接客户端产生一个新的线程
      val socket = serverSocket.accept()
```

```
            new Thread() {
              override def run = {
                println("Got client connected from :" + socket.getInetAddress)
                val out = new PrintWriter(socket.getOutputStream(), true)
                while (true) {
                  // 每隔1秒，发送文件中的随机一行内容
                  Thread.sleep(1000)
                  val content = lines(randomIndex(filerow))
                  println(content)
                  out.write(content + "\n")
                  out.flush()
                }
                socket.close()
              }
            }.start()
          }
        }
      }
```

接下来编写客户端程序 NetworkWordCount.scala，其作用是建立 StreamingContext，每秒钟从主机 hadoop0 的 9999 端口读取一次网络数据，然后对接收到的数据，统计每个单词的出现次数。NetworkWordCount.scala 的源码如下。

```
import org.apache.spark.SparkConf
import org.apache.spark.streaming.{ Seconds, StreamingContext }
import org.apache.spark.storage.StorageLevel

object NetworkWordCount {
  def main(args: Array[String]) {
    // Create a local StreamingContext with two working thread and batch interval of 1 second.
    // The master requires 2 cores to prevent from a starvation scenario.
    val conf = new SparkConf().setMaster("local[2]").setAppName("NetworkWordCount")
    val ssc = new StreamingContext(conf, Seconds(1))
    // Create a DStream that will connect to hostname:port, like localhost:9999
    val lines = ssc.socketTextStream("hadoop0", 9999)
    // Split each line into words
    val words = lines.flatMap(_.split(" "))
    import org.apache.spark.streaming.StreamingContext._
    // Count each word in each batch
    val pairs = words.map(word => (word, 1))
    val wordCounts = pairs.reduceByKey(_ + _)
```

```
    // Print the first ten elements of each RDD generated in this DStream
to the console
    wordCounts.print()
    ssc.start() //Start the computation
    ssc.awaitTermination() //Wait for the computation to terminate
  }
}
```

上面程序的执行流程解析如下。

1．创建 StreamingContext 对象

使用 Spark Streaming 就需要创建 StreamingContext 对象。创建 StreamingContext 对象所需的参数与 SparkContext 基本一致，包括指明 Master、设定名称。需要注意的是参数 Seconds(1)，Spark Streaming 需要指定处理数据的时间间隔，如上例所示的 1 秒，那么 Spark Streaming 会以 1 秒为时间窗口进行数据处理。此参数需要根据用户的需求和集群的处理能力进行适当的设置。

2．创建 InputDStream

Spark Streaming 需要指明数据源。如上例所示的 SocketTextStream，Spark Streaming 以 Socket 连接作为数据源读取数据。当然，Spark Streaming 支持多种不同的数据源，包括 Kafka、Flume、HDFS/S3、Kinesis 和 Twitter 等。

3．操作 DStream

对于从数据源得到的 DStream，用户可以在其基础上进行各种操作，如上例所示的操作就是一个典型的 WordCount 执行流程：对于当前时间窗口内从数据源得到的数据首先进行分割，然后利用 Map 和 ReduceByKey 方法进行计算，最后使用 print() 方法输出结果。

4．启动 Spark Streaming

之前进行的所有步骤只是创建了执行流程，程序没有真正连接上数据源，也没有对数据进行任何操作，只是设定好了所有的执行计划，当 ssc.start() 启动后程序才真正进行所有预期的操作。

运行程序，首先要将 /usr/local/spark/jars 目录下的全部 jar 包添加进来，然后运行 SaleSimulation.scala 发送数据，再运行 NetworkWordCount .scala 接收并统计数据。运行结果如图 10.16 所示。

```
 Problems  Tasks  Console ☒
<terminated> NetworkWordCount$ [Scala Application] /usr/lib/jvm/java-1.8.0-openjdk-1.8.0.102-4.b14.
2018-12-31 19:28:46 INFO   ShuffleBlockFetcherIterator:54
2018-12-31 19:28:46 INFO   Executor:54 - Finished task 0.
2018-12-31 19:28:46 INFO   TaskSetManager:54 - Finished ta
2018-12-31 19:28:46 INFO   TaskSchedulerImpl:54 - Removed
2018-12-31 19:28:46 INFO   DAGScheduler:54 - ResultStage 5
2018-12-31 19:28:46 INFO   DAGScheduler:54 - Job 28 finish
-------------------------------------------
Time: 1546313326000 ms
-------------------------------------------
(package,1)
(,4)
(build/mvn,1)
(-DskipTests,1)
(clean,1)
2018-12-31 19:28:46 INFO   JobScheduler:54 - Finished job
2018-12-31 19:28:46 INFO   JobScheduler:54 - Total delay:
```

图 10.16　运行结果

10.3　Spark SQL

Spark SQL 的前身是 Shark，目的是为了给熟悉 RDBMS 但不理解 MapReduce 的技术人员提供快速上手的工具。Spark SQL 类似于 Hive，但 Spark SQL 可以不依赖于 Hadoop，而且运算速度比 Hive 要快。

10.3.1　Spark SQL 概述

为处理 Hadoop 上的结构化数据，Hive 应运而生，是当时唯一运行在 Hadoop 上的 SQL-on-Hadoop 工具。但是 MapReduce 计算过程中大量的中间磁盘落地过程消耗了大量的 I/O，降低了运行效率，为了提高 SQL-on-Hadoop 的效率，大量的 SQL-on-Hadoop 工具开始产生，其中表现较为突出的是 Spark SQL、MapR 的 Drill、Cloudera 的 Impala 和 Shark。

Shark 是 Spark 生态环境的组件之一，它修改了内存管理、物理计划、执行 3 个模块，并使之能运行在 Spark 引擎上，从而使得 SQL 查询的速度得到 10～100 倍的提升。

随着 Spark 的发展，Shark 对于 Hive 的太多依赖（如采用 Hive 的语法解析器、查询优化器等）制约了 Spark 的 One Stack Rule Them All 的既定方针，制约了 Spark 各个组件的相互集成，所以提出了 Spark SQL 项目。Spark SQL 抛弃原有 Shark 的代码，汲取了 Shark 的一些优点，如内存列存储（In-Memory Columnar Storage）、Hive 兼容性等，重新开发了 Spark SQL 代码。由于摆脱了对 Hive 的依赖，Spark SQL 无论在数据兼容、性能优化还是组件扩展方面都得到了极大的方便，表现在以下 3 个方面。

（1）数据兼容方面，不但兼容 Hive，而且可以从 RDD、parquet 文件、JSON 文件中获取数据，未来版本甚至支持获取 RDBMS 数据以及 cassandra 等 NOSQL 数据。

（2）性能优化方面，除了采取 In-Memory Columnar Storage、byte-code generation 等优化技术外，还将引进 Cost Model 对查询进行动态评估、获取最佳物理计划等。

（3）组件扩展方面，无论是 SQL 的语法解析器、分析器还是优化器都可以重新定义，进行扩展。

Spark SQL 的表数据在内存中存储不是采用原生态的 JVM 对象存储方式，而是采用内存列存储，该存储方式无论在空间占用量还是读取吞吐率上都占有很大优势。

对于原生态的 JVM 对象存储方式，每个对象通常要增加 12～16 字节的额外开销，对于一个 270MB 的 TPC-H lineitem table 数据，使用这种方式读入内存，要使用 970MB 左右的内存空间（通常是 2～5 倍于原生数据空间）。另外，使用这种方式，每个数据记录产生一个 JVM 对象，如果是大小为 200B 的数据记录，32GB 的堆栈将产生 1.6 亿个对象。这么多的对象，对于 GC 来说，可能要消耗几分的时间来处理（JVM 的垃圾收集时间与堆栈中的对象数量呈线性相关）。显然，这种内存存储方式对于基于内存计算的 Spark 来说，既很昂贵也负担不起。

对于内存列存储来说，将所有原生数据类型的列采用原生数组来存储，将 Hive 支持的复杂数据类型（如 array、map 等）先序化后并接成一个字节数组来存储。这样，每个列创建一个 JVM 对象，从而导致可以快速地 GC 和紧凑地数据存储。额外地，还可以使用低廉 CPU 开销的高效压缩方法（如字典编码、行长度编码等压缩方法）降低内存开销。更有趣的是，对于分析查询中频繁使用的聚合操作列，性能会得到很大的提高，原因就是这些列的数据放在一起，更容易读入内存进行计算。

10.3.2　spark-sql 命令

开启 Spark SQL，即可以使用和 Hive 类似的方法进行操作。所不同的是，Hive 的数据操作被翻译成了 MapReduce 任务，而 Spark SQL 的数据操作在 Spark 中执行。

我们可以输入 spark-sql 命令进入 Spark SQL 交互式界面。

```
[root@hadoop0 spark]# spark-sql
```

然后用 show tables 查看所有的表。

```
spark-sql>   show tables ;
```

用 create 创建表。

```
spark-sql>   create table users (id int,  name   string);
```

重新用 show tables 查看所有的表。

```
spark-sql>   show tables ;
```

可以看到刚刚创建的 users 表，如图 10.17 所示。

```
spark-sql> show tables ;
2018-12-31 23:00:14 INFO  HiveMetaStore:746
2018-12-31 23:00:14 INFO  audit:371 - ugi=ro
base: default
2018-12-31 23:00:14 INFO  HiveMetaStore:746
2018-12-31 23:00:14 INFO  audit:371 - ugi=ro
base: default
2018-12-31 23:00:14 INFO  HiveMetaStore:746
2018-12-31 23:00:14 INFO  audit:371 - ugi=ro
es: db=default pat=*
default	users	false
Time taken: 0.101 seconds, Fetched 1 row(s)
2018-12-31 23:00:15 INFO  SparkSQLCLIDriver:
 1 row(s)
spark-sql>
```

图 10.17   show tables 的运行结果

用 insert 插入数据。

```
spark-sql> insert into users values (1,'tom');
spark-sql> insert into users values (2,'john');
```

用 select 查询数据。

```
spark-sql> select * from users ;
```

可以看到刚刚插入的数据，如图 10.18 所示。

```
2018-12-31 23:06:13 INFO  TaskSetManager:54
 (executor 0) (3/3)
2018-12-31 23:06:13 INFO  TaskSchedulerImpl:
2018-12-31 23:06:13 INFO  DAGScheduler:54 -
2018-12-31 23:06:13 INFO  DAGScheduler:54 -
1      tom
2      john
Time taken: 4.972 seconds, Fetched 2 row(s)
2018-12-31 23:06:14 INFO  SparkSQLCLIDriver:
spark-sql>
```

图 10.18   select 的运行结果

如果 Spark 单独运行，则插入的数据默认保存在 /usr/local/spark/spark-warehouse/users 目录下；如果 Spark 运行在 Hadoop 之上，则插入的数据默认保存在 hdfs://hadoop0:9000/user/hive/warehouse/users 目录下。其中 users 目录根据表名称的不同而不同。可使用下列命名来查看此文件夹中的内容。

```
[root@hadoop0 users]# ll /usr/local/spark/spark-warehouse/users
```

结果如图 10.19 所示。

```
[root@hadoop0 users]# ll /usr/local/spark/spark-warehouse/users
total 8
-rwxrwxr-x 1 root w 7 Dec 31 23:05 part-00000-a6aaa27a-cbdc-4cad-
-rwxrwxr-x 1 root w 6 Dec 31 23:05 part-00000-dd43c517-ca15-4356-
[root@hadoop0 users]#
```

图 10.19　查看 Spark 文件夹

可见每条记录保存到了一个 part-00000 开头的文件中，两条记录就有两个 part-00000 开头的文件。我们进一步查看文件内容。

[root@hadoop0 users]# cat /usr/local/spark/spark-warehouse/users/part-00000-a6aaa27a-cbdc-4cad-aa62-258a68294a4a-c000

可见记录的具体内容，如图 10.20 所示。

```
[root@hadoop0 users]# cat /usr/local/spark/spark-warehouse/users/part-00000-a6aaa27a-cbdc-4cad-aa62-258a68294a4a-c000
2john
[root@hadoop0 users]#
```

图 10.20　查看 Spark 文件内容

10.3.3　使用 Scala 操作 Spark SQL

除了使用 Spark SQL 终端方式操作 Spark SQL 表以外，我们也可以用 Scala 语言来操作 Spark SQL 表。以下示例代码创建 people 表，从 /root/people.txt 文件加载数据到 people 表，然后查出表中年龄为 10 ~ 19 岁的年轻人。

```scala
import org.apache.spark.{ SparkConf, SparkContext }
// 创建用例类
case class Person(name: String, age: Int)
object HelloWorldForSparkSQL{
  def main(args: Array[String]) {
    // 创建 SQLContext
    val conf = new SparkConf().setAppName("Simple Application").setMaster("local")
    val sc = new SparkContext(conf)
    val sqlContext = new org.apache.spark.sql.SQLContext(sc)
    // 加载文件
    val people = sc.textFile("file:///root/people.txt").map(_.split(",")).map(p => Person(p(0), p(1).trim.toInt))
    val df = sqlContext.createDataFrame(people)
    // 注册表
    df.registerTempTable("people")
    // 条件查询
```

```
        val teenagers = sqlContext.sql("SELECT * FROM people WHERE age >= 10 
AND age <= 19")
        // 输出查询结果
    teenagers.collect().foreach(println)
    }
}
```

上例中用 case class Person(name: String, age: Int) 定义了一个用例类。当一个类被生成为 case class 时，Scala 会默认进行如下工作。

（1）如果参数不加 var/val 修改，默认为 val。

（2）自动创建伴生对象，实现 apply 方法，方便了我们在创建对象时不使用 new 方法。

（3）实现自己的 toString、hashCode、copy 和 equals 方法。

示例中用到的 /root/people.txt 文件的内容如图 10.21 所示。

```
[root@hadoop0 /]# cat /root/people.txt
tom,11
john,22
lisa,33
jack,14
[root@hadoop0 /]#
```

图 10.21　查看 people.txt 文件的内容

运行程序，首先要将 /usr/local/spark/jars 目录下的全部 jar 包添加进来，然后运行 HelloWorldForSparkSQL.scala 统计数据。运行结果如图 10.22 所示。

```
Problems  Tasks  Console
<terminated> HelloWorldForSparkSQL$ [Scala Application] /usr/lib/jvm/java-1.8.0-openjdk-1.8.0.102-4.b14.el7.x86_64
2018-12-31 23:54:52 INFO  TaskSchedulerImpl:54 - Removed TaskSet
2018-12-31 23:54:52 INFO  DAGScheduler:54 - ResultStage 0 (collec
2018-12-31 23:54:52 INFO  DAGScheduler:54 - Job 0 finished: colle
[tom,11]
[jack,14]
2018-12-31 23:54:52 INFO  SparkContext:54 - Invoking stop() from
2018-12-31 23:54:52 INFO  AbstractConnector:318 - Stopped Spark@2
```

图 10.22　HelloWorldForSpark SQL 的运行结果

10.4　小结

本章介绍了 Spark 的基础理论和入门实例，包括 Scala、Spark 安装、Spark Shell、Spark Streaming、Spark SQL 等，并给出一些可以运行的实例，读者可根据实例运行结果，仔细理解 Spark 的用法。当然，Spark 是一个非常庞大的体系，还包括 Spark MLib、Spark Graphx、SparkR 等很多内容，由于篇幅所限，没有介绍，读者可在此基础上作进一步研究。

10.5 配套视频

本章的配套视频有 4 个:

(1) Spark 安装;

(2) Spark 入门实例;

(3) Spark Streaming 实例分析及运行演示;

(4) Spark SQL 实例分析及运行演示。

读者可以从配套电子资源中获取。

第11章 Hadoop 及其常用组件集群安装

前面章节介绍的 Hadoop 及其相关组件都是伪分布式安装，用于学习是没有问题的。但在生产环境里，基本上会采取分布式即集群安装。本章将介绍如何采用集群模式安装 Hadoop、HBase、Hive、Spark。

本章涉及的主要知识点如下。

（1）Hadoop 集群安装：用 VMWare 虚拟 3 台服务器，搭建一个 Hadoop 集群环境。

（2）HBase 集群安装：在 Hadoop 集群环境的基础上，搭建 3 台服务器的 HBase 集群环境。

（3）Hive 集群安装：在 Hadoop 集群环境的基础上，搭建 3 台服务器的 Hive 集群环境。

（4）Spark 集群安装：在 Hadoop 集群环境的基础上，搭建 3 台服务器的 Spark 集群环境。

11.1 Hadoop 集群安装

在生产环境中，Hadoop 肯定是采用集群模式在多台服务器上进行安装的。考虑到大多数读者应该没有多台真实服务器可供做实验，本节采用 VMware 虚拟出 3 台服务器，并在这 3 台虚拟服务器上集群安装 Hadoop。

11.1.1 安装并配置 CentOS

1．安装 CentOS

按照第 2 章中的方法重新安装一台 CentOS 虚拟机，虚拟机文件位于 hadoop0 目录，作为 Master 主机。

2．关闭防火墙

在 CentOS 7 中，可以使用如下命令操作防火墙。

```
[root@hadoop0 ~]# systemctl stop firewalld.service        # 关闭防火墙
```

操作防火墙的其他命令如下。

```
[root@hadoop0 ~]# systemctl start firewalld.service       # 开启防火墙
[root@hadoop0 ~]# systemctl restart firewalld.service     # 重启防火墙
[root@hadoop0 ~]# systemctl status firewalld.service      # 查看防火墙状态
```

为了防止防火墙干扰，可以选择如下命令关闭防火墙，并禁止开机启动。

```
[root@hadoop0 ~]# systemctl stop firewalld.service        # 关闭防火墙
[root@hadoop0 ~]# systemctl disable firewalld.service     # 开机禁用防火墙
```

如图 11.1 所示。

```
[root@hadoop0 /]# systemctl stop firewalld.service
[root@hadoop0 /]# systemctl disable firewalld.service
Removed symlink /etc/systemd/system/dbus-org.fedoraproject.FirewallD1.service.
Removed symlink /etc/systemd/system/basic.target.wants/firewalld.service.
[root@hadoop0 /]#
```

图 11.1　关闭防火墙

注意： 在生产环境中，服务器防火墙是不能关闭的，否则会有重大安全风险。只能配置防火墙规划，打开特定端口。

3．禁用 selinux

要永久关闭 selinux 安全策略，可以修改 /etc/selinux/config，将 SELINUX=enforcing 改为 SELINUX=disabled，如图 11.2 所示。

```
[root@hadoop0 ~]#vi /etc/selinux/config
```

4．复制两份 VMware 虚拟机文件

将新安装的 CentOS 虚拟机文件另外复制两份，文件夹分别命名为 hadoop1 和 hadoop2，作为 slave 从机。并通过虚拟机设置选项将这 3 台机虚拟机名称分别设置为 hadoop0、hadoop1、hadoop2，主机 hadoop0 分配 8GB 内存，从机 hadoop1、hadoop2 各分配 1GB 内存，如图 11.3 所示。

```
# This file controls the state of SELinux on the
# SELINUX= can take one of these three values:
#     enforcing - SELinux security policy is enfo
#     permissive - SELinux prints warnings instea
#     disabled - No SELinux policy is loaded.
SELINUX=disabled
# SELINUXTYPE= can take one of three two values:
#     targeted - Targeted processes are protected
#     minimum - Modification of targeted policy.
#     mls - Multi Level Security protection.
SELINUXTYPE=targeted
```

图 11.2　禁用 selinux

图 11.3　虚拟机设置

5．设置 IP

在 3 台虚拟机上分别设置 IP。在 CentOS 7 的桌面上单击鼠标右键→Open Terminal，打开 shell 终端，使用"ip a"，查看 IP 地址，笔者的 IP 地址是 192.168.164.149。但这个自动获取的 IP 地址可能随网络环境的改变而改变，因此需要固定住它，如图 11.4 所示。

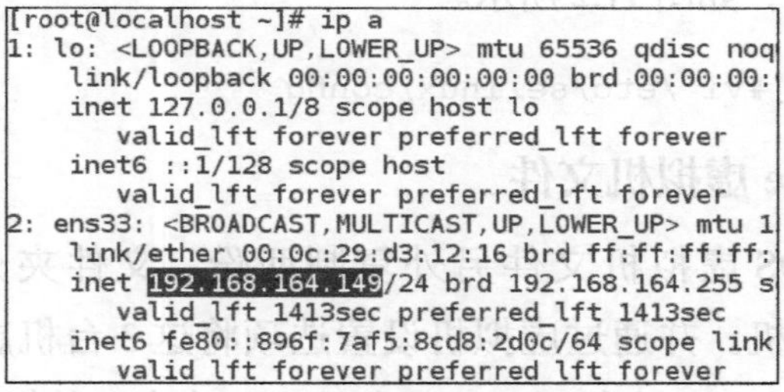

图 11.4　查看 IP 地址

单击 CentOS 7 桌面右上角网络图标→Wired→Wired Settings，如图 11.5 所示。单击右下角"设置"图标，如图 11.6 所示。

选择"IPv4"，在"Addresses"栏选中"Manual"手工指定 IP，在"Address"中输入框中输入自动获取的 IP 地址"192.168.164.149"，在"Netmask"栏中输入 255.255.255.0，Gateway（网关）的前三个数字与 IP 地址一样，最后一位数字设为 2，这里设为"192.168.164.2"。读者可根据自己的 IP 进行调整。然后单击"Apply"应用就完成了 IP 设置，如图 11.7 所示。

图 11.5 Wired Settings

图 11.6 Network Settings

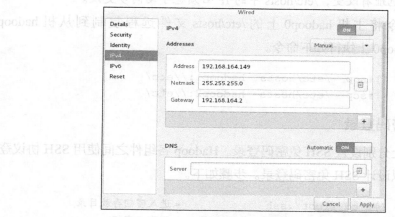

图 11.7 IP 设置

6．修改主机名

在 3 台虚拟机上分别修改主机名。要永久修改主机名，可以使用如下 shell 命令，修改主机名为 hadoop0。

```
[root@hadoop0 ~]#hostnamectl set-hostname   hadoop0
```

3 台虚拟机分别修改主机名为 hadoop0、hadoop1、hadoop2，如图 11.8 所示。

```
[root@hadoop0 ~]# hostnamectl set-hostname  hadoop0
[root@hadoop0 ~]# hostname
hadoop0
[root@hadoop0 ~]#
```

图 11.8 修改主机名

7．配置 hosts 文件

将 3 台机器的 IP 地址分别设置为 192.168.164.149、192.168.164.150、192.168.164.

151。3 台机器的主机名分别修改为 hadoop0、hadoop1、hadoop2。然后在 hadoop0 主机修改 /etc/hosts 文件，关联 IP 和主机名。

在 hadoop0 上使用 vi 编辑 /etc/hosts 文件。

```
[root@hadoop0 ~]#vi /etc/hosts
```

在文件末尾添加一行。

```
192.168.164.149 hadoop0
192.168.164.150 hadoop1
192.168.164.151 hadoop2
```

然后保存退出 vi。

注意： 如果 IP 地址有改变，/etc/hosts 中的 IP 必须也手动同步更改。

再使用 scp 命令将主机 hadoop0 上的 /etc/hosts 文件远程复制到从机 hadoop1 和 hadoop2 上。在 hadoop0 上执行如下命令。

```
[root@hadoop0 ~]#scp  /etc/hosts  hadoop1://etc/
[root@hadoop0 ~]#scp  /etc/hosts  hadoop2://etc/
```

8．设置 SSH 免密码登录

在 3 台虚拟机上分别设置 SSH 免密码登录。Hadoop 各组件之间使用 SSH 协议登录，为了免输密码，可以设计 SSH 免密码登录。步骤如下。

```
[root@hadoop0 /]# cd /root/.ssh          # 进入密钥存放目录
[root@hadoop0 .ssh]# rm -rf *            # 删除旧密钥
```

然后使用 ssh-keygen -t dsa 命令生成密码，过程中需要多次按回车键选取默认配置。

```
[root@hadoop0 ~]# ssh-keygen -t dsa
```

设置 SSH 免密码登录如图 11.9 所示。

```
[root@hadoop0 .ssh]# ssh-keygen -t dsa
Generating public/private dsa key pair.
Enter file in which to save the key (/root/.ssh/id_dsa):
Enter passphrase (empty for no passphrase):
Enter same passphrase again:
Your identification has been saved in /root/.ssh/id_dsa.
Your public key has been saved in /root/.ssh/id_dsa.pub.
The key fingerprint is:
7a:33:ea:82:a4:10:b6:34:10:d4:44:ce:bb:d7:75:ae root@hadoop0
The key's randomart image is:
+--[ DSA 1024]----+
|oo+o             |
|. o.             |
|.  o             |
|.+ .             |
|o.o.   S.        |
|... . ..o        |
|.o o ...+ .      |
|   . . o o o     |
|      oo E       |
+-----------------+
```

图 11.9　设置 SSH 免密码登录

将生成的密钥文件 id_dsa.pub 复制到 ssh 指定的密钥文件 authorized_keys 中。

```
[root@hadoop0 .ssh]# cat id_dsa.pub >>authorized_keys
```

如图 11.10 所示。

```
[root@hadoop0 .ssh]# cat id_dsa.pub >>authorized_keys
[root@hadoop0 .ssh]#
```

图 11.10　复制密钥

注意： authorized_keys 文件名不能写错，前后空格都不能有。

以上生成 SSH 访问密钥的操作需要在 hadoop0、hadoop1、hadoop2 上分别执行，然后 hadoop0、hadoop1、hadoop2 都生成了访问自己的密钥，但相互之间访问还是需要密钥。我们需要将 3 台机器的访问密钥分别复制到 3 台机器上，才可以实现 3 台机器相互之间免密钥访问。

将 hadoop0 的 SSH 访问密钥复制到 hadoop2，在 hadoop0 上执行以下命令。

```
[root@hadoop0 .ssh]#  ssh-copy-id -i /root/.ssh/id_dsa.pub  hadoop2
```

将 hadoop1 的 SSH 访问密钥复制到 hadoop2，在 hadoop1 上执行以下命令。

```
[root@hadoop1 .ssh]#  ssh-copy-id -i /root/.ssh/id_dsa.pub  hadoop2
```

这样 hadoop2 上就保存有 hadoop0、hadoop1、hadoop2 这 3 台机器的 SSH 访问密钥。查看 3 台机器的密钥文件，在 hadoop2 上执行以下命令。

```
[root@hadoop2 .ssh]# cat  /root/.ssh/authorized_keys
```

可见 hadoop0、hadoop1、hadoop2 这 3 台机器的 SSH 访问密钥都已生成，如图 11.11 所示。

```
[root@hadoop2 ~]# cat  /root/.ssh/authorized_keys
ssh-dss AAAAB3NzaC1kc3MAAACBAKqn3qnoxBuc9o38kYawwH
Glm4MgIKizCLP8d7j3F+os+0Zi34a0Nf/ZI6DDhd4HeZaluq8K
j+9xEwAAAIB3Z/ynZguxJKSjvRXyHVe0vreuoKkuI2bIJMMyPE
tnxz5oGo3x5yKeUr4YWORkZ75gsoX+fttB2icjN4sHGrOuYTfO
HUdKRwb7v60gKUd48PK+rtPkSzBMQX7D8W9BcoxblXLoPJXD1E
G5q7e8ww+AS3RFfy0= root@hadoop0
ssh-dss AAAAB3NzaC1kc3MAAACBANX/F/qRxzRuIvSstzhfFZ
aElDabti0ANjkVIBVq3MMYzu/gx2zJ16Rnb16jkto58tvnpmnI
6G2nOQAAAIEAooJtSth04yOSP5CUE4ESs5zRAmgk1jBCM89OKE
pAuh9vQJflbkVAw/fKL0DmsT8MbLoat3bZpgG+nlsFZpeUIoLX
qc61Q90tQ6/iPLSRAHlFD/qtZ4N0n9k0z2uLATF3u+3unJZQCW
DrUfDjM3OXzdJEJf6E root@hadoop1
ssh-dss AAAAB3NzaC1kc3MAAACBAOfR0nu3mmHoFAShpjB0Mj
oBd0ksJGe1B02MSQFENBHM0CIjH61uahSSD5OD6jmLD1kSDnLD
IH3WCwAAAIBLtmid81r4RXpFlut75derHF3q+q7duW1P8DJoLr
A7pgH2TXnsxBf4I6DIZs5ukbYTUXjfWjHK1QIyekt/hqmBjZ2Y
IulspIvTqvvPdc4kPnqYf6yOAeatZsYHGqw2drw2GcqCkVEKFv
rHgbRxrWVXrFIAFQ== root@hadoop2
```

图 11.11　3 台机器的访问秘钥

将 3 台机器的 SSH 访问密钥复制到 hadoop0，在 hadoop2 上执行以下命令。

```
[root@hadoop2 .ssh]# scp  /root/.ssh/authorized_keys  hadoop0:/root/.ssh/
```

将 3 台机器的 SSH 访问密钥复制到 hadoop1，在 hadoop2 上执行以下命令。

```
[root@hadoop2 .ssh]# scp  /root/.ssh/authorized_keys  hadoop1:/root/.ssh/
```

测试 SSH 免密码登录是否成功。

在 3 台机器上分别执行以下命令。

```
[root@hadoop0 .ssh]# ssh hadoop0
[root@hadoop0 .ssh]# ssh hadoop1
[root@hadoop0 .ssh]# ssh hadoop2
```

输入 yes 继续连接。如果没有提示输入密码，则证明免密码登录成功。

9．重启

要使用修改主机名等配置生效，3 台机器都必须重启。

```
[root@hadoop0 ~]# reboot
```

11.1.2　安装 JDK

在主机 hadoop0 上安装 JDK，然后远程复制到从机 hadoop1 和 hadoop2 上。从网上下载 jdk-8u152-linux-x64.tar.gz，使用 WinSCP 上传到 CentOS 7 的 /usr/local 目录下，准备安装。

1．解压

首先使用 cd 命令切换到 /usr/local 目录，然后使用 tar -xvf jdk-8u152-linux-x64.tar.gz 解压文件，如图 11.12 所示。

```
[root@hadoop0 local]# tar -xvf jdk-8u152-linux-x64.tar.gz
```

```
[root@hadoop0 local]# cd /usr/local/
[root@hadoop0 local]# tar -xvf jdk-8u152-linux-x64.tar.gz
```

图 11.12　解压 JDK

2．配置环境变量

使用 mv 命令重命名解压后的文件夹 jdk1.8.0_152 为 jdk。如图 11.13 所示。

```
[root@hadoop0 local]# mv jdk1.8.0_152/  jdk
```

```
[root@hadoop0 local]# mv jdk1.8.0_152/ jdk
```
图 11.13　重命名解压后的文件夹

将 JDK 的安装目录 /usr/local/jdk 配置到 /etc/profile 的 PATH 环境变量中，如图 11.14 所示。

```
# /etc/profile
export JAVA_HOME=/usr/local/jdk
export PATH=$PATH:$JAVA_HOME/bin
# System wide environment and startup
# Functions and aliases go in /etc/ba
```
图 11.14　将 JDK 配置到 /etc/profile 的 PATH 环境变量中

3．使环境变量立即生效

```
[root@hadoop0 local]# source /etc/profile
```
如图 11.15 所示。

```
[root@hadoop0 local]# source /etc/profile
[root@hadoop0 local]#
```
图 11.15　使环境变量立即生效

4．测试 JDK

```
[root@hadoop0 local]# java -version
```
如图 11.16 所示。

```
[root@hadoop0 local]# java -version
openjdk version "1.8.0_102"
OpenJDK Runtime Environment (build 1.8.0_102-b14)
OpenJDK 64-Bit Server VM (build 25.102-b14, mixed mode)
[root@hadoop0 local]#
```
图 11.16　测试 JDK

11.1.3　安装 Hadoop

在主机 hadoop0 上安装 Hadoop，然后远程复制到从机 hadoop1 和 hadoop2 上。从网上下载 hadoop-3.0.0.tar.gz，使用 WinSCP 上传到 CentOS 7 的 /usr/local 目录下，准备安装。

1. 解压

首先使用 cd 命令切换到 /usr/local 目录，然后使用 tar -xvf hadoop-3.0.0.tar.gz 解压文件。

[root@hadoop0 local]# tar -xvf hadoop-3.0.0.tar.gz

如图 11.17 所示。

```
[root@hadoop0 local]# cd /usr/local/
[root@hadoop0 local]# tar -xvf hadoop-3.0.0.tar.gz
```

图 11.17　解压 Hadoop

2. 配置环境变量

使用 mv 命令重命名解压后的文件夹 hadoop-3.0.0 为 hadoop。

[[root@hadoop0 local]# mv hadoop-3.0.0 hadoop

如图 11.18 所示。

```
[root@hadoop0 local]# mv hadoop-3.0.0 hadoop
[root@hadoop0 local]#
```

图 11.18　重命名解压后的文件夹

将 Hadoop 的安装目录 /usr/local/hadoop 配置到 /etc/profile 的 PATH 环境变量中。同时，将 Hadoop 各进程的用户设为 root，并配置到 /etc/profile。

```
export    HDFS_NAMENODE_USER=root
export    HDFS_DATANODE_USER=root
export    HDFS_SECONDARYNAMENODE_USER=root
export    YARN_RESOURCEMANAGER_USER=root
export    YARN_NODEMANAGER_USER=root
```

如图 11.19 所示。

```
# /etc/profile
export JAVA_HOME=/usr/local/jdk
export HADOOP_HOME=/usr/local/hadoop
export PATH=$PATH:$JAVA_HOME/bin:$HADOOP_HOME/bin:$HADOOP_HOME/sbin

export   HDFS_NAMENODE_USER=root
export   HDFS_DATANODE_USER=root
export   HDFS_SECONDARYNAMENODE_USER=root
export   YARN_RESOURCEMANAGER_USER=root
export   YARN_NODEMANAGER_USER=root
```

图 11.19　将 Hadoop 配置到 /etc/profile

注意：$HADOOP_HOME/bin 和 $HADOOP_HOME/sbin 都必须加入到 PATH 环境变量中。Hadoop 早期版本不需要将 Hadoop 各进程的用户设为 root。

3．使环境变量立即生效

```
[root@hadoop0 local]# source /etc/profile
```

4．配置 hadoop-env.sh

切换到 Hadoop 配置文件所在目录 /usr/local/hadoop/etc/hadoop，修改其中的 hadoop-env.sh，将第 37 行内容解除注释，并由 "# Java_HOME=/usr/Java/testing hdfs dfs –ls" 修改为 "Java_HOME=/usr/local/jdk"。

如图 11.20 所示。

```
35 # For example:
36 #
37 JAVA_HOME=/usr/local/jdk
38 #
39 # Therefore, the vast majority
```

图 11.20　配置 hadoop-env.sh

5．配置 core-site.xml

切换到 Hadoop 配置文件所在目录 /usr/local/hadoop/etc/hadoop，修改其中的 core-site.xml，在 <configuration> 和 </configuration> 标记之间添加如下内容，配置 HDFS 的访问 URL 和端口。

```
<!--HDFS 临时路径 -->
<property>
    <name>hadoop.tmp.dir</name>
    <value>/usr/local/hadoop/tmp</value>
</property>
<!--HDFS 的默认地址、端口 访问地址 -->
<property>
    <name>fs.defaultFS</name>
    <value>hdfs://hadoop0:9000</value>
</property>
```

6．配置 yarn-site.xml

切换到 Hadoop 配置文件所在目录 /usr/local/hadoop/etc/hadoop，修改其中的 yarn-site.xml，在 <configuration> 和 </configuration> 标记之间添加如下内容。

```
<!-- Site specific YARN configuration properties -->
```

```xml
<!-- 集群master,-->
<property>
    <name>yarn.resourcemanager.hostname</name>
    <value>hadoop0</value>
</property>

<!-- NodeManager上运行的附属服务 -->
<property>
    <name>yarn.nodemanager.aux-services</name>
    <value>mapreduce_shuffle</value>
</property>
<!-- 容器可能会覆盖的环境变量,而不是使用NodeManager的默认值 -->
<property>
    <name>yarn.nodemanager.env-whitelist</name>
    <value> JAVA_HOME,HADOOP_COMMON_HOME,HADOOP_HDFS_HOME,HADOOP_CONF_DIR,CLASSPATH_PREPEND_DISTCACHE,HADOOP_YARN_HOME,HADOOP_HOME,PATH,LANG,TZ</value>
</property>
<!-- 关闭内存检测,在虚拟机环境中不做配置会报错 -->
<property>
    <name>yarn.nodemanager.vmem-check-enabled</name>
    <value>false</value>
</property>
```

7. 修改 mapred-site.xml

切换到 Hadoop 配置文件所在目录 /usr/local/hadoop/etc/hadoop,修改其中的 mapred-site.xml,在 <configuration> 和 </configuration> 标记之间添加如下内容。

```xml
<!--local表示本地运行,classic表示经典mapreduce框架,yarn表示新的框架 -->
<property>
    <name>mapreduce.framework.name</name>
    <value>yarn</value>
</property>
<!-- 如果map和reduce任务访问本地库(压缩等),则必须保留原始值
当此值为空时,设置执行环境的命令将取决于操作系统 -->
<property>
    <name>mapreduce.admin.user.env</name>
    <value>HADOOP_MAPRED_HOME=/usr/local/hadoop</value>
</property>
<!--
可以设置AM【AppMaster】端的环境变量 -->
<property>
    <name>yarn.app.mapreduce.am.env</name>
    <value>HADOOP_MAPRED_HOME=/usr/local/hadoop</value>
</property>
```

8. 配置 hdfs-site.xml

切换到 Hadoop 配置文件所在目录 /usr/local/hadoop/etc/hadoop，修改其中的 hdfs-site.xml，在 <configuration> 和 </configuration> 标记之间添加如下内容。

```xml
<!--hdfs web 的地址 -->
<property>
    <name>dfs.namenode.http-address</name>
    <value>hadoop0:50070</value>
</property>
<!-- 副本数 -->
<property>
    <name>dfs.replication</name>
    <value>3</value>
</property>
<!-- 是否启用 HDFS 权限，当值为 false 时，代表关闭 -->
<property>
    <name>dfs.permissions.enabled</name>
    <value>false</value>
</property>
<!-- 块大小，默认字节 128MB-->
<property>
    <name>dfs.blocksize</name>
<!--128m-->
    <value>134217728</value>
</property>
```

9. 修改 workers 文件

切换到 Hadoop 配置文件所在目录 /usr/local/hadoop/etc/hadoop，修改其中的 workers 文件，添加如下内容（其中第一个为 master，其余为 slave）。

```
hadoop0
Hadoop1
Hadoop2
```

11.1.4 远程复制文件

将在主机 hadoop0 上安装的 JDK、Hadoop 和 profile 配置文件复制到从机 hadoop1 和 hadoop2 上。在 hadoop0 上执行：

```
scp -r /usr/local/jdk     hadoop1:://usr/local/
scp -r /usr/local/jdk     hadoop2:://usr/local/
scp -r /usr/local/hadoop  hadoop1:://usr/local/
scp -r /usr/local/hadoop  hadoop2:://usr/local/
```

```
scp /etc/profile    hadoop1://etc/
scp /etc/profile    hadoop2://etc/
```

使从机上的 /etc/profile 配置文件立即生效。在从机 hadoop1 和 hadoop2 上分别执行以下命令。

```
source /etc/profile
```

11.1.5 验证 Hadoop

在启动 Hadoop 之前先要格式化，启动后可以通过进程查看、浏览文件以及浏览器访问等方式验证 Hadoop。

1．格式化

Hadoop 使用之前必须先行格式化，在主机 hadoop0 上可以使用如下命令进行格式化。

```
[root@hadoop0 hadoop]# hadoop namenode  -format
```

如果没有报错，表示格式化成功，如图 11.21 所示。

```
2018-01-23 23:39:59,153 INFO namenode.FSImageFormatProtobuf: Sa
rent/fsimage.ckpt_0000000000000000000 using no compression
2018-01-23 23:39:59,244 INFO namenode.FSImageFormatProtobuf: Im
image.ckpt_0000000000000000000 of size 389 bytes saved in 0 sec
2018-01-23 23:39:59,287 INFO namenode.NNStorageRetentionManager
2018-01-23 23:39:59,294 INFO namenode.NameNode: SHUTDOWN_MSG:
/************************************************************
SHUTDOWN_MSG: Shutting down NameNode at hadoop0/192.168.164.149
************************************************************/
[root@hadoop0 hadoop]#
```

图 11.21 Hadoop 格式化

注意：如果在使用 Hadoop 的过程中出错，或者 Hadoop 不能启动，可能需要删除 Hadoop 的 data 和 logs 文件夹，再重新格式化。可以参照以下步骤进行。

```
[root@hadoop0 hadoop]# stop-all.sh                   # 停止 hadoop
[root@hadoop0 hadoop]# cd /usr/local/hadoop/         # 进入 hadoop 安装目录
[root@hadoop0 hadoop]# rm -rf data/  logs/           # 删除 data 和 logs 文件夹
[root@hadoop0 hadoop]# hadoop namenode  -format      # 格式化
```

2．启动 Hadoop

在主机 hadoop0 上使用 start-all.sh 命令启动 Hadoop 的所有进程。

```
[root@hadoop0 hadoop]# start-all.sh
```

如果需要停止 Hadoop 的所有进程，则使用 stop-all.sh。

```
[root@hadoop0 hadoop]# stop-all.sh
```

启动过程中没有报错，则说明启动成功。

3．查看 Hadoop 相关进程

在 3 台机器上使用 jps 命令查看 Hadoop 相关进程。

```
[root@hadoop0 hadoop]# jps
```

hadoop0 上运行了全部 5 个进程，如图 11.22 所示。Hadoop1 上运行了 NodeManager 和 DataNode 两个进程，如图 11.23 所示。Hadoop2 上运行了 NodeManager 和 DataNode 两个进程，如图 11.24 所示。

4．浏览文件

在主机 hadoop0 上使用 Hadoop 命令查看 HDFS 上的文件。

```
[root@hadoop0 sbin]# jps
23780 Jps
23493 NodeManager
22649 DataNode
22922 SecondaryNameNode
23180 ResourceManager
22510 NameNode
[root@hadoop0 sbin]#
```

图 11.22　查看 hadoop0 进程

```
[root@hadoop1 ~]# jps
12149 Jps
6890 NodeManager
6539 DataNode
[root@hadoop1 ~]#
```

图 11.23　查看 hadoop1 进程

```
[root@hadoop2 ~]# jps
11633 Jps
6693 DataNode
7022 NodeManager
[root@hadoop2 ~]#
```

图 11.24　查看 hadoop2 进程

```
[root@hadoop0 hadoop]# hadoop fs -ls /
```

HDFS 上还没有任何文件，以后我们可以像使用网盘那样对 HDFS 上的文件进行上传或下载，如图 11.25 所示。

```
[root@hadoop0 sbin]# hadoop fs -ls /
[root@hadoop0 sbin]#
```

图 11.25　查看 HDFS 上的文件

5．浏览器访问

在主机 hadoop0 上打开浏览器，输入网址 http://hadoop0:50070，即可查看 Hadoop 运行相关信息，如图 11.26 所示。

可以看到活动节点（Live Nodes）共有 3 个，单击"Live Nodes"链接查看详情，可以看到 hadoop0、hadoop1、hadoop2 这 3 个节点的详细信息，如图 11.27 所示。

至此，Hadoop 集群搭建成功。

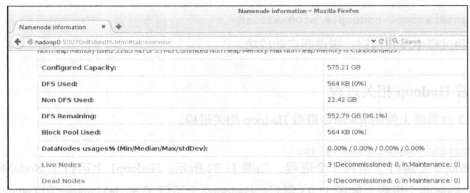

图 11.26　浏览器访问

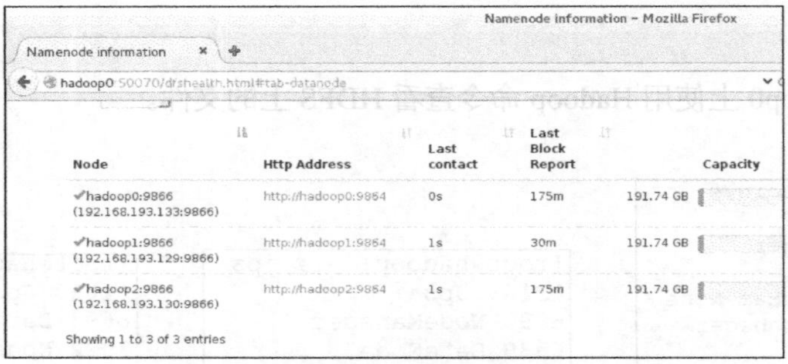

图 11.27　查看活动节点的详情

11.2　HBase 集群安装

分布式安装 HBase 的前提条件是 Hadoop 已经分布式安装并成功启动。相对于 Hadoop，HBase 的分布式安装比较简单，在主机 hadoop0 上安装 HBase，然后远程复制到从机 hadoop1 和 hadoop2 上即可。在主机 hadoop0 上只需解压、配置环境变量、配置 HBase 参数等。安装完成后还要启动 HBase，验证 HBase 是否安装成功。

11.2.1　解压并配置环境变量

从 HBase 官网下载 HBase 的当前最新版 1.4.0（写本章时最新版为 1.4.0），并通过 WinSCP 工具将 hbase-1.4.0-bin.tar.gz 上传到 hadoop0 的 /usr/local 目录下，准备安装。

1．解压

首先使用 cd 命令切换到 /usr/local 目录，然后使用 tar -xvf hbase-1.4.0-bin.tar.gz 解压文件。

```
shell# tar -xvf hbase-1.4.0-bin.tar.gz
```

如图 11.28 所示。

```
[root@hadoop0 /]# cd /usr/local/
[root@hadoop0 local]# tar -xvf hbase-1.4.0-bin.tar.gz
```

图 11.28 解压 HBase

2．配置环境变量

使用 mv 命令重命名解压后的文件夹 hbase-1.4.0 为 hbase。

```
shell# mv hbase-1.4.0 hbase
```

将 HBase 的安装目录 /usr/local/hbase 配置到 /etc/profile 的 PATH 环境变量中，如图 11.29 所示。

```
# /etc/profile
export JAVA_HOME=/usr/local/jdk
export HADOOP_HOME=/usr/local/hadoop
export HIVE_HOME=/usr/local/hive
export HBASE_HOME=/usr/local/hbase
export PATH=$PATH:$JAVA_HOME/bin:$HADOOP_HOME/bin:$HADOOP_HOME/sbin:$HIVE_HOME/bin:$HBASE_HOME/bin
```

图 11.29 将 HBase 配置到 /etc/profile 的 PATH 环境变量中

3．使环境变量立即生效

```
shell# source /etc/profile
```

11.2.2 配置 HBase 参数

切换到 HBase 的配置文件目录 /usr/local/hbase/conf，然后分别修改 HBase 的配置文件 hbase-env.sh 和 hbase-site.xml。

1．配置 $HBASE_HOME/bin 的 hbase-env.sh

修改如下两处配置。

```
export Java_HOME=/usr/local/jdk
export HBASE_MANAGES_ZK=true
```

分别位于 hbase-env.sh 配置文件的第 27 行和第 138 行，如图 11.30 所示。

2．配置 $HBASE_HOME/bin 的 hbase-site.xml

在 <configuration> 中添加如下配置。

```
# The java implementation to use.  Java 1.7+ required.
export JAVA_HOME=/usr/local/jdk

# Tell HBase whether it should manage it's own instance of Zookeeper or not.
export HBASE_MANAGES_ZK=true
```

图 11.30 hbase-env.sh 配置

```xml
<property>
    <name>hbase.rootdir</name>   <!-- hbase 存放数据目录 -->
    <value>hdfs://hadoop0:9000/hbase</value>
     <!-- 端口要和 Hadoop 的 fs.defaultFS 端口一致 -->
</property>
<property>
    <name>hbase.cluster.distributed</name>  <!-- 是否分布式部署 -->
    <value>true</value>
</property>
<property>
    <name>hbase.zookeeper.quorum</name>
       <!-- zookooper 服务启动的节点，只能为奇数个 -->
    <value>hadoop0,hadoop1,hadoop2</value>
</property>

<property><!--zookooper 配置、日志等的存储位置 -->
    <name>hbase.zookeeper.property.dataDir</name>
    <value>/usr/local/hbase/zookeeper</value>
</property>
 <property><!--hbase web 端口 -->
    <name>hbase.master.info.port</name>
    <value>16010</value>
</property>
```

3．配置 RegionServers

修改 /usr/local/hbase/conf/RegionServers 文件，删除 localhost，添加 RegionServer 的主机名。

```
[root@hadoop0 local]#    more RegionServers
hadoop0
hadoop1
hadoop2
```

11.2.3 远程复制文件

将在主机 hadoop0 上安装的 HBase 和 profile 配置文件复制到从机 hadoop1 和 hadoop2 上。在 hadoop0 上执行以下命令：

```
scp -r  /usr/local/hbase     hadoop1://usr/local/
scp -r  /usr/local/hbase     hadoop2://usr/local/
scp /etc/profile  hadoop1://etc/
scp /etc/profile  hadoop2://etc/
```

使从机上的 /etc/profile 配置文件立即生效。在从机 hadoop1 和 hadoop2 上分别执行以下命令。

```
source /etc/profile
```

11.2.4 验证 HBase

（1）在主机 hadoop0 上启动 HBase。

```
shell# start-hbase.sh
```

启动 HBase 使用命令 $HBASE/bin/start-hbase.sh，停止 HBase 使用命令 $HBASE/bin/stop-hbase.sh，如图 11.31 所示。

```
[root@hadoop0 hbase]# start-hbase.sh
hadoop0: running zookeeper, logging to /usr/local/hb
hadoop2: running zookeeper, logging to /usr/local/hb
hadoop1: running zookeeper, logging to /usr/local/hb
running master, logging to /usr/local/hbase/logs/hba
hadoop0: running regionserver, logging to /usr/local
hadoop2: running regionserver, logging to /usr/local
hadoop1: running regionserver, logging to /usr/local
hadoop2: Java HotSpot(TM) 64-Bit Server VM warning:
hadoop2: Java HotSpot(TM) 64-Bit Server VM warning:
hadoop1: Java HotSpot(TM) 64-Bit Server VM warning:
hadoop1: Java HotSpot(TM) 64-Bit Server VM warning:
[root@hadoop0 hbase]#
```

图 11.31　启动 HBase

（2）在主机 hadoop0 上输入 hbase shell，启动 hbase shell 命令行。如图 11.32 所示。

```
shell# hbase shell
```

（3）输入 list，显示所有表，如图 11.33 所示。

```
hbase>list
```

如果没有报错，则证明 HBase 已正确安装并成功启动。因为现在还没有创建任务表，所以显示为 0 行。

（4）打开浏览器，输入网址 hadoop0:16010，可以查看 HBase 运行的状态信息。可以看到集群中 3 台服务器的运行信息，如图 11.34 所示。

（5）查看 HDFS 文件系统，可以发现 HBase 自动在 HDFS 根目录下创建了一个 hbase 文件夹，如图 11.35 所示。

```
[root@hadoop0 conf]# hbase shell
SLF4J: Class path contains multiple SLF4J bindings.
SLF4J: Found binding in [jar:file:/usr/local/hbase/lib/sl
.class]
SLF4J: Found binding in [jar:file:/usr/local/hadoop/share/
pl/StaticLoggerBinder.class]
SLF4J: See http://www.slf4j.org/codes.html#multiple_bindi
SLF4J: Actual binding is of type [org.slf4j.impl.Log4jLogg
HBase Shell
Use "help" to get list of supported commands.
Use "exit" to quit this interactive shell.
Version 1.4.0, r10b9b9fae6b557157644fb9a0dc641bb8cb26e39,

hbase(main):001:0>
```

图 11.32 启动 hbase shell

```
hbase(main):001:0>
hbase(main):002:0* list
TABLE
0 row(s) in 0.5200 seconds

=> []
hbase(main):003:0>
```

图 11.33 显示所有表

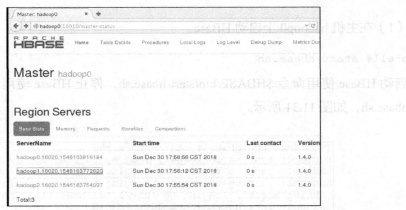

图 11.34 HBase 的状态信息

```
[root@hadoop0 ~]# hadoop fs -ls /
Found 4 items
drwxr-xr-x   - root supergroup          0 2018-01-09 22:38 /hbase
drwxr-xr-x   - root supergroup          0 2017-12-30 06:16 /root
drwx-wx-wx   - root supergroup          0 2018-01-08 23:10 /tmp
drwxr-xr-x   - root supergroup          0 2017-12-29 18:28 /user
[root@hadoop0 ~]#
```

图 11.35 HDFS 下的 hbase 文件夹

[root@hadoop0 ~]# hadoop fs -ls /

（6）查看 HBase 进程。

[root@hadoop0 ~]# jps

分别在 3 台机器上输入 jps 命令，可以看到后台启动了 HQuorumPeer、HRegionServer 和 HMaster 共 3 个 H 打头的 HBase 进程。

其中主机 hadoop0 上运行了 3 个进程，从机 hadoop1 和 hadoop2 只运行了 HQuorumPeer 和 HRegionServer 两个进程，如图 11.36 和图 11.37 所示。

```
[root@hadoop0 hbase]# jps
5360 NameNode
5491 DataNode
11987 HQuorumPeer
12822 Jps
12055 HMaster
5689 SecondaryNameNode
12169 HRegionServer
6043 ResourceManager
6173 NodeManager
[root@hadoop0 hbase]#
```

图 11.36　查看 hadoop0 上的 HBase 进程

```
[root@hadoop1 ~]# jps            [root@hadoop2 ~]# jps
18353 HQuorumPeer                6693 DataNode
6890 NodeManager                 18101 Jps
18634 HRegionServer              17223 HQuorumPeer
6539 DataNode                    17468 HRegionServer
19375 Jps                        7022 NodeManager
[root@hadoop1 ~]#                [root@hadoop2 ~]#
```

图 11.37　查看 hadoop1 和 hadoop2 上的 HBase 进程

至此，HBase 集群搭建成功。

11.3　Hive 集群安装

集群安装 Hive 的前提条件是 Hadoop 已经集群安装并成功启动，分布式安装 Hive 和伪分布式安装差别不大，只需在主机 hadoop0 上安装即可。

11.3.1　解压并配置环境变量

从 Hive 官网下载 Hive 的当前最新版 2.3.2，并通过 WinSCP 工具将 apache-hive-2.3.2-bin.tar.gz 上传到 CentOS 7 的 /usr/local 目录下，准备安装。

1．解压

首先使用 cd 命令切换到 /usr/local 目录，然后使用 tar -xvf apache-hive-2.3.2-bin.tar.gz 解压文件。

```
shell# tar -xvf apache-hive-2.3.2-bin.tar.gz
```

2．配置环境变量

使用 mv 命令重命名解压后的文件夹 apache-hive-2.3.2-bin 为 hive。

```
shell#mv  apache-hive-2.3.2-bin  hive
```

将 Hive 的安装目录 /usr/local/hive 配置到 /etc/profile 的 PATH 环境变量中，如图 11.38 所示。

```
# /etc/profile
export  HDFS_NAMENODE_USER=root
export  HDFS_DATANODE_USER=root
export  HDFS_SECONDARYNAMENODE_USER=root
export  YARN_RESOURCEMANAGER_USER=root
export  YARN_NODEMANAGER_USER=root
export  JAVA_HOME=/usr/local/jdk
export  HADOOM_HOME=/usr/local/hadoop
export  HIVE_HOME=/usr/local/hive
export  HBASE_HOME=/usr/local/hbase
export  PATH=$JAVA_HOME/bin:$HIVE_HOME/bin:$HBASE_HOME/bin:$HADOOM_HOME/bin:$HADOOM_HOME/sbin:$PATH
```

图 11.38　将 hive 配置到 /etc/profile 的 PATH 环境变量中

3．使环境变量立即生效

```
shell# source /etc/profile
```

11.3.2　安装 MySQL

Hive 默认使用内嵌的 Derby 数据库作为存储引擎，存储 Hive 的元数据信息，但 Derby 引擎的缺点是一次只能打开一个会话，不能多用户并发访问。所以需要安装 MySQL，并将 Hive 的存储引擎改为 MySQL。由于 MySQL 采用在线安装，所以必须先配置 Google 域名服务器。

```
vi  /etc/resolv.conf
```

添加如下内容。

```
nameserver 8.8.8.8       #Google 域名服务器
nameserver 8.8.4.4       #Google 域名服务器
```

然后按照下列步骤进行安装。

（1）下载 MySQL 源安装包。

```
shell#  wget http://dev.mysql.com/get/mysql57-community-release-el7-7.noarch.rpm
```

（2）安装 MySQL 源。

```
shell# yum localinstall mysql57-community-release-el7-7.noarch.rpm
```

在安装过程中需要输入 y 确认下载依赖包。

（3）安装 MySQL。

```
shell# yum install mysql-community-server
```

在安装过程中需要输入 y 确认下载，总共有 192MB。

（4）启动 MySQL 服务。

```
shell# systemctl start mysqld
```

（5）设为开机启动。

```
shell# systemctl enable mysqld
shell# systemctl daemon-reload
```

（6）修改 root 本地登录密码。

注意：MySQL 老版本默认密码为空，则跳过查看默认密码步骤。

MySQL 5.7 安装完成之后，在 /var/log/mysqld.log 文件中给 root 生成了一个默认密码。通过图 7.10 的方式找到 root 默认密码，然后登录 MySQL 进行修改。

```
shell#grep 'temporary password'  /var/log/mysqld.log
```

默认密码可能各不相同，笔者的默认密码是 pjRTKa?d.4S<。这个密码不方便记忆，可以登录修改为一个方便记忆的默认密码。

登录 MySQL：

```
shell# mysql -uroot -p
```

需要输入刚刚生成的默认密码才能登录成功。

注意：默认密码太过复杂，非常容易输错，需要尝试多次，建议使用 PieTTY 远程连接工具，可以使用右键复制粘贴密码，避免出错。

登录成功后，使用下面的语句将密码改成了 Wu2018**。

```
mysql> ALTER USER 'root'@'localhost' IDENTIFIED BY 'Wu2018**';
```

MySQL 5.7 默认安装了密码安全检查插件（validate_password），默认密码检查策略要求密码必须包含大小写字母、数字和特殊符号，并且长度不能少于 7 位，否则会提示 ERROR 1719 (HY000): Your password does not satisfy the current policy requirements 错误。

（7）创建用户。

语法为 "CREATE USER 'username'@'host' IDENTIFIED BY 'password';"。

username: 用户名；host: 指定在哪个主机上可以登录，本机可用 localhost，'%' 通配所有远程主机；password: 用户登录密码。

```
mysql> CREATE USER 'hive1'@'%' IDENTIFIED BY 'Wu2018**';
```

（8）授权。

语法为"GRANT ALL PRIVILEGES ON *.* TO 'username'@'%' IDENTIFIED BY 'password';"。

格式：grant 权限 on 数据库名 . 表名 to 用户 @ 登录主机 identified by "用户密码"；*.* 代表所有权。

@ 后面是访问 MySQL 的客户端 IP 地址（或是主机名），'%' 代表任意的客户端，如果填写 localhost，则为本地访问（那些用户就不能远程访问该 MySQL 数据库）。

```
mysql> GRANT ALL PRIVILEGES ON *.* TO 'hive1'@'%' IDENTIFIED BY 'Wu2018**';
```

允许远程连接 mysql。

```
mysql> GRANT ALL PRIVILEGES ON *.* TO 'hive1'@'%' IDENTIFIED BY 'Wu2018**';
mysql> GRANT ALL PRIVILEGES ON *.* TO 'root'@'%' IDENTIFIED BY 'Wu2018**';
```

（9）刷新权限。

```
mysql> FLUSH PRIVILEGES;
```

（10）配置默认编码为 utf8，以支持中文。

修改 /etc/my.cnf 配置文件，在 [mysqld] 下添加编码配置：

```
[mysqld]
character_set_server=utf8
init_connect='SET NAMES utf8'
```

（11）重新启动 MySQL 服务。

```
shell# systemctl restart mysqld
```

至此，MySQL 安装完成。

11.3.3 配置 Hive

切换到 Hive 的配置文件目录 /usr/local/hive/conf，分别将配置模板文件 hive-env.sh.template 重命名为 hive-env.sh，将 hive-default.xml.template 重命名为 hive-site.xml，然后就可以开始配置。

```
shell# cp hive-env.sh.template hive-env.sh
shell# cp hive-default.xml.template hive-site.xml
```

（1）配置 $HIVE_HOME/bin 的 hive-config.sh。

在 $HIVE_HOME/bin 的 hive-config.sh 文件末尾添加如下 3 行配置，明确 Java、

HADOOP 和 HIVE 的安装目录。

```
export Java_HOME=/usr/local/jdk
export HADOOP_HOME=/usr/local/hadoop
export HIVE_HOME=/usr/local/hive
```

（2）复制 MySQL 驱动。

下载 MySQL 的 JDBC 驱动包 mysql-connector-Java-5.1.45-bin.jar，然后复制到 $HIVE_HOME/lib 目录下。

```
cp mysql-connector-Java-5.1.45-bin.jar /usr/local/hive/lib/
```

（3）在 $HIVE_HOME/ 下新建 tmp 临时目录。

```
mkdir /usr/local/hive/tmp
```

（4）配置 $HIVE_HOME/conf 的 hive-site.xml，支持 MySQL。

在 $HIVE_HOME/con 的 hive-site.xml 文件中，修改 ConnectionURL、ConnectionDriverName、ConnectionUserName、ConnectionPassword 这 4 个属性的值，将默认 Derby 数据库的连接配置改成 MySQL 数据库的连接配置。具体配置如下。

```xml
<property>
  <name>Javax.jdo.option.ConnectionURL</name>
  <value>jdbc:mysql://hadoop0:3306/hive?createDatabaseIfNotExist=true</value>
</property>
<property>
  <name>Javax.jdo.option.ConnectionDriverName</name>
  <value>com.mysql.jdbc.Driver</value>
</property>
<property>
  <name>Javax.jdo.option.ConnectionUserName</name>
  <value>hive1</value>
</property>
<property>
  <name>Javax.jdo.option.ConnectionPassword</name>
  <value>Wu2018**</value>
</property>
```

注意：hive-site.xml 文件内容非常多，可以使用 vi 的 / 命令向后查找或 ? 命令向前查找。也可以使用 WinSCP 等远程编辑工具，使用 Ctrl+F 命令进行查找。

（5）配置 $HIVE_HOME/conf 的 hive-site.xml。

替换全部的 ${system:Java.io.tmpdir} 为 /usr/local/hive/tmp，共有 4 处。

替换全部的 ${system:user.name} 为 root，共有 3 处。

注意：Hive 的早期版本不需要第 5 步操作。

11.3.4 验证 Hive

(1) 先执行 schematool -dbType mysql -initSchema，进行 Hive 数据库的初始化。

```
shell# schematool -dbType mysql -initSchema
```

注意：Hive 的早期版本不需要执行 schematool 初始化操作。

(2) 输入 hive，启动 Hive 命令行。

```
shell# hive
```

(3) 输入 show tables，显示所有表。

```
hive>show tables;
```

如果没有报错，则证明 Hive 已正确安装并成功启动。

至此，Hive 集群搭建成功。

11.4 Spark 集群安装

Spark 集群安装的前提条件是 Hadoop 已经集群安装并成功启动，分布式安装 Spark 和伪分布式安装差别不大，只需在主机 hadoop0 上安装，然后将相关文件远程复制到从机即可。

11.4.1 安装 Scala

Spark 是用 Scala 语言写的，安装 Spark 之前先要安装 Scala。从官网下载 scala-2.11.8.tgz，解压并配置环境变量即可。

```
[root@hadoop0 local]# cd /usr/local/
[root@hadoop0 local]# tar -xvf scala-2.11.8.tgz
[root@hadoop0 local]# mv scala-2.11.8  scala
```

修改 /etc/profile 环境变量，加上以下内容。

```
export SCALA_HOME=/usr/local/scala
export PATH=$SCALA_HOME/bin:$PATH
```

然后使用环境变量立即生效：

```
[root@hadoop0 local]# source /etc/profile
```

11.4.2 安装 Spark

通过 Spark 官方网站下载 Spark 发行包 spark-2.3.2-bin-hadoop2.7.tgz 并解压，然后再

配置环境变量和 Spark 配置文件即可。

注意： 如果 Spark 以 Yarn 模式运行，则必须安装 Hadoop 才能使用 Spark。但如果使用 Spark 过程中没用到 HDFS，则不启动 Hadoop 也是可以的。

```
[root@hadoop0 local]# cd /usr/local/
[root@hadoop0 local]# tar -xvf  spark-2.3.2-bin-hadoop2.7.tgz
[root@hadoop0 local]# vm spark-2.3.2-bin-hadoop2.7  spark
```

修改 /etc/profile 环境变量，加上以下内容。

```
export SPARK_HOME=/usr/local/spark
export PATH=$SPARK_HOME/bin:$PATH
```

然后通过以下命令使环境变量立即生效。

```
[root@hadoop0 local]# source /etc/profile
```

11.4.3 配置 Spark

首先切换到 Spark 配置文件目录，复制模板并修改其中的配置文件 slaves、spark-env.sh、spark-defaults.conf。

```
[root@hadoop0 local]# cd /usr/local/spark/conf/
[root@hadoop0 conf]# cp slaves.template    slaves
[root@hadoop0 conf]# cp spark-env.sh.template    spark-env.sh
[root@hadoop0 conf]# cp spark-defaults.conf.template    spark-defaults.conf
```

修改 slaves，追加自己的从机名 hadoop1 和 hadoop2，如图 11.39 所示。

```
[root@hadoop0 conf]# cat slaves
#
# Licensed to the Apache Software Foundation (ASF) under one or more
# contributor license agreements.  See the NOTICE file distributed with
# this work for additional information regarding copyright ownership.
# The ASF licenses this file to You under the Apache License, Version 2.0
# (the "License"); you may not use this file except in compliance with
# the License.  You may obtain a copy of the License at
#
#    http://www.apache.org/licenses/LICENSE-2.0
#
# Unless required by applicable law or agreed to in writing, software
# distributed under the License is distributed on an "AS IS" BASIS,
# WITHOUT WARRANTIES OR CONDITIONS OF ANY KIND, either express or implied.
# See the License for the specific language governing permissions and
# limitations under the License.
#

# A Spark Worker will be started on each of the machines listed below.
hadoop1
hadoop2
[root@hadoop0 conf]#
```

图 11.39 slaves 的配置

修改 spark-env.sh，追加如下内容。

```
export JAVA_HOME=/usr/local/jdk
export SCALA_HOME=/usr/local/scala
export HADOOP_HOME=/usr/local/hadoop
export HADOOP_CONF_DIR=/usr/local/hadoop/etc/hadoop
export SPARK_MASTER_HOST=hadoop0
export SPARK_PID_DIR=/usr/local/spark/data/pid
export SPARK_LOCAL_DIRS=/usr/local/spark/data/spark_shuffle
export SPARK_EXECUTOR_MEMORY=500M
export SPARK_WORKER_MEMORY=4G
```

修改 spark-defaults.conf, 追加如下内容。

```
spark.master                spark://hadoop0:7077
spark.eventLog.enabled      true
spark.eventLog.dir          hdfs://hadoop0:9000/eventLog
spark.serializer            org.apache.spark.serializer.KryoSerializer
spark.driver.memory         1g
```

如图 11.40 所示。

```
# Default system properties included when running spark-submit.
# This is useful for setting default environmental settings.
spark.master                      spark://hadoop0:7077
spark.eventLog.enabled            true
spark.eventLog.dir                hdfs://hadoop0:9000/eventLog
spark.serializer                  org.apache.spark.serializer.KryoSerializer
spark.driver.memory               1g
# Example:
# spark.master                     spark://master:7077
# spark.eventLog.enabled           true
```

图 11.40 spark-defaults.conf 的配置

配置中要使用 hdfs://hadoop0:9000/eventLog 来存放日志，需要手动创建此目录。

```
[root@hadoop0 conf]# hadoop fs -mkdir /eventLog
```

修改 /root/.bashrc。

```
[root@hadoop0 conf]# vim /root/.bashrc
```

添加以下内容。

```
export JAVA_HOME=/usr/local/jdk
```

如图 11.41 所示。

```
[root@hadoop0 conf]# cat /root/.bashrc
# .bashrc

# User specific aliases and functions
export JAVA_HOME=/usr/local/jdk
alias rm='rm -i'
alias cp='cp -i'
alias mv='mv -i'

# Source global definitions
if [ -f /etc/bashrc ]; then
        . /etc/bashrc
fi
[root@hadoop0 conf]#
```

图 11.41 /root/.bashrc 的配置

11.4.4 远程复制文件

将在主机 hadoop0 上安装的 scala、spark、/etc/profile 和 /root/.bashrc 配置文件复制到从机 hadoop1 和 hadoop2 上。在 hadoop0 上执行以下命令。

```
scp -r /usr/local/scala    hadoop1://usr/local/
scp -r /usr/local/scala    hadoop2://usr/local/
scp -r /usr/local/spark    hadoop1://usr/local/
scp -r /usr/local/spark    hadoop2://usr/local/
scp /root/.bashrc  hadoop1://root/
scp /root/.bashrc  hadoop2://root/
scp /etc/profile   hadoop1://etc/
scp /etc/profile   hadoop2://etc/
```

使从机上的 /etc/profile 配置文件立即生效。在从机 hadoop1 和 hadoop2 上分别执行以下命令。

```
source /etc/profile
```

11.4.5 验证 Spark

在主机 hadoop0 上验证 Spark,首先启动 Spark,在启动 Spark 之前先要启动 Hadoop。

```
[root@hadoop0 conf]# start-all.sh                              # 启动 Hadoop
[root@hadoop0 conf]# /usr/local/spark/sbin/start-all.sh        # 启动 Spark
```

通过 jps 命名可以看到 Spark 在主机 hadoop0 上创建了 Master 进程,在从机 hadoop1 和 hadoop2 上创建了 Worker 进程,如图 11.42 和图 11.43 所示。

```
[root@hadoop0 conf]# jps
15619 Master
13061 SecondaryNameNode
12823 DataNode
12682 NameNode
13324 ResourceManager
16124 Jps
13631 NodeManager
[root@hadoop0 conf]#
```

图 11.42　hadoop0 的 Spark 进程

```
[root@hadoop2 hadoop]# jps      [root@hadoop1 hadoop]# jps
6193 DataNode                   7730 Jps
6305 NodeManager                5957 DataNode
7618 Worker                     6070 NodeManager
7997 Jps                        7375 Worker
[root@hadoop2 hadoop]#          [root@hadoop1 hadoop]#
```

图 11.43　hadoop1 和 hadoop2 的 Spark 进程

在 ./examples/src/main 目录下有一些 Spark 的示例程序,包括 Scala、Java、Python、R

等语言的版本。可以先运行一个示例程序 SparkPi（即计算 π 的近似值），执行如下命令。

```
[root@hadoop0 local]# /usr/local/spark/bin/run-example SparkPi
```

执行时会输出非常多的运行信息，输出结果不容易找到，从后往前查找能找到 Pi 的运算结果，如图 11.44 所示。

```
2018-12-30 19:08:11 INFO  TaskSchedulerImpl:54 -
2018-12-30 19:08:11 INFO  DAGScheduler:54 - Resu
2018-12-30 19:08:11 INFO  DAGScheduler:54 - Job
Pi is roughly 3.139395696978485
2018-12-30 19:08:11 INFO  AbstractConnector:318
```

图 11.44　SparkPi 的运算结果

通过执行如下命令启动 Spark Shell。

```
[root@hadoop0 spark]# spark-shell
```

运行结果如图 11.45 所示。

```
Spark context Web UI available at http://hadoop0:4040
Spark context available as 'sc' (master = spark://hadoop0:7077, app id = app-2
Spark session available as 'spark'.
Welcome to
      ____              __
     / __/__  ___ _____/ /__
    _\ \/ _ \/ _ `/ __/  '_/
   /___/ .__/\_,_/_/ /_/\_\   version 2.3.2
      /_/

Using Scala version 2.11.8 (Java HotSpot(TM) 64-Bit Server VM, Java 1.8.0_152)
Type in expressions to have them evaluated.
Type :help for more information.

scala>
```

图 11.45　Spark Shell 运算结果

从图 11.45 可见，我们也可以通过 http://hadoop0:4040 和 http://hadoop0:8080 两个 URL 来查看 Spark 的运行状态信息，如图 11.46 和图 11.47 所示。

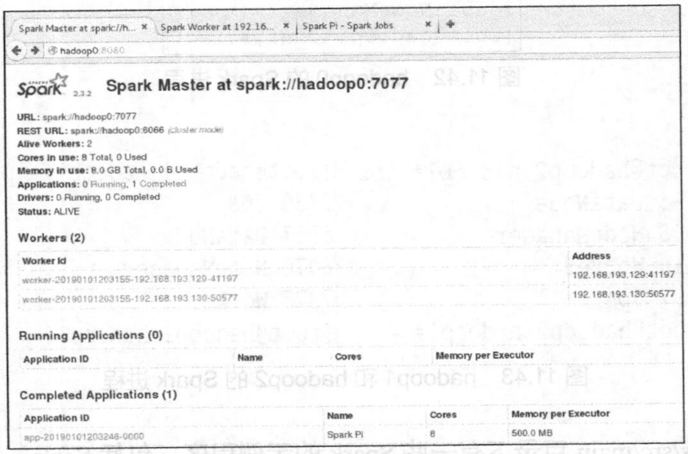

图 11.46　Spark Master 信息

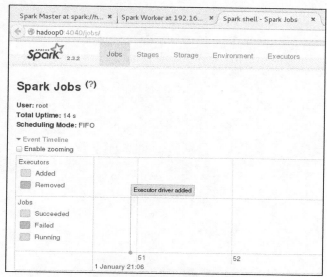

图 11.47　Spark Jobs 信息

11.5　小结

本章介绍了 Hadoop、HBase、Hive、Spark 在虚拟机上作集群安装的方法，与伪分布式安装略有不同。采用 VMware 虚拟机安装 Hadoop 集群对物理机性能有一定要求，内存至少要达到 16GB。如果机器条件不具备，读者也可以找几台 PC 机做集群，或者租用阿里云服务器做集群，安装方法与本节介绍方法基本一致。

11.6　配套视频

本章的配套视频有 4 个：

（1）Hadoop 集群安装；

（2）HBase 集群安装；

（3）Hive 集群安装；

（4）Spark 集群安装。

读者可从配套电子资源中获取。

第三篇
实战篇

第三篇
实战篇

第12章 海量 Web 日志分析系统

日志分析是一种常见的应用需求，特别是在海量日志的情况下，传统使用数据库或 Shell 脚本分析的方式已力不从心，Hadoop 分布式分析框架 MapReduce 非常适合海量日志分析场景。

本章涉及的主要知识点如下。

（1）案例介绍：日志分析的目的、应用场景及日志分析的不确定性。

（2）案例分析：日志分析的关键绩效指标（Key Performance Indicator，KPI）、案例系统结构、日志分析方法。

（3）案例实现：页面访问量统计、独立网络协议（Internet Protocol，IP）统计、单位时间页面浏览量（Page View，PV）统计、用户的访问设备信息统计。

12.1 案例介绍

近年来 Web 应用得到了空前的发展，Web 用户显得越来越重要，用户对 Web 的要求也越来越高：Web 需要有智能性，能快速、准确地帮助用户找到其需要的信息；同时，Web 站点的运营方对 Web 用户的行为也越来越有兴趣。因此，对 Web 应用进行日志分析就具有重要价值。本节将介绍海量 Web 日志分析的基础信息。

12.1.1 分析 Web 日志数据的目的

Web 日志由 Web 服务器产生，可能是 Nginx、Apache、Tomcat 等。目前越来越多的项目借助于服务器产生的 Web 日志来完成 KPI 分析，原因是服务器产生的日志并不依赖于业务系统生成，而是借助于服务器针对客户的 HTTP 请求参数属性来保存必要的信息，从数据生成和捕获两个方面都较为简单且不对业务系统产生侵入性，而且大多 Web 服务器支持自定义的日志格式以匹配通用或自定义的日志分析工具，而且服务器的日志文件中能够简单直接获取网络爬虫数据，也能够收集底层数据供反复分析。

了解 Web 用户的行为之后，可以为其提供更加精确的服务，如精确营销。另外，也可以根据用户的行为，调整 Web 的组织和结构，以吸引和留住更多的用户。再者，也可基于 Web 用户的行为，分析出 Web 站点的不足之处，为 Web 站点的安全提供参考。

从 Web 日志中，可以获取网站每类页面的 PV 值、独立 IP 数；稍微复杂一些的，可以计算得出用户所检索的关键词排行榜、用户停留时间最高的页面等；更复杂的，可以构建广告单击模型、分析用户行为特征等。根据 Web 日志的组成，其各项数据在网站数据统计和分析中都起到了重要作用，通过对服务器日志进行分析挖掘，得出用户的访问模式，它在网站个性化推荐、智能化服务上发挥着重要的作用，例如其中 IP 一般为在记录 cookie 的情况下被用于识别唯一用户的身份，标识符和授权用户一般情况下都为空，而日期时间标识日志生成的时间戳，是一个必备信息。

重要的 Web 日志信息如下。

1．请求（request）

HTTP 请求中包含的请求类型比较少被用于统计，只有少数的统计表单提交情况时会被用到，而版本号对统计来说基本是无用的。请求的资源一般跟域名一起决定本次请求的具体资源、页面单击、图片获取或者其他。当然，在 URL 后面加入一些自定义的参数可以获得一些特殊的统计数据，例如 Google Analytics 就是通过这种方式实现 session 和 cookie 的定义和获取的。

2．状态码（status）

状态码比较经常被用于一些请求响应状态的监控，如 301 页面重定向或者 404 错误，统计这些信息可以有效地改进页面的设计，提高用户体验。

3．传输字节数（bytes）

可以判断页面是否被完全打开、文件是否已被读取、操作是否被中断，但在动态页面无法判断。

4．来源页面（referrer）

referrer 涉及的统计较为常见，一般是统计访问的来源类型、搜索引擎、搜索关键字等。同时，也是单击流中串连用户访问足迹的依据。

5．用户代理（agent）

识别网络爬虫，统计用户的系统、浏览器类型、版本等信息，为网站开发提供建议，分析各类浏览器的使用情况和出错概率等。

6. session 和 cookie

session 被用于标识一个连续的访问，cookie 主要用于用户识别，也是统计唯一访问的依据。

另外还有一种特殊的网站日志，即记录服务器的提示、警告及错误信息，这类日志可以被用于分析用户的错误。

虽然不可能对庞大的日志文件进行逐条的阅读，但是在这些日志文件中，确实会包含一些非常重要的信息。例如，在什么时间，有哪些 IP 地址访问了网站中的什么资源。

通过对日志文件的分析，可以获得如下信息。

（1）分析网站用户的访问时间，总结出网站在哪段时间的访问量最大。

（2）判断 IP 地址的地域性，总结出网站经常被来自哪个地区的人群访问。

（3）检查被访问的资源名称，分析出网站的具体哪个内容最受欢迎。

（4）检查用户访问的返回代码，分析出网站是否存在错误。

12.1.2　Web 日志分析的典型应用场景

例如，某电子商务网站存在在线团购业务，通过日志分析后可以得到如下数据统计。

每日 PV 数 450 万，独立 IP 数 25 万。用户通常在工作日 10:00 ~ 12:00 和 15:00 ~ 18:00 访问量最大。

日间主要是通过 PC 端浏览器访问，休息日及夜间通过移动设备访问较多。网站搜索流量占整个网站的 80%，PC 用户不足 1% 的用户会消费，移动用户有 5% 会消费。

通过简短的描述，可以粗略地看出电子商务网站的经营状况、愿意消费的用户从哪里来、有哪些潜在的用户可以挖掘、网站是否存在倒闭风险等。

12.1.3　日志的不确定性

Web 日志在技术层面的获取方式及各类外部因素的影响，使基于网站日志的数据分析会存在许多不准确性，下面介绍 Web 日志中哪些项目可能造成数据的不准确以及造成这些缺陷的原因，以便后续对案例项目进行优化改进。

1. 客户端的控制和限制

由于一些浏览网站的用户信息是由客户端发送的，所以用户的 IP、Agent 都是可以人为设置的。另外，cookie 可以被清理，浏览器出于安全的设置，用户可以在访问过程中限制 cookie、referrer 的发送。这些都会导致用户访问数据的丢失或者数据的不准确，而这类问题目前很难得到解决。

2．缓存

浏览器缓存、服务器缓存、后退按钮操作等都会导致页面单击日志的丢失及 referrer 的丢失，目前主要的处理方法是保持页面信息的不断更新，可以在页面中添加随机数。当然，如果使用 JavaScript 自行记录日志的方法，那么就不需要担心缓存的问题。

3．跳转

一些跳转导致 referrer 信息的丢失，致使用户的访问足迹中断而无法跟踪。解决方法是将 referrer 通过 URL 重写，作为 URL 参数带入下一页面，不过这样会使页面的 URL 显得混乱。

4．代理 IP、动态 IP、局域网（家庭）公用 IP

IP 其实准确性并不高，现在不只存在伪 IP，而且局域网共享同一公网 IP、代理的使用及动态 IP 分配方式，都可能使 IP 地址并不是与某个用户绑定的，所以如果有更好的方法，就尽量不要使用 IP 来识别用户。

5．session 的定义与多个 cookie

不同的网站对 session 的定义和获取方法可能存在差异，比如非活动状态 session 的失效时间、多进程同时浏览时 session id 的共享等，所以同一个网站中 session 的定义标准必须统一才能保证统计数据的准确。cookie 的不准确，一方面是由于某些情况下 cookie 无法获取，另一方面是由于一个客户端可以有多个 cookie，诸如 Chrome、Firefox 等浏览器的 cookie 存放路径都会与 IE 的 cookie 存放路径分开，所以如果是用不同的浏览器浏览同一网站，很有可能 cookie 就是不同的。

6．停留时间

停留时间并不是直接获取的，而是通过底层日志中的数据计算得到的，因为所有日志中的时间都是时刻的概念，即单击的时间点。另外，也无法获知用户在浏览一个页面的时候到底做了什么，是不是一直在阅读博客上的文章或者浏览网站上展示的商品，用户也有可能在此期间上了次厕所、接了通电话或者放空了片刻，所以计算得到的停留时间并不能说明用户一直处于有效交互浏览的状态。

12.2　案例分析

本节采用 KPI 对本案例的结构和分析方法进行分析。日志分析的 KPI 要围绕能够优化网站服务的目标来进行，分析结果要能够直接得出需要优化的指标建议。

12.2.1 日志分析的 KPI

Web 领域常见的几个 KPI 如图 12.1 所示。

图 12.1 关键 KPI

1．PV(PageView)

PV 是最重要的统计指标之一，它用于统计单一的 Web 资源被访问的次数。为了能够使该指标更为准确地反映用户对 Web 站点中特定资源的爱好度并以此为依据进行 Web 的内容优化，在统计时往往需要对待统计的资源进行过滤，去除对结果无意义的某些静态资源，如仅作为布局背景存在的图片、CSS 文件、JS 代码等。

2．IP

页面独立 IP 的访问量统计，从逻辑上反映某个页面有多少用户访问过，实际情况下需要使用某些特定手段来判定 IP 与用户之间的对应关系（由于共享 IP 或代理 IP 的问题，不能保证一个 IP 对应一个用户）。

3．Time

一个时间段（如 1 小时）的 PV 的统计，用于分析网站用户群体的时间分布，可以提供系统维护的优化时间（系统维护的原则应该是不影响绝大部分用户的正常访问请求）。

4．Source

用户来源域名的统计，可以从逻辑上分析得到网站推广活动的合理性。

5．Browser

用户的访问设备统计，其结果可以帮助分析实际活跃用户（真实用户和网络爬虫有参数差异），并分析用户的行为习惯，优化产品版本迭代策略。

12.2.2 案例系统结构

日志是由业务系统产生的，可以设置 Web 服务器每天产生一个新的目录，目录下面会产生多个日志文件,每个日志文件 128MB（Hadoop 2 之后的 HDFS 默认分块大小），设置系统定时器如 CRON,每日 0 时后向 HDFS 导入头一天的日志文件。完成导入后,设置系统定时器,启动调度 MapReduce 程序,提取并计算统计指标。完成计算后,设置系统定时器,从 HDFS 导出统计指标数据到数据库,方便以后的实时查询。

系统结构如图 12.2 所示。

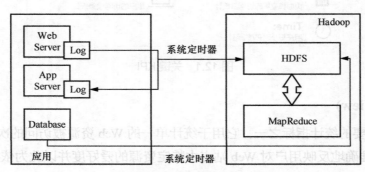

图 12.2　系统结构

系统执行流程如图 12.3 所示。

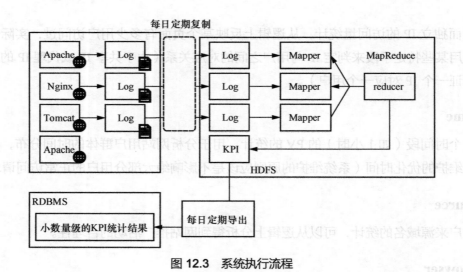

图 12.3　系统执行流程

图 12.3 详细解释了一个实际环境中日志分析功能组件的执行逻辑。

12.2.3　日志分析方法

在 Web 日志中,每条日志通常代表用户的一次访问行为。例如,图 12.4 所示就是一条典型的 Nginx 日志。

```
222.68.172.190 - - [18/Sep/2013:06:49:57 +0000] "GET /images/my.jpg HTTP/1.1" 200 19939
"http://▆▆▆▆▆▆▆▆/" "Mozilla/5.0 (Windows NT 6.1)
AppleWebKit/537.36 (KHTML, like Gecko) Chrome/51.0.1547.66 Safari/537.36"
```

图 12.4　一条典型的 Nginx 日志

这条日志可以通过分隔符（空格）拆解为 8 个变量数据供分析时使用。

（1）remote_addr：记录客户端的 IP 地址，222.68.172.190。

（2）remote_user：记录客户端用户名称。

（3）time_local：记录访问时间与时区，[18/Sep/2013：06：49：57 +0000]。

（4）request：记录请求的 URL 与 HTTP，"GET /images/my.jpg HTTP/1.1"。

（5）status：记录请求状态，成功是 200。

（6）body_bytes_sent：记录发送给客户端文件主体内容大小，19939。

（7）http_referer：记录是从哪个页面链接访问过来的。

（8）http_user_agent：记录客户浏览器的相关信息，"Mozilla/5.0 (Windows NT 6.1) AppleWEBKit/537.36 (KHTML, like Gecko) Chrome/51.0.1547.66 Safari/537.36"。

如果需要更多的信息，则要用其他手段获取。例如，通过 JavaScript 代码单独发送请求，使用 cookie 记录用户的访问信息，使用业务代码主动记录自定义的业务操作日志。

在少量数据的情况下，如果单机处理效率尚能被客户忍受，则可以直接利用各种 Unix/Linux 工具完成日志文件的分析统计，例如 awk、grep、sort、join 等都是日志分析的利器，再配合 Perl、Python、正则表达式，基本就可以解决所有的问题。

当数据量每天以 10GB、100GB 增长的时候，单机处理能力已经不能满足需求。这种情况下，就需要增加系统的复杂性，用计算机集群、存储阵列来解决。目前，一般中型的网站（10 万的 PV 以上），每天会产生 1GB 以上 Web 日志文件。大型或超大型的网站，可能每小时就会产生 10GB 的数据量。在 Hadoop 出现之前，海量数据存储和海量日志分析都是非常困难的。只有少数一些企业，掌握着高效的并行计算、分布式计算、分布式存储的核心技术。Hadoop 的出现，大幅度地降低了海量数据处理的门槛，让小企业甚至是个人都有能力完成海量数据分析。并且，Hadoop 的 MapReduce 非常适用于日志分析系统。

通过 MapReduce 进行日志分析的过程如图 12.5 所示。

由于 Web 的日志文件本身就是文本格式，因此无需对 MapReduce 默认数据的输入、输出格式进行自定义操作。在默认情况下，HDFS 上的文件分块输入 MapReduce 流程后会被切分成单一的数据分片进行处理，而分片的依据即为换行符，即每一行作为一个输入分片调用一次 Map 操作，在 Map 操作中即可按照日志的格式分割规则（默认情况下空格分割）切分数据并获取需要的变量数据，构建成对应的键值对后交由 Reduce 处理汇总并保存最终的结果。

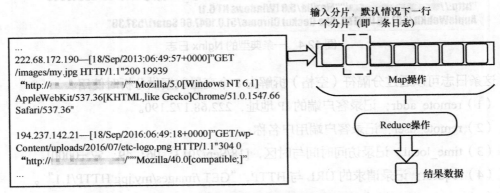

图 12.5 MapReduce 日志分析过程

针对不同的 KPI，MapReduce 的过程抽象如下。

页面访问量统计流程，如图 12.6 所示。

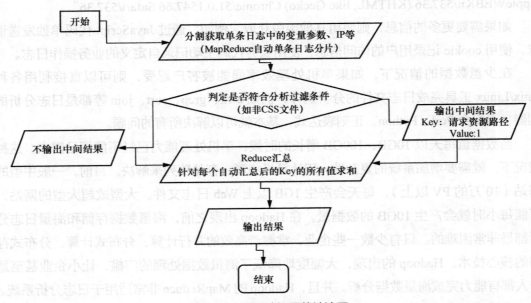

图 12.6 页面访问量统计流程

首先将满足过滤条件的日志文件中包含的请求路径目标（即某一个页面）提取出来，然后将其作为 Key、常量 1 作为值完成 Map 操作的中间输出，在 Reduce 中针对特定 Key 对应的所有值完成求和操作即可获取该页被访问了多少次，统计汇总操作与典型的 MapReduce WordCount 类似。

页面独立 IP 访问统计流程，如图 12.7 所示。

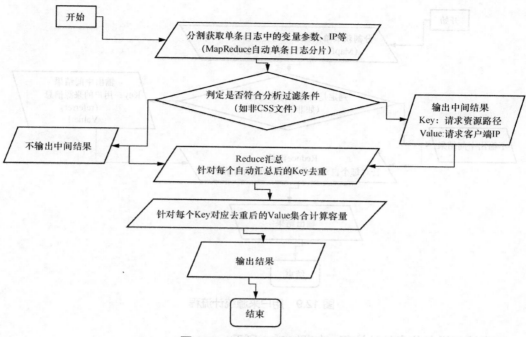

图 12.7　独立 IP 访问统计流程

单位时间 PV 统计流程，如图 12.8 所示。

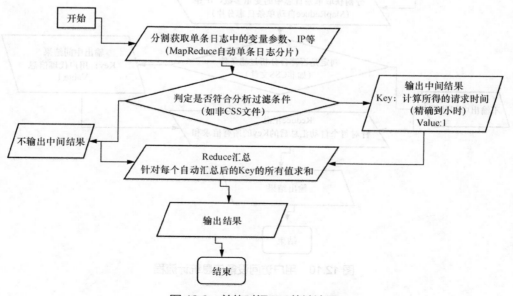

图 12.8　单位时间 PV 统计流程

用户来源统计流程，如图12.9所示。

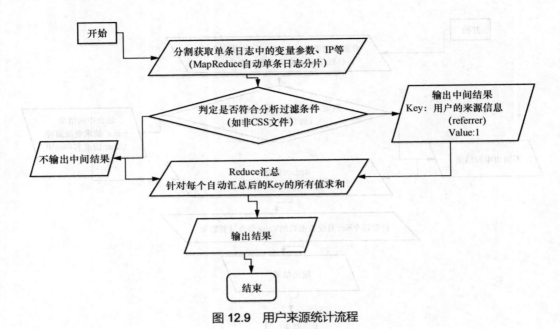

图12.9 用户来源统计流程

用户访问设备信息统计流程，如图12.10所示。

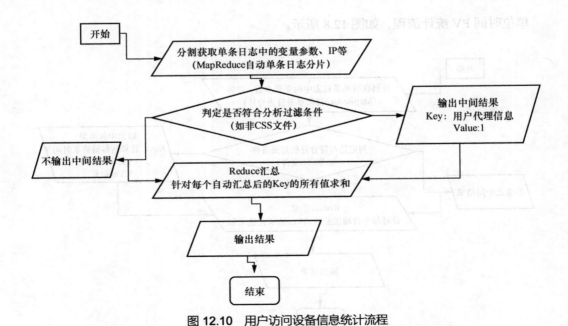

图12.10 用户访问设备信息统计流程

12.3 案例实现

本节采用 Java 代码,利用 Hadoop MapReduce 实现了 PV、IP、浏览器类型、访问时间等常用的 Web 日志分析功能。

12.3.1 定义日志相关属性字段

从 Web 日志的数据格式和分析要求来看,完成每个 KPI 分析的第一件事,就是将作为单条输入数据的日志中包含的不同参数提取出来并保存在变量中供后续分析操作使用,因此,实现案例的第一个步骤就是能够定义一个代表日志的类,类中定义的每一个属性字段都与日志文件中某个特定的属性参数匹配。

定义类 com.Chinasofti.mr.WEBlog.kpi.KPI,并在其中定义相关的属性字段。

```
/**
 * 记录客户端的 IP 地址
 * */
private String remote_addr;
/**
 * 记录客户端用户名称,忽略属性 "-"
 * */
private String remote_user;
/**
 * 记录访问时间与时区
 * */
private String time_local;
/**
 * 记录请求的 URL 与 HTTP
 * */
private String request;
/**
 * 记录请求状态;成功是 200
 * */
private String status;
/**
 * 记录发送给客户端文件的主体内容大小
 * */
private String body_bytes_sent;
/**
 * 用来记录从哪个页面链接访问过来的
 * */
private String http_referer;
/**
```

```
 * 记录客户浏览器的相关信息
 * */
private String http_user_agent;
```

12.3.2 数据合法标识（在分析时是否被过滤）

在之前的分析中已经明确，一些典型的静态资源，如仅用于背景或布局的图片、CSS文件、JS文件等并不适用于后续的数据分析流程（这些资源的请求次数肯定会明显多于正常的文档资源，因为不同的页面会重复请求，包含这些资源的分析结果不能提供准确的Web服务优化建议信息），因此需要在进行分析之前对日志进行合理判定，指明当前日志是否在进行实际数据分析时应该被过滤，所以还应该定义日志数据合法性标识。

```
/**
 * 判断数据是否合法
 * */
private boolean valid = true;
```

当valid变量取值为true时，该日志的数据将纳入分析的目标日志数据集合中，反之，该日志的数据在进行实际KPI指标分析时将被丢弃。

12.3.3 解析日志

标准的单条Nginx日志的解析非常简单，参数属性之间使用了标准的空格作为分隔符，因此在Java代码中只需要简单使用空格将日志字符串转换为字符串数组，那么数组的每一个元素就将按顺序保存对应参数属性取值，只需按照位置关系逐一将其保存到变量字段中即可。

```
/**
 * 解析单条日志的方法
 *
 * @param line
 *             日志数据字符串
 * @return 解析后的结果，日志数据中对应的参数被保存到返回对象的属性字段中
 * */
private static KPI parser(String line) {
// System.out.println(line);
// 构建用于保存日志信息的对象
KPI kpi = new KPI();
// 利用标准的空格分割日志字符串（标准的Nginx格式）
String[] arr = line.split(" ");
```

```
// 如果参数个数符合要求
if (arr.length > 11) {
    // 保存客户端的 IP 地址
    kpi.setRemote_addr(arr[0]);
    // 保存客户端传递的用户数据,一般不借助 HTTP 的认证特性时本参数无实际作用
    kpi.setRemote_user(arr[1]);
    // 保存发起请求的时间和客户端的时区信息
    kpi.setTime_local(arr[3].substring(1));
    // 保存本次请求对应的资源路径信息
    kpi.setRequest(arr[6]);
    // 保存本次请求的响应状态
    kpi.setStatus(arr[8]);
    // 保存本次请求向客户端发送的内容大小
    kpi.setBody_bytes_sent(arr[9]);
    // 保存请求的来源信息(请求本资源的上一个资源路径)
    kpi.setHttp_referer(arr[10]);
    // 如果存在附加的客户端代理信息
    if (arr.length > 12) {
        // 保存带有附加信息的客户端代理信息
        kpi.setHttp_user_agent(arr[11] + " " + arr[12]);
    } else {
        // 保存默认的客户端代理信息
        kpi.setHttp_user_agent(arr[11]);
    }
    // 如果出现 HTTP 错误(代码大于 400)
    if (Integer.parseInt(kpi.getStatus()) >= 400) {// 大于 400,HTTP 错误
        // 本条日志代表的请求不适用于分析
        kpi.setValid(false);
    }
} else {
    // 如果数据条目数不对,则本条日志代表的请求不适用于分析
    kpi.setValid(false);
}
// 返回解析后的结果
return kpi;
```

12.3.4 日志合法性过滤

本案例的合法性过滤采用"请求访问资源白名单"的形式完成,即判定日志数据对应的请求资源目标是否位于一个白名单集合中。如果在该白名单中,则本条日志数据在进行 KPI 指标分析时将作为有效数据参与分析,反之则在最后的数据分析过程中本条日志数据将被抛弃。

```java
/**
 * 对日志数据进行过滤的方法（本方式使用的是白名单方式，即只有符合条件的才分析，也可以
 使用黑名单方式）
 *
 * @param line
 *              日志字符串
 * @return 解析后的结果，日志数据是否合法被保存到返回对象的 valid 属性字段中
 */
public static KPI filterPVs(String line) {
    // 解析日志数据
    KPI kpi = parser(line);
    // 创建白名单集合
    Set<String> pages = new HashSet<String>();
    // 在白名单集合中添加资源路径
    pages.add("/about");
    pages.add("/black-ip-list/");
    pages.add("/cassandra-clustor/");
    pages.add("/finance-rhive-repurchase/");
    pages.add("/hadoop-family-roadmap/");
    pages.add("/hadoop-hive-intro/");
    pages.add("/hadoop-zookeeper-intro/");
    pages.add("/hadoop-mahout-roadmap/");
    if (!pages.contains(kpi.getRequest())) {
        // 当前日志数据在进行 KPI 指标分析时将被抛弃
        kpi.setValid(false);
    }
    // 返回验证后的结果
    return kpi;
}
```

12.3.5 页面访问量统计的实现

本案例涉及的各种 KPI 参数之间不产生因果关系，即通过原始数据直接能够得到设计的几个 KPI 结果而无需依赖其他的 KPI 运算过程，因此不同 KPI 指标结果的运算可以设计为完全独立的不同 MapReduce 任务分别调度，这样的实现方法逻辑更为清晰，便于代码的维护管理。

1. 任务实现总体思路回顾

页面访问量统计的思路如下。

```
Map: {key:$request,value:1}。
Reduce: {key:$request,value: 求和 (sum)}。
```

（1）Map 过程

在 Map 中对以参数方式自动提供的输入分片（Nginx 默认一行数据代表一条日志，而 MapReduce 默认使用文本文件换行符进行数据分片）进行切分，Nginx 默认使用空格区分日志中不同的组成部分，因此代码中以空格为依据进行切分，并保存数据（直接利用 KPI 类的日志解析方法），如果解析后发现本日志是一条合法日志数据（满足 KPI 类中定义的日志过滤方法的要求），则继续分析。

在 Map 中需要获取日志中包含的请求资源路径目标，并以其为键、常量 1 为值作为中间输出（统计方法为求和，类似于 MapReduce WordCount）。

```
public static class KPIPVMapper extends
  Mapper<Object, Text, Text, IntWritable> {
  private IntWritable one = new IntWritable(1);
  private Text word = new Text();

  @Override
  public void map(Object key, Text value, Context context)
    throws IOException, InterruptedException {
    KPI kpi = KPI.filterPVs(value.toString());
    if (kpi.isValid()) {
      word.set(kpi.getRequest());
      context.write(word, one);
    }
  }
}
```

（2）Reduce 过程

在执行用户提供的自定义 Reduce 过程之前，Hadoop 就已经完成自动化的汇总过程，其中比较重要的是合并 Map 输出的相同 Key，即同一个 Key 在 Reduce 中只会出现一次，而该 Key 对应的所有值存放到对应的集合中，因此与 WordCount 一样，只需要对每个 Key（每一个 Key 都代表一个请求的目标路径）对应的集合数据进行求和即可知道本资源总共被请求了多少次，也即是 PV KPI 的结果。

因此 Reduce 过程就是一个求和的过程。

```
public static class KPIPVReducer extends
  Reducer<Text, IntWritable, Text, IntWritable> {
  private IntWritable result = new IntWritable();
  @Override
  public void reduce(Text key, Iterable<IntWritable> values,
    Context context) throws IOException, InterruptedException {
    int sum = 0;
```

```
    for (IntWritable value : values) {
      sum += value.get();
    }
    result.set(sum);
    context.write(key, result);
  }
}
```

2. 任务调度

任务调度的过程需要正确设置 Map 处理器和 Reduce 处理器并明确对应的输入、输出键值对的数据类型，正确提供任务的输入输出路径（本地或 HDFS）。需要注意的是，MapReduce 的任务最终输出路径需要本任务自行创建，如果该路径在任务执行前已经存在（即便是一个空的文件夹），就会导致任务执行错误。

```
public static void main(String[] args) throws Exception {

  String input = "hdfs://hadoop0:9000/WEBlog/logfile";
  String output = "hdfs://hadoop0:9000/WEBlog/kpi/pv";
Configuration conf = new Configuration();
  Job job = Job.getInstance(conf, "KPIPV");
  job.setJarByClass(com.Chinasofti.mr.WEBlog.kpi.KPIPV.class);
  job.setMapOutputKeyClass(Text.class);
  job.setMapOutputValueClass(IntWritable.class);
  job.setOutputKeyClass(Text.class);
  job.setOutputValueClass(IntWritable.class);
  job.setMapperClass(KPIPVMapper.class);
  job.setCombinerClass(KPIPVReducer.class);
  job.setReducerClass(KPIPVReducer.class);

  FileInputFormat.addInputPath(job, new Path(input));
  FileOutputFormat.setOutputPath(job, new Path(output));
  if (!job.waitForCompletion(true))
    return;
}
```

12.3.6 页面独立 IP 访问量统计的实现

独立 IP 的访问量统计表示统计某一特定资源有多少个独立的 IP 访问过，从逻辑上这可以表示有多少独立的用户访问过该资源（但最简单的统计方式会有部分误差，原因是共享或代理 IP 在日志中反映的数据会重复，因此在实际操作时需要使用更多的技术手段来提高精确度）。

1. 任务实现总体思路回顾

页面独立 IP 的访问量统计的思路。

```
Map:    {key:$request,value:$remote_addr}。
Reduce: {key:$request,value:去重再求和(sum(unique))}。
```

从以上思路可以看出，页面独立 IP 的访问量 KPI 分析，是之前设计中最为复杂的一个，原因在于其他的 KPI 本质上都是求和汇总统计，而对于 Web 服务而言，一个用户可能会多次重复地访问同一个特定资源，要统计出独立用户数量，这些重复的访问就必须去除而只留下一次访问记录，因此相对于其他的 KPI 而言，在 Reduce 中进行汇总时需要添加一个步骤：对单一 Key 所针对的数据集合完成去重操作。

（1）Map 操作

在 Map 中对以参数方式自动提供的输入分片进行日志参数解析，如果解析后发现本日志是一条合法日志数据，则继续分析。在 Map 中需要获取日志中包含的请求资源路径目标，并以其为键，访问该资源的客户端来源 IP 地址作为值完成中间结果输出，这样便可以获取"一个 IP 对一个特定资源的一次访问"信息，代码如下。

```java
public static class KPIIPMapper extends Mapper<Object, Text, Text, Text>
{
 private Text word = new Text();
 private Text ips = new Text();
 @Override
 public void map(Object key, Text value, Context context)
  throws IOException, InterruptedException {
  KPI kpi = KPI.filterIPs(value.toString());
  if (kpi.isValid()) {
   word.set(kpi.getRequest());
   ips.set(kpi.getRemote_addr());
   context.write(word, ips);
  }
 }
}
```

（2）Reduce 过程

与 PV KPI 相比，Reduce 过程需要首先完成集合数据去重操作。该操作可以利用 Set 集合元素不可重复的特性简化操作，即按照顺序将 Key 对应的数据加入到一个新的 Set 集合中，由于 Set 集合元素是不能重复的，因此如果原始数据集合中存在重复数据，那么在全部加入 Set 后，重复的数据将全部被丢弃，例如：

```java
Set<String> count = new HashSet<String>();
for (Text value : values) {
```

```
    count.add(value.toString());
  }
```

完成以上代码后，count 中的元素即为不重复的数据，而直接使用该 Set 集合的 size 方法即可获取其大小，即该集合中去重之后还包含多少个元素，这个数据直接反映了针对 Key 所对应的 Web 资源有多少独立用户进行了请求。完整 Reduce 过程如下。

```
public static class KPIIPReducer extends Reducer<Text, Text, Text, Text>
{
  private Text result = new Text();
  @Override
  public void reduce(Text key, Iterable<Text> values, Context context)
    throws IOException, InterruptedException {
    Set<String> count = new HashSet<String>();
    for (Text value : values) {
      count.add(value.toString());
    }
    result.set(String.valueOf(count.size()));
    context.write(key, result);
  }
}
```

2．任务调度

任务调度的过程与 PV KPI 完全一致，只需要注意修改对应的输入、输出路径，MapReduce 操作的类型，以及对应的输入参数 / 输出键值对的数据类型。

12.3.7　用户单位时间 PV 的统计实现

与 PV KPI 不同，用户单位时间 PV 的统计需要区分用户的访问时间，用于分析 Web 服务客户的请求时间分布，用于优化系统维护的时机并分析用户的部分行为特征。

1．任务实现总体思路回顾

用户每小时 PV 的统计的思路如下。

```
Map: {key:$time_local,value:1}。
Reduce: {key:$time_local,value:求和(sum)}。
```

（1）Map 过程

在 Map 中对以参数方式自动提供的输入分片进行日志参数解析，如果解析后发现本日志是一条合法日志数据，则继续分析。在 Map 中需要获取日志中包含的请求发起的时间（根据需求的不同精确到不同的时间段，本案例精确到小时，即统计每小时的用户访问量），并以其为键、常量 1 为值完成中间结果输出，这样便可以获取"在某一个特定时间有一个用户访问了服务"的信息，代码如下。

```java
public static class KPITimeMapper extends Mapper<Object, Text, Text, IntWritable>{
        private IntWritable one = new IntWritable(1);
        private Text word = new Text();
        @Override
        public void map(Object key, Text value, Context context)
    throws IOException, InterruptedException {
            KPI kpi = KPI.filterBroswer(value.toString());
            if (kpi.isValid()) {
                try {
                    word.set(kpi.getTime_local_Date_hour());
                    context.write(word, one);
                } catch (ParseException e) {
                    e.printStackTrace();
                }
            }
        }
}
```

（2）Reduce 过程

只需要对每个 Key（每一个 Key 都代表 1 小时的时间段）对应的集合数据进行求和，即可知道本时间段中总共有多少次针对本 Web 服务的请求，也即 TIME KPI 的结果。

```java
public static class KPITimeReducer extends
Reducer<Text, IntWritable, Text, IntWritable> {
        private IntWritable result = new IntWritable();
        @Override
        public void reduce(Text key, Iterable<IntWritable> values,
Context context) throws IOException, InterruptedException {
            int sum = 0;
            for (IntWritable value:values) {
                sum += value.get();
            }
            result.set(sum);
            context.write(key, result);
        }
}
```

2．任务调度

任务调度的过程与 PV KPI 完全一致，只需要注意修改对应的输入、输出路径，MapReduce 操作的类型，以及对应的输入参数/输出键值对的数据类型。

12.3.8 用户访问设备信息统计的实现

Browser KPI 指标统计的是用户发起请求的浏览器（或工具客户端）的代理信息（浏览器/工具名称、版本等），用于统计用户的行为习惯，其统计方法与 PV 类似，仍然以统计相关属性在日志文件中出现的次数为主。

1．任务实现总体思路回顾

用户的访问设备统计的思路如下。

```
Map: {key:$http_user_agent,value:1}。
Reduce: {key:$http_user_agent,value:求和(sum)}。
```

（1）Map 过程

在 Map 中对以参数方式自动提供的输入分片进行日志参数解析，如果解析后发现本日志是一条合法日志数据，则继续分析。在 Map 中需要获取日志中包含的用户代理数据，并以其为键、常量 1 为值完成中间结果输出，这样便可以获取"某一个特定的客户端工具访问了本 Web 服务"的信息，代码如下。

```
public static class KPIBrowserMapper extends
Mapper<Object, Text, Text, IntWritable>{
    private IntWritable one = new IntWritable(1);
    private Text word = new Text();
    @Override
    public void map(Object key, Text value, Context context)
throws IOException, InterruptedException {
        KPI kpi = KPI.filterBroswer(value.toString());
        if (kpi.isValid()) {
            word.set(kpi.getHttp_user_agent());
            context.write(word, one);
        }
    }
}
```

（2）Reduce 过程

只需要对每个 Key（每一个 Key 都代表一个客户端工具类型）对应的集合数据进行求和，即可知道该类客户端工具有多少次针对本 Web 服务的请求。

```
public static class KPIBrowserReducer extends
Reducer<Text, IntWritable, Text, IntWritable>{
    private IntWritable result = new IntWritable();
    @Override
    public void reduce(Text key, Iterable<IntWritable> values,
Context context) throws IOException, InterruptedException{
```

```
            int sum = 0;
            for (IntWritable value:values) {
                sum += value.get();
            }
            result.set(sum);
            context.write(key, result);
        }
    }
```

2．任务调度

任务调度的过程与 PV KPI 完全一致，只需要注意修改对应的输入、输出路径，MapReduce 操作的类型，以及对应的输入参数/输出键值对的数据类型。

详细的实现参考代码、测试用数据集以及项目执行结果可参考本书附盘文件。

12.4 小结

本章通过分析海量 Web 日志，实现了页面访问量、独立 IP、单位时间 PV、用户访问设备等方面的统计分析，其实现原理与 MapReduce 的入门示例 WordCount 基本一致。通过本章的学习，我们进一步掌握了 MapReduce 的处理流程及其在实际项目中的运用，可以为后面学习 Hadoop 更高级的大数据应用打下基础。

12.5 配套视频

本章的配套视频为"海量 Web 日志分析系统运行演示及源码分析"，读者可从配套电子资源中获取。

第13章　电商商品推荐系统

推荐系统在互联网行业有广泛的应用，不仅有商品推荐，而且还有电影推荐、音乐推荐、新闻推荐等，比如淘宝、京东、今日头条等，都研发了非常强大的推荐系统，其理论基础都是基于协同过滤的推荐算法。

本章涉及的主要知识点如下。

（1）案例介绍：案例需求和基础功能。

（2）案例设计：重点介绍两种协同过滤算法的原理，包括基于用户的协同过滤算法和基于物品的协同过滤算法，本案例采用基于物品的协同过滤算法。

（3）案例实现：采用 MapReduce 分布式计算框架，分 4 个步骤实现一个完整的推荐系统。

13.1　案例介绍

本案例基于协同过滤算法的简单实现完成用户与商品间的关联分析，通过历史订单信息获取不同的用户对已经消费过的产品完成的评价评分，并建立物品之间的同现矩阵。同现矩阵中反映矩阵横坐标和纵坐标代表两种不同物品在所有订单中同时出现的次数，以及每个用户对所有商品的评分信息计算用户对某一件特定商品的兴趣度，并根据兴趣度的排名自动向该用户进行推荐。

13.1.1　推荐算法

推荐算法很早就被提出来了，但是真正"火"起来还是最近这些年的事情，因为互联网的爆发，有了更大的数据量可以供我们使用，推荐算法才有了用武之地。

最开始，用户在网上找资料，都是直接请求门户网站或垂直行业分类网站，然后分门别类地点进去，找到想要获取的东西，这是一个人工过程。到后来，大家可以用 Google、百度等搜索引擎，直接搜索自己需要的内容，这些都可以比较精准地找到想要的东西。但是，如果自己都不知道自己要找什么怎么办？典型的例子就是，如果打开豆瓣找电影或者去在线商城买书，当用户不知道自己想要看什么或者买什么时，这时候推荐系统就可以派上用场了。

推荐算法从 20 世纪 90 年代提出，发展到现在已有 20 多年了，当然，在不同环境的历史应用的基础上，也衍生出了各种各样不同的推荐算法，但不管怎么样，都绕不开几个条件，这是推荐的基本条件。

（1）根据和你有共同喜好的人来给你推荐。
（2）根据你喜欢的物品找出和它相似的来给你推荐。
（3）根据你给出的关键字来给你推荐（这实际上就退化成搜索算法了）。
（4）根据上面几种条件的组合来给你推荐。

实际上，现有的推荐算法能够直接使用的数据条件大都包含在上述范围内，至于怎么应用系统、如何发挥这些条件以提高推荐的精确性来满足不同用户群体的需求，就是八仙过海，各显神通了。这么多年沉淀了一些好的算法，本案例使用的基于用户或物品的协同过滤算法就是其中的一个，这也是最早出现的推荐算法之一，并且发展到今天，基本思想没有什么变化，无非就是在处理速度上、计算相似度的算法上出现了一些差别而已。

13.1.2 案例的意义

电商商品推荐的意义往往体现在以下几个方面。

（1）对于完全无预定目标的用户，可以使其快速发掘自己的购物需要。

（2）扩大用户的盲目购物心理。当用户本身没有采购计划但从推荐列表中发现一些可买可不买的商品时，往往会由于冲动性购物增加采购量，从而对电商的营业额带来正面的积极影响。

（3）对于用户而言，推荐列表可以看作是一个潜在的采购清单提醒。如果由于用户的粗心，一些本应该在购物列表中的物品没有被采购，就存在购物金额不足以满足电商免邮费门槛。在这种情况下，如果继续完成补充采购就可能会付出两次物流成本，而如果在用户实际结算之前向其推荐他本身就感兴趣的商品，会在一定程度上减少这种无谓的开销，提高用户的购物体验，增强用户黏度。

13.1.3 案例需求

Netflix 公司在 2006 年成立的时候，是一家以在线电影租赁为生的企业。他们根据网友对电影的打分来判断用户有可能喜欢什么电影，并结合会员看过的电影以及口味偏好设置做出判断，"混搭"出各种电影风格的需求。Netflix 会收集会员的一些信息，为他们制定个性化的电影推荐后，有许多冷门电影竟然进入了候租榜单。从公司的电影资源成本方面考量，热门电影的成本一般比较高，如果 Netflix 公司能够在电影租赁中增加冷门电影的比例，自然能够提升自身营利能力。

Netflix 公司曾宣称 60% 左右的会员根据推荐名单定制租赁顺序，如果推荐系统不能准确地猜测会员喜欢的电影类型，容易造成多次租借冷门电影而并不符合个人口味的会员流失。为了更高效地为会员推荐电影，Netflix 一直致力于不断改进和完善个性化推荐服务，在 2006 年推出百万美元大奖，无论是谁只要能最好地优化 Netflix 推荐算法就可获奖励 100 万美元。到 2009 年，奖金被一个 7 人开发小组夺得，Netflix 随后又立即推出第二个百万美金悬赏。这充分说明一套好的推荐算法系统是多么重要，同时又是多么困难。

本案例使用 Netflix 提供的标准订单数据（包括订单的用户 ID、商品 ID 以及用户对该商品的评分信息）通过物品的协同过滤算法完成对用户的商品推荐。

13.2 案例设计

本案例采用协同过滤算法（Collaborative Filtering，CF）。协同过滤是利用集体智慧的一个典型方法。要理解什么是协同过滤，首先来考虑一个简单的问题：如果你现在想看一场电影，但不知道具体看哪部，你会怎么做？大部分的人会问问周围的朋友，看看最近有什么好看的电影，而我们一般更倾向于从喜好比较类似的朋友那里得到推荐。这就是协同过滤的核心思想。

13.2.1 协同过滤

1．集体智慧

集体智慧（Collective Intelligence）并不是 Web 2.0 时代特有的，只是在 Web 2.0 时代，大家在 Web 应用中利用集体智慧构建更加有趣的应用或者得到更好的用户体验。集体智慧是指在大量的人群的行为和数据中收集答案，帮助系统对整个人群得到统计意义上的结论。这些结论是我们在单个个体上无法得到的，它往往是某种趋势或者人群中共性的部分。

Wikipedia 和 Google 是两个典型的利用集体智慧的 Web 2.0 应用。

Wikipedia 是一个知识管理的百科全书，相对于传统的由领域专家编辑的百科全书，Wikipedia 允许最终用户贡献知识，随着参与人数的增多，Wikipedia 变成了涵盖各个领域的一个无比全面的知识库。也许有人会质疑它的权威性，但如果你从另一个侧面考虑这个问题，也许就可以迎刃而解。在发行一本书时，作者虽然是权威，但难免还有一些错误，然后通过一版一版地改版，书的内容会越来越完善。

而在 Wikipedia 上，这种改版和修正被变为每个人都可以做的事情，任何人发现错误或者不完善都可以贡献他们的想法，即便某些信息是错误的，但它一定也会尽快地被其他人纠正过来。从一个宏观的角度看，整个系统在按照一个良性循环的轨迹不断完善，这也正是集体智慧的魅力。

Google 是目前最流行的搜索引擎之一。与 Wikipedia 不同，它没有要求用户显式地贡献，但仔细想想 Google 最核心的 PageRank 的思想，它利用了 Web 页面之间的关系，将其他页面链接到当前页面的数量作为衡量当前页面重要与否的标准；如果这不好理解，那么你可以把它想象成一个选举的过程，每个 Web 页面都是一个投票者，同时也是一个被投票者，PageRank 通过一定数量的迭代得到一个相对稳定的评分。Google 其实利用了现在 Internet 上所有 Web 页面上链接的集体智慧，找到哪些页面是重要的。

2．协同过滤的概念

协同过滤一般是在海量的用户中发掘出一小部分与你品位比较类似的，在协同过滤中，这些用户成为邻居，然后根据他们喜欢的其他东西组织成一个排序的目录并推荐给你。当然这其中有两个核心问题：

（1）如何确定一个用户是不是与你有相似的品位；
（2）如何将邻居们的喜好组织成一个排序的目录。

协同过滤相对于集体智慧而言，从一定程度上保留了个体的特征，就是你的品位偏好，所以它更多可以作为个性化推荐的算法思想。可以想象，这种推荐策略在 Web 2.0 的应用中是很重要的，将大众流行的东西推荐给未知喜好列表中的人怎么可能得到好的效果，这也回到了推荐系统的一个核心问题：了解你的用户，然后才能给出更好的推荐。

3．深入协同过滤的核心

有了背景知识，接下来分析协同过滤的原理。首先，要实现协同过滤，需要以下3个步骤。

（1）收集用户的偏好；
（2）找到相似的用户或物品；
（3）计算推荐。

要从用户的行为和偏好中发现规律，并基于此给予推荐，如何收集用户的偏好信息成为系统推荐效果最基础的决定因素。用户有很多方式向系统提供自己的偏好信息，而且不同的应用也可能大不相同。表 13.1 对此进行举例介绍。

表 13.1 用户展示偏好信息的方式

用户行为	类型	特征	作用
评分	显式	整数量化的偏好，可能的取值是 [0, n]；n 一般取值为 5 或者是 10	通过用户对物品的评分，可以精确地得到用户的偏好
投票	显式	布尔量化的偏好，取值是 0 或 1	通过用户对物品的投票，可以较精确地得到用户的偏好
转发	显式	布尔量化的偏好，取值是 0 或 1	通过用户对物品的投票，可以精确地得到用户的偏好。如果是站内，同时可以推理得到被转发人的偏好（不精确）
保存书签	显式	布尔量化的偏好，取值是 0 或 1	通过用户对物品的投票，可以精确地得到用户的偏好
标记标签（Tag）	显式	一些单词，需要对单词进行分析，得到偏好	通过分析用户的标签，可以得到用户对项目的理解，同时可以分析出用户的情感：喜欢还是讨厌
评论	显式	一段文字，需要进行文本分析，得到偏好	通过分析用户的评论，可以得到用户的情感：喜欢还是讨厌
单击流（查看）	隐式	一组用户的单击，用户对物品感兴趣，需要进行分析，得到偏好	用户的单击一定程度上反映了用户的注意力，所以它也可以从一定程度上反映用户的喜好
页面停留时间	隐式	一组时间信息，噪声大，需要进行去噪、分析，得到偏好	用户的页面停留时间一定程度上反映了用户的注意力和喜好，但噪声偏大，不好利用
购买	隐式	布尔量化的偏好，取值是 0 或 1	用户的购买是很明确地说明对这个物品感兴趣

表 13.1 中的用户行为都是比较通用的，商品推荐功能的设计开发人员可以根据自己应用的特点添加特殊的用户行为，并用它们表示用户对物品的喜好。在一般应用中，系统提取的用户行为一般多于一种，关于如何组合这些不同的用户行为，基本上有以下两种方式。

（1）将不同的行为分组：一般可以分为"查看"和"购买"等，然后基于不同的行为，计算不同的用户/物品相似度。类似于当当网或者京东给出的"购买了该图书的人还购买了……""查看了该图书的人还查看了……"

（2）根据不同行为反映用户喜好的程度将它们进行加权，得到用户对于物品的总体喜好。一般来说，显式的用户反馈比隐式的权值大，但比较稀疏，毕竟进行显示反馈的用户是少数；同时相对于"查看"，"购买"行为反映用户喜好的程度更大，但这也因应用而异。

收集了用户行为数据，系统还需要对数据进行一定的预处理，其中最核心的工作有以下两项。

（1）减噪：用户行为数据是用户在使用应用过程中产生的，它可能存在大量的噪声和用户的误操作，系统可以通过经典的数据挖掘算法过滤掉行为数据中的噪声，这样可以使系统的分析更加精确。

（2）归一化：如前面讲到的，在计算用户对物品的喜好程度时，可能需要对不同的行为数据进行加权。但可以想象，不同行为的数据取值可能相差很大，比如，用户的查看数据必然比购买数据大得多，如何将各个行为的数据统一在一个相同的取值范围中，从而使得加权求和得到的总体喜好更加精确，就需要系统进行归一化处理。最简单的归一化处理，就是将各类数据除以此类中的最大值，以保证归一化后的数据取值在 [0，1] 范围中。

进行预处理后，根据不同应用的行为分析方法，可以选择分组或者加权处理，之后可以得到一个用户偏好的二维矩阵，一维是用户列表，另一维是物品列表，值是用户对物品的偏好，一般是 [0，1] 或者 [-1，1] 的浮点数值。

当对用户行为进行分析得到用户喜好后，我们可以根据用户喜好计算相似用户和物品，然后基于相似用户或者物品进行推荐，这就是最典型的协同过滤算法的两个分支：基于用户的协同过滤算法和基于物品的协同过滤算法。这两种方法都需要计算相似度。

13.2.2　基于用户的协同过滤算法

首先可以对该算法进行一个词法分析，基于用户说明这个算法是以用户为主体的算法，这种以用户为主体的算法比较强调社会性的属性，也就是说这类算法更加强调把与用户有相似爱好的其他用户的物品推荐给他。与之对应的是基于物品的推荐算法，这种算法更加强调把与用户喜欢的物品相似的物品推荐给他。

然后就是协同过滤。所谓协同，就是大家一起帮助一个用户；后面的一个关键词过滤，就是数据是需要经过特定的方式清洗过滤后才计算出结果告知客户的，否则会包含太多的无用信息，处理分析的开销过大，也不便于读取最终的结果。所以，综合起来说就是这么一个算法：那些与你有相似爱好的小伙伴们一起来商量一下，然后告诉你什么东西你会喜欢。

所谓计算相似度，有 3 个比较经典的算法。

（1）Jaccard 算法，就是交集除以并集。

（2）余弦距离相似性算法，这个算法应用很广，一般用来计算向量间的相似度。

（3）各种其他算法，比如欧氏距离算法等。

不管是使用 Jaccard 还是使用余弦算法，本质上需要做的还是求两个向量的相似程度，使用哪种算法完全根据业务系统需要而灵活选取。

1. 与目标用户最相邻的 K 个用户

在实际的业务系统中，在查找与当前用户兴趣爱好相似的其他用户时，系统可能可以检索到几百个，但是这些用户与当前用户的相似度会存在一些区别，有些相似度极高，而剩下的一些可能只存在少量的关联，那么一般地，在系统中会定义一个临界数值 K，和当前用户最相似的 K 个其他用户就成为向当前用户提供推荐商品的依据来源，他们的爱好可能与当前用户的爱好相差不大，让他们来推荐商品给当前用户（比如与当前用户关联度最高的用户评价最高的产品）是最好不过了。

何为与当前用户相似呢？简单地说就是，比如当前用户喜欢 Macbook、iPhone、iPad，A 用户喜欢 Macbook、iPhone、Note5、小米盒子、肥皂、蜡烛，B 用户喜欢 Macbook、iPhone、iPad、肥皂、润肤霜，C 用户喜欢雅诗兰黛、SK2、香奈儿，D 用户喜欢 iPad、诺基亚 3310、小霸王学习机。那么很明显，B 用户与当前用户更加相似，而 C 用户完全与当前用户不在一个关注圈内，那么系统进行推荐时就会把肥皂推荐给当前用户，因为系统觉得肥皂可能最适合当前用户。

那么，如何找出这 K 个与当前用户最为相似的用户呢？

最直接的办法就是把目标用户和数据库中的所有用户进行比较，找出和目标用户最相似的 K 个用户，这就是进行推荐的数据依据了。

这么做理论上是没什么问题的，但是当数据量巨大的时候，计算 K 个最关联用户的时间将非常长，而且在绝大部分情况下，数据库中的大部分用户其实与当前用户是没有什么交集的，所以这就没必要计算所有用户，只需要计算与当前用户有交集的用户即可。

要计算与当前用户有交集的其他用户，可以使用由订单反映出来的物品到用户的反查表。什么是反查表呢？很简单，还是上面那个 A、B、C、D 用户的例子，反查表就是喜欢 Macbook 的有当前用户、A、B，喜欢 iPhone 的有当前用户、B……反查表本质就是共同喜欢某些物品的用户集合，有了这个表，系统就可以分析出与当前用户有关系的用户就只有 A、B、D 了，而 C 用户与当前用户没有任何交集，所以在为当前用户提供推荐物品分析时可以直接忽略。

这样，系统有了 A 和 B、D 的物品关注信息，然后就分别计算 A 和 B、D 与当前的相似度，不管用哪个相似性公式，基本都能算出来是 B 与当前用户更相似，如果此时系统的临界值变量 K 设定为 2，那么系统就得出了与当前用户最相邻的其他用户是 B 和 A。

这就是与目标用户最相邻的 K 个用户的计算。

计算用户向量相关性比较简单的表达式（即计算皮尔逊相关系数）如下。

$$\rho_{X,Y} = \mathrm{corr}(X,Y) = \frac{\mathrm{cov}(X,Y)}{\sigma_X \sigma_Y} = \frac{E[(X-\mu_X)(Y-\mu_Y)]}{\sigma_X \sigma_Y}$$

由公式可知，皮尔逊相关系数是用协方差除以两个变量的标准差得到的。

要理解皮尔逊相关系数，首先要理解协方差。协方差是一个反映两个随机变量相关程度的指标，如果一个变量随着另一个变量同时变大或者变小，那么这两个变量的协方差就是正值，反之相反。协方差公式如下。

$$\mathrm{cov}(X,Y) = \frac{\sum_{n}^{i=1}(X_i - \overline{X})(Y_i - \overline{Y})}{n-1}$$

2．通过这 K 个相关用户来推荐商品

通过以上的步骤，系统计算出了与当前用户最相似的 K 个其他用户，接下来就可以向当前用户推荐商品。但是从关联用户可以看出，可以向当前用户推荐的商品有小米盒子、Note5、蜡烛、润肤霜、肥皂 4 种，到底哪种才是当前用户最需要的呢？这里可以使用的算法就比较广泛了，最简单的情况下，系统可以不排序，都一股脑地推荐给当前用户。但这明显可能有些商品当前用户不怎么感兴趣，盲目地推荐或许还会造成用户的反感，那么系统可以进行一些简单的处理。假如系统计算出来 A 与当前用户的相似度是 25%，B 与当前用户的相似度是 80%，那么对于上面的商品，系统的推荐度可以使用对应的相似程度权重来进行分析计算。

小米盒子：1*0.25 = 0.25

Note5：1*0.25 = 0.25

蜡烛：1*0.25 = 0.25

润肤霜：1*0.8 = 0.8

肥皂：1*0.8+1*0.25=1.05

这样就一目了然了，很明显，系统会首先把肥皂推荐给当前用户，这个可能是当前用户最需要的，其次是润肤霜，然后才是蜡烛、小米盒子和 Note5。

当然，开发人员也可以把上述结果归一化或者用其他觉得更适合业务环境的方式来计算推荐度，但是不管怎么算，推荐度还是得与对应用户和当前用户的相似度有关系，也就是那个 0.8 和 0.25 的权重一定要直接或间接使用，否则无法与相关用户产生关联。

3．算法总结

基于用户的协同推荐算法的描述，总结起来就是以下 4 步。

（1）计算其他用户与当前用户的相似度，可以使用反查表忽略一部分用户。

（2）根据相似度的高低找出 K 个与当前用户最相似的邻居。

（3）在这些邻居喜欢的物品中，根据邻居与当前用户的远近程度算出每一件物品的推荐度。

（4）根据每一件物品的推荐度高低给当前用户推荐物品。

比如上面那个例子，首先，系统通过反查表忽略掉 C 用户，然后计算出 A 和 B、D 与当前用户的相似度，再根据 K=2 找出最相似的邻居 A 和 B，接着根据 A、B 与当前用户相似度计算出每件物品的推荐度并排序，最后根据排好序的推荐度给当前用户推荐商品。

4．算法存在的问题

这个算法实现起来比较简单，但是在实际应用中有时候也会存在些许问题。

比如，一些非常流行的商品可能很多人都喜欢，这种商品推荐给当前用户就没太大意义，所以计算的时候需要对这种商品加一个权重或者把这种商品完全去掉也行。再有，对于一些通用的商品，例如买书时的工具书，如《现代汉语词典》《新华字典》等，通用性太强了，也不存在多大的推荐价值。这些都是推荐系统的脏数据，如何去掉脏数据，需要在对订单数据进行预处理时进行完善的清洗处理。

5．算法选择

由于基于用户的协同推荐算法用户相关度计算时即便做出极大的简化，也会涉及一些数学表达式，因此为了使读者能够更方便地理解和实现商品推荐案例，本案例选择了更为容易实现的基于物品的协同过滤算法，读者在完成本案例后可以根据上述的算法描述自行修改案例的实现。

13.2.3　基于物品的协同过滤算法

基于物品的协同算法的原理和基于用户的协同算法类似，只是在计算相似度时采用物品本身，而不是从用户的角度，即基于用户对物品的偏好找到相似的物品，然后根据用户的历史偏好，推荐相似的物品给用户。

从计算的角度看，就是将所有用户对某个物品的偏好作为一个向量来计算物品之间的相似度，得到物品的相似物品后，根据用户历史的偏好预测当前用户还没有表示偏好的物品，计算得到一个排序的物品列表作为推荐。如表 13.2 所示的例子，对于物品 A，根据

表 13.2　基于物品的协同过滤

用户/物品	物品 A	物品 B	物品 C
用户 A	√	√	√
用户 B	√		√
用户 C	√		推荐

所有用户的历史偏好，喜欢物品 A 的用户都喜欢物品 C，得出物品 A 和物品 C 比较相似，而用户 C 喜欢物品 A，那么可以推断出用户 C 可能也喜欢物品 C。

表 13.2 的内容可以转换为图 13.1 所示的内容。

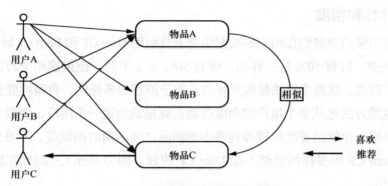

图 13.1　基于物品的协同过滤算法

以下是基于用户的协同过滤算法 User CF 和基于物品的协同过滤算法 Item CF 的比较。

1．计算复杂度

Item CF 和 User CF 是基于协同过滤推荐的两个最基本的算法。User CF 很早以前就被提出来了，Item CF 是从 Amazon 的论文和专利发表之后（2001 年左右）才开始流行。大家都觉得 Item CF 从性能和复杂度上比 User CF 更优，其中的一个主要原因就是对于一个在线网站，用户的数量往往大大超过物品的数量，同时物品的数据相对稳定，因此计算物品的相似度不但计算量较小，而且不必频繁更新。

但我们往往忽略这种情况只适应于提供商品的电子商务网站，对于新闻、博客或者微内容的推荐系统，情况往往是相反的，物品的数量是海量的，同时也是更新频繁的，所以单从复杂度的角度，这两个算法在不同的系统中各有优势，推荐引擎的设计者需要根据自己应用的特点选择更加合适的算法。

2．适用场景

在非社交网络的网站中，内容内在的联系是很重要的推荐原则，它比基于相似用户的推荐原则更加有效。比如在购书网站上，当用户看一本书的时候，推荐引擎会为其推荐相关的书籍，这个推荐的重要性远远超过了网站首页对该用户的综合推荐。可以看到，在这种情况下，Item CF 的推荐成为引导用户浏览的重要手段。

同时，Item CF 便于为推荐做出解释，在一个非社交网络的网站中，给某个用户推荐一本书，同时给出的解释是和该用户有相似兴趣的某某也看了这本书，这很难让用户信服，因为用户可能根本不认识那个人；但如果解释说是因为这本书和该用户以前看的某本书相似，该用户可能就觉得合理而采纳了此推荐。相反，在现今很流行的社交网络站点中，User CF 是一个更不错的选择，User CF 加上社会网络信息，可以增加用户对推荐解释的信服程度。

3．推荐多样性和精度

研究推荐引擎的学者们在相同的数据集合上分别用 User CF 和 Item CF 计算推荐结果，发现推荐列表中，只有 50% 是一样的，还有 50% 完全不同。但是这两个算法确有相似的精度，所以可以说，这两个算法是很互补的。关于推荐的多样性，有两种度量方法。

第一种度量方法是从单个用户的角度度量，就是说给定一个用户，查看系统给出的推荐列表是否多样，也就是要比较推荐列表中的物品之间两两的相似度，不难想到，对这种度量方法，Item CF 的多样性显然不如 User CF 的好，因为 Item CF 的推荐就是与以前看的东西最相似的。

第二种度量方法是考虑系统的多样性，也被称为覆盖率（Coverage），它是指一个推荐系统是否能够提供给所有用户丰富的选择。在这种指标下，Item CF 的多样性要远远好于 User CF，因为 User CF 总是倾向于推荐热门的，从另一个侧面看，也就是说，Item CF 的推荐有很好的新颖性，很擅长推荐长尾里的物品。所以，尽管大多数情况 Item CF 的精度略小于 User CF，但如果考虑多样性，Item CF 却比 User CF 好很多。

如果对推荐的多样性还心存疑惑，那么下面再举个实例看看 User CF 和 Item CF 的多样性到底有什么差别。首先，假设每个用户兴趣爱好都是广泛的，喜欢好几个领域的东西，不过每个用户肯定也有一个主要的领域，对这个领域会比其他领域更加关心。给定一个用户，假设他喜欢 A、B、C 这 3 个领域，同时 A 是他喜欢的主要领域，这个时候我们来看 User CF 和 Item CF 倾向于做出什么推荐：如果用 User CF，它会将 A、B、C 这 3 个领域中比较热门的东西推荐给用户；如果用 Item CF，它会基本上只推荐 A 领域的东西给用户。所以我们看到因为 User CF 只推荐热门的，所以它在推荐长尾里项目方面的能力不足；而 Item CF 只推荐 A 领域给用户，这样它有限的推荐列表中就可能包含了一定数量不热门的长尾物品，同时 Item CF 的推荐对这个用户而言，显然多样性不足。但是对整个系统而言，因为不同用户的主要兴趣点不同，所以系统的覆盖率会比较好。

从上面的分析可以很清晰地看到，这两种推荐都有合理性，但都不是最好的选择，因此它们的精度也会有损失。其实对这类系统的最好选择是，如果系统给这个用户推荐 30 个物品，既不是每个领域挑选 10 个最热门的，也不是推荐 30 个 A 领域的，而是比如推荐 15 个 A 领域的，剩下的 15 个从 B、C 中选择。所以结合 User CF 和 Item CF 是最优的选择，结合的基本原则就是：当采用 Item CF 导致系统对个人推荐的多样性不足时，系统通过加入 User CF 增加个人推荐的多样性，从而提高精度；当因为采用 User CF 而使系统的整体多样性不足时，系统可以通过加入 Item CF 增加整体的多样性，同样可以提高推荐的精度。

4．用户对推荐算法的适应度

前面大部分是从推荐引擎的角度考虑哪个算法更优，但其实更多的应该考虑作为推荐引擎的最终使用者——应用用户对推荐算法的适应度。

对于 User CF，推荐的原则是假设用户会喜欢那些和他有相同喜好的用户喜欢的东西，但如果一个用户没有喜好相同的朋友，那 User CF 算法的效果就会很差，所以一个用户对 CF 算法的适应度是与他有多少喜好相同的用户成正比的。

Item CF 算法也有一个基本假设，就是用户会喜欢与他以前喜欢的东西相似的东西，那么我们可以计算一个用户喜欢的物品的自相似度。一个用户喜欢物品的自相似度大，就说明他喜欢的东西都是比较相似的，也就是说他比较符合 Item CF 方法的基本假设，那么他对 Item CF 的适应度自然比较好；反之，如果自相似度小，就说明这个用户的喜好习惯并不满足 Item CF 方法的基本假设，那么对于这种用户，用 Item CF 方法做出好的推荐的可能性就非常低。

13.2.4 算法实现设计

本案例使用的数据格式及基本思想如下

每行 3 个字段，依次是用户 ID、电影 ID、用户对电影的评分（0～5 分，每 0.5 为一个评分点）。算法的思想如图 13.2 所示。

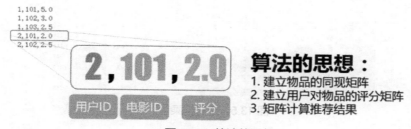

图 13.2 算法的思想

1．建立物品的同现矩阵

按用户分组，找到每个用户所选的物品，单独出现计数及两两一组计数，即两种商品同时出现的次数，如图 13.3 所示。

	101	102	103	104	105	106	107
101	5	3	4	4	2	2	1
102	3	3	3	2	1	1	0
103	4	3					
104	4	2					
105	2	1	2	2			
106	2	1	2	2	1		
107	1	0	0			0	1

（103号商品和102号商品在同一个订单中一共出现了3次）

图 13.3　物品同现矩阵

2．建立用户对物品的评分矩阵

按用户分组，找到每个用户所选的物品及评分，如图 13.4 所示。

图 13.4　用户对物品的评分矩阵

3．矩阵计算推荐结果

同现矩阵 * 评分矩阵 = 推荐结果，如图 13.5 所示。

图 13.5　矩阵相乘

4．矩阵相乘的计算方法

矩阵相乘最重要的方法是一般矩阵乘积。它只有在第一个矩阵的列数（column）和第二个矩阵的行数（row）相同时才有意义。一般单指矩阵乘积时，指的便是一般矩阵乘积。一个 $m \times n$ 的矩阵就是 $m \times n$ 个数排成 m 行 n 列的一个数阵。由于它把许多数据紧凑地集中到了一起，所以有时候可以简便地表示一些复杂的模型。

设 A 为 $m \times p$ 的矩阵，B 为 $p \times n$ 的矩阵，那么称 $m \times n$ 的矩阵 C 为矩阵 A 与 B 的乘积，记作 $C=AB$，其中矩阵 C 中的第 i 行第 j 列元素可以表示如下。

$$(AB)_{ij} = \sum_{k=1}^{p} a_{ik} b_{kj} = a_{i1} b_{1j} + a_{i2} b_{2j} + \cdots + a_{ip} b_{pj}$$

例如：

$$C = AB \begin{pmatrix} 1 & 2 & 3 \\ 4 & 5 & 6 \end{pmatrix} \begin{pmatrix} 1 & 4 \\ 2 & 5 \\ 3 & 6 \end{pmatrix} = \begin{pmatrix} 1\times1+2\times2+3\times3 & 1\times4+2\times5+3\times6 \\ 4\times1+5\times2+6\times3 & 4\times4+5\times5+6\times6 \end{pmatrix} = \begin{pmatrix} 14 & 32 \\ 32 & 77 \end{pmatrix}$$

乘法 AB 流程用文字描述如下。

第一步：

（1）用 A 的第 1 行各个数与 B 的第 1 列各个数对应相乘后加起来，就是乘法结果中第 1 行第 1 列的数；

（2）用 A 的第 1 行各个数与 B 的第 2 列各个数对应相乘后加起来，就是乘法结果中第 1 行第 2 列的数；

（3）用 A 的第 1 行各个数与 B 的第 3 列各个数对应相乘后加起来，就是乘法结果中第 1 行第 3 列的数。

依次进行，（直到）用 A 的第 1 行各个数与 B 的第末列各个数对应相乘后加起来，就是乘法结果中第 1 行第末列的数。

第二步：

（1）用 A 的第 2 行各个数与 B 的第 1 列各个数对应相乘后加起来，就是乘法结果中第 2 行第 1 列的数；

（2）用 A 的第 2 行各个数与 B 的第 2 列各个数对应相乘后加起来，就是乘法结果中第 2 行第 2 列的数；

（3）用 A 的第 2 行各个数与 B 的第 3 列各个数对应相乘后加起来，就是乘法结果中第 2 行第 3 列的数；

依次进行，（直到）用 A 的第 2 行各个数与 B 的第末列各个数对应相乘后加起来，就是乘法结果中第 2 行第末列的数。

依次进行……

第 n 步：

（1）用 A 的第末行各个数与 B 的第 1 列各个数对应相乘后加起来，就是乘法结果中第 1 行第 1 列的数；

（2）用 A 的第末行各个数与 B 的第 2 列各个数对应相乘后加起来，就是乘法结果中第末行第 2 列的数；

（3）用 A 的第末行各个数与 B 的第 3 列各个数对应相乘后加起来，就是乘法结果中第末行第 3 列的数；

依次进行，（直到）用 A 的第末行各个数与 B 的第末列各个数对应相乘后加起来，就是乘法结果中第末行第末列的数。

5．算法本质分析

从本案例简化后的实现算法来看，其本质是将用户的评分视作标准的相关性权重参数值来使用，如果去掉该参数（或者该参数的值直接取一个常量值），那么对用户的商品推荐操作直接取决于商品之间的同现矩阵，即最为简单的同现数量推荐法，向用户推荐和自己购买过产品同时在一个订单中出现次数最多的其他物品。这种方法运算效率高，但是在大数据量环境中精确度不够理想，读者可以在实现案例后自行对相关度计算方式进行升级改进。

13.2.5 推荐步骤与架构设计

1．推荐步骤

（1）按用户分组，计算所有物品出现的组合列表，得到用户对物品的评分矩阵。

（2）对物品组合列表进行计数，建立物品的同现矩阵。

（3）合并同现矩阵和评分矩阵。

（4）计算推荐结果列表。

2．架构设计

推荐系统架构如下。

（1）业务系统记录用户的行为和对物品的打分。

（2）设置系统定时器（如 Linux 上的 CRON，或使用 Java 的任务调度框架），每间隔一段时间增量向 HDFS 导入数据。

（3）完成导入后，设置系统定时器，启动 MapReduce 程序，运行推荐算法。

（4）完成计算后，设置系统定时器，从 HDFS 导出推荐结果数据到数据库，方便以后及时查询。

13.3 案例实现

按照设计中描述的步骤创建对应的 Java 类，并实现以下功能。

（1）HdfsDAO.java：HDFS 操作工具类。

（2）Step1.java：按用户分组，计算所有物品出现的组合列表，得到用户对物品的评分矩阵。

（3）Step2.java：对物品组合列表进行计数，建立物品的同现矩阵。

（4）Step3.java：合并同现矩阵和评分矩阵。

（5）Step4.java：计算推荐结果列表。

（6）Recommend.java：主任务启动程序，核心自动化任务调度。

13.3.1 实现 HDFS 文件操作工具

创建类 com.Chinasofti.mr.itemrecommend.hdfs.HdfsDAO 用于执行 HDFS 操作，其中包括文件(夹)的删除、文件的上传等文件操作方法。

1．确定 HDFS 文件路径

由于使用的是 HDFS 分布式文件系统而非直接操作本地文件，因此需要首先告知系统待操作文件的 HDFS 根路径（即 HDFS Namenode 主机的 IP 地址和端口号信息）。在本例中使用一个共享的字符串常量来描述这个参数。

```
private static final String HDFS = "hdfs://hadoop0:9000/";
```

从上述代码看出，案例使用的 HDFS 文件位于主机 hadoop0 的 9000 端口之上，可以根据环境的不同修改本常量的值。

2．实现创建 HDFS 文件夹的工具方法

创建 HDFS 文件夹的实现过程较为简单，只需要提供代表需要创建的 HDFS 文件夹路径，并将其作为参数传递给指向 HDFS 分布式文件系统的 FileSystem 对象的 mkdirs 方法即可，代码参见如下。

```java
public void mkdirs(String folder) throws IOException {
    Path path = new Path(folder);
    FileSystem fs = FileSystem.get(URI.create(hdfsPath), conf);
    // 如果文件夹不存在才创建
    if (!fs.exists(path)) {
        fs.mkdirs(path);
        System.out.println("Create: " + folder);
    }
    fs.close();
}
```

3. 实现删除 HDFS 文件（夹）的工具方法

通过 FileSystem 对象的 deleteOnExit 方法，能够删除提供的 HDFS 路径指向的文件（夹），代码如下。

```java
public void rmr(String folder) throws IOException {
    Path path = new Path(folder);
    FileSystem fs = FileSystem.get(URI.create(hdfsPath), conf);
    fs.deleteOnExit(path);
    System.out.println("Delete: " + folder);
    fs.close();
}
```

4. 实现列举 HDFS 中特定文件夹内容的工具方法

FileSystem 对象的 listStatus 方法能够获取以参数方式提供的 HDFS 路径中所有的结构，它会把给定路径中包含的所有内容的文件（夹）名称集合作为一个字符串数组返回，通过遍历该字符串即可获取提供的 HDFS 路径中包含的具体内容，代码如下。

```java
public void ls(String folder) throws IOException {
    Path path = new Path(folder);
    FileSystem fs = FileSystem.get(URI.create(hdfsPath), conf);
    FileStatus[] list = fs.listStatus(path);
    System.out.println("ls: " + folder);
    for (FileStatus f : list) {
        System.out.printf("name: %s, folder: %s, size: %d\n", f.getPath(), f.isDir(), f.getLen());
    }
    fs.close();
}
```

5. 实现创建 HDFS 文件并向其中写入内容的工具方法

FileSystem 对象的 create 方法可以根据提供的路径参数在 HDFS 文件系统中创建对应的文件，文件创建成功后该方法将返回针对该文件的输出流，可以使用 Java IO 体系中 OutputStream 的标准写入方法在该文件中写入指定的文件，与操作本地文件相同，在对该 HDFS 文件的写入操作结束后，切记关闭输出流。代码如下。

```java
public void createFile(String file, String content) throws IOException {
    FileSystem fs = FileSystem.get(URI.create(hdfsPath), conf);
    byte[] buff = content.getBytes();
    FSDataOutputStream os = null;
    try {
        os = fs.create(new Path(file));
        os.write(buff, 0, buff.length);
```

```
            System.out.println("Create: " + file);
        } finally {
            if (os != null)
                os.close();
        }
        fs.close();
    }
```

6. 实现将本地文件上传到 HDFS 特定路径的工具方法

简单调用 FileSystem 对象的 copyFromLocalFile 方法即可实现本地文件的上传，在执行该 API 的调用时应注意确认本地文件的路径和 HDFS 的目标路径。代码如下。

```
    public void copyFile(String local, String remote) throws IOException {
        FileSystem fs = FileSystem.get(URI.create(hdfsPath), conf);
        fs.copyFromLocalFile(new Path(local), new Path(remote));
        System.out.println("copy from: " + local + " to " + remote);
        fs.close();
    }
```

7. 实现下载 HDFS 文件的工具方法

与 copyFromLocalFile 方法对应，FileSystem 还提供了 copyToLocalFile 方法，用于将 HDFS 文件系统中的文件下载到本地文件系统。代码如下。

```
    public void download(String remote, String local) throws IOException {
        Path path = new Path(remote);
        FileSystem fs = FileSystem.get(URI.create(hdfsPath), conf);
        fs.copyToLocalFile(path, new Path(local));
        System.out.println("download: from" + remote + " to " + local);
        fs.close();
    }
```

8. 实现显示 HDFS 文件内容的工具方法

FileSystem 对象的 open 方法可以直接通过网络打开 HDFS 上的特定文件并返回针对该文件的输入流，可以通过 Java IO 标准 InputStream 的流数据读取操作直接获取文件中包含的详细内容，与写入文件一样也需要保持在本地文件操作中养成的良好资源释放习惯，在获取需要的数据后及时关闭通过 open 方法获取的输入流。代码如下。

```
    public void cat(String remoteFile) throws IOException {
        Path path = new Path(remoteFile);
        ileSystem fs = FileSystem.get(URI.create(hdfsPath), conf);
        FSDataInputStream fsdis = null;
        System.out.println("cat: " + remoteFile);
        try {
```

```
        fsdis =fs.open(path);
        IOUtils.copyBytes(fsdis, System.out, 4096, false);
    } finally {
        IOUtils.closeStream(fsdis);
        fs.close();
    }
}
```

13.3.2 实现任务步骤 1：汇总用户对所有物品的评分信息

本任务步骤实现的功能是按用户分组，计算所有物品出现的组合列表，得到用户对物品的评分矩阵。功能实现流程如图 13.6 所示。

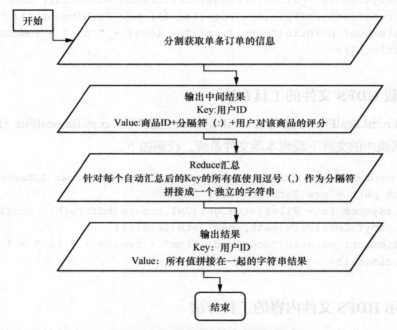

图 13.6 汇总用户对所有物品的评分信息

1．Map 操作

首先在 Map 操作中按照规则切分每一个订单的信息，从案例设计部分可以看出，案例针对的目标数据每一条包含用户 ID、商品 ID 以及该用户对该商品的评分信息 3 个重要信息字段，每一个信息字段中间使用逗号","作为分隔符，因此在 Mapper 代码中只需要对数据按照逗号分割获取结果字符串，第一个元素（下标为 0 的元素）为用户的 ID，第二个元素为商品 ID，最后一个元素为用户对商品的评分值。

由于需要汇总单一用户对所有商品的评分值，这个过程将利用 MapReduce 的 Map 中间结果 Key 自动汇总功能，因此在 Map 操作中将第一个元素（用户 ID）作为 Key 输出，将商品 ID 和商品评分值利用冒号"："作为分隔符串联起来作为值输出。具体实现代码参考如下。

```java
public static class Step1ToItemPreMapper extends
    Mapper<Object, Text, IntWritable, Text> {
  private final static IntWritable k = new IntWritable();
  private final static Text v = new Text();

  @Override
  public void map(Object key, Text value, Context context)
      throws IOException, InterruptedException {
    String[] tokens = Recommend.DELIMITER.split(value.toString());
    int userID = Integer.parseInt(tokens[0]);
    String itemID = tokens[1];
    String pref = tokens[2];
    k.set(userID);
    v.set(itemID + ":" + pref);
    context.write(k, v);
  }
}
```

2．Reduce 操作

在 Reduce 任务启动之前，MapReduce 流式处理引擎即会自动将相同的 Key 进行汇总，因此单一用户对所有商品的评分均将在读取到该用户 ID 并调用 Reduce 函数操作时以集合的方式统一传递给用户进行处理，因为本阶段任务仅需统计用户对所有商品的评分矩阵，因此 Reduce 操作中仍然以用户 ID 为 Key，然后将该用户对应的 value 集合中的所有元素（每一个元素代表对一个特定商品的评价）串联为一个使用逗号","作为分隔符的大字符串并作为本次 Reduce 任务的 value 输出。具体实现代码参考如下。

```java
public static class Step1ToUserVectorReducer extends
    Reducer<IntWritable, Text, IntWritable, Text> {
  private final static Text v = new Text();

  @Override
  public void reduce(IntWritable key, Iterable<Text> values,
      Context context) throws IOException, InterruptedException {
    StringBuilder sb = new StringBuilder();
    for (Text value : values) {
      sb.append("," + value.toString());
    }
    v.set(sb.toString().replaceFirst(",", ""));
    context.write(key, v);
```

        }
    }

3. 任务调度

从实现的设计分析和本步骤的 Map 操作以及 Reduce 操作不难看出，本案例与之前接触过的 MapReduce 数据清洗和分析案例有一个明显的不同，那就是本案例要实现的数据分析最终结果没有办法通过一次 MapReduce 任务直接获取，需要对源数据进行多次分析并输出不同作用的中间结果，然后再对这些中间结果使用一次统一的 MapReduce 完成最终结果的计算。

因此，本次步骤的任务调度需要与其他任务进行统一调度，不能够像之前的其他任务一样，将调度代码写在 main 入口中，而是单独编写一个普通方法做好任务执行的准备。最终通过统一的任务调度类完成执行。

```java
public static void run(Map<String, String> path) throws IOException,
 ClassNotFoundException, InterruptedException {
 Configuration conf = new Configuration();
 String input = path.get("Step1Input");
 String output = path.get("Step1Output");
 HdfsDAO hdfs = new HdfsDAO(Recommend.HDFS, conf);
 // hdfs.rmr(output);
 hdfs.rmr(input);
 hdfs.mkdirs(input);
 hdfs.copyFile(path.get("data"), input);
 Job job = Job.getInstance(conf, "RecommendStep1");
 job.setJarByClass(Step1.class);
 job.setMapOutputKeyClass(IntWritable.class);
 job.setMapOutputValueClass(Text.class);
 job.setOutputKeyClass(Text.class);
 job.setOutputValueClass(IntWritable.class);
 job.setMapperClass(Step1ToItemPreMapper.class);
 job.setReducerClass(Step1ToUserVectorReducer.class);
 FileInputFormat.addInputPath(job, new Path(input));
 FileOutputFormat.setOutputPath(job, new Path(output));
 if (!job.waitForCompletion(true))
 return;
}
```

在这个任务调度方法中，参数以 Map 的方式提供了本案例中所需要的全部输入输出路径（由于案例中存在前一个步骤的结果输出路径作为下一个步骤的输入路径的情况，因此使用 Map 能够更好地做到代码复用，并防止出现路径混乱的情况）。

另外，由于 MapReduce 输出结果要求只能由本次任务创建，因此在启动任务前还进行了相关准备（删除相关的路径文件夹）。

```
HdfsDAO hdfs = new HdfsDAO(Recommend.HDFS, conf);
// hdfs.rmr(output);
hdfs.rmr(input);
hdfs.mkdirs(input);
hdfs.copyFile(path.get("data"), input);
```

4. 本任务执行完成后的中间结果

本任务的中间结果从逻辑上可以反映用户对物品的评分矩阵，如图13.7所示。

```
hdfs://192.168.1.119:9000/recommend/input/step1/part-r-00000
1  1   101:5.0,102:3.0,103:2.5
2  2   101:2.0,102:2.5,103:5.0,104:2.0
3  3   107:5.0,105:4.5,104:4.0,101:2.0
4  4   106:4.0,103:3.0,101:5.0,104:4.5
5  5   104:4.0,105:3.5,106:4.0,101:4.0,102:3.0,103:2.0
```

图13.7 实现任务步骤1执行完成后的中间结果

13.3.3 实现任务步骤2：获取物品同现矩阵

步骤1的输出结果标识了一个用户对其消费过的所有商品的评分信息，从中可以获取商品的同现矩阵（即两个商品被同一个用户消费的次数）。功能实现流程如图13.8所示。

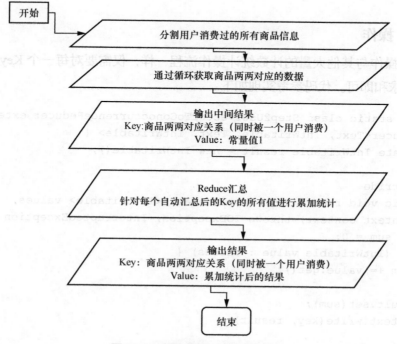

图13.8 获取物品同现矩阵流程

1. Map 操作

由于步骤 1 的输出结果中，每一个用户对应的消费产品列表和评分信息使用了逗号","作为分隔符，每一个商品和评分之间又采用了冒号":"区分，因此在进行数据分割的时候要注意使用正确的分隔符。代码参考实现如下。

```java
public static class Step2UserVectorToCooccurrenceMapper extends
    Mapper<LongWritable, Text, Text, IntWritable> {
  private final static Text k = new Text();
  private final static IntWritable v = new IntWritable(1);

  @Override
  public void map(LongWritable key, Text values, Context context)
    throws IOException, InterruptedException {
   String[] tokens = Recommend.DELIMITER.split(values.toString());
   for (int i = 1; i < tokens.length; i++) {
    String itemID = tokens[i].split(":")[0];
    for (int j = 1; j < tokens.length; j++) {
     String itemID2 = tokens[j].split(":")[0];
     k.set(itemID + ":" + itemID2);
     context.write(k, v);
    }
   }
  }
}
```

2. Reduce 操作

Reduce 操作与其他大量的计数统计操作流程一样，仅需要对每一个 Key 对应的所有值进行累加求和即可。代码参考实现如下。

```java
public static class Step2UserVectorToConoccurrenceReducer extends
    Reducer<Text, IntWritable, Text, IntWritable> {
  private IntWritable result = new IntWritable();

  @Override
  public void reduce(Text key, Iterable<IntWritable> values,
    Context context) throws IOException, InterruptedException {
   int sum = 0;
   for (IntWritable value : values) {
    sum += value.get();
   }
   result.set(sum);
   context.write(key, result);
  }
}
```

3. 任务调度

与步骤1一样，也需要单独的任务调度方法供统一的任务调度器使用。

```
public static void run(Map<String, String> path) throws IOException,
 ClassNotFoundException, InterruptedException {
 Configuration conf = new Configuration();
 String input = path.get("Step2Input");
 String output = path.get("Step2Output");
 HdfsDAO hdfs = new HdfsDAO(Recommend.HDFS, conf);
 hdfs.rmr(output);
 Job job = Job.getInstance(conf, "RecommendStep2");
 job.setJarByClass(Step2.class);
 job.setMapOutputKeyClass(Text.class);
 job.setMapOutputValueClass(IntWritable.class);
 job.setOutputKeyClass(IntWritable.class);
 job.setOutputValueClass(Text.class);
 job.setMapperClass(Step2UserVectorToCooccurrenceMapper.class);
 job.setReducerClass(Step2UserVectorToConoccurrenceReducer.class);
 FileInputFormat.addInputPath(job, new Path(input));
 FileOutputFormat.setOutputPath(job, new Path(output));
 if (!job.waitForCompletion(true))
 return;
}
```

4. 本任务执行完成后的中间结果

本任务的中间结果从逻辑上可以反映物品的同现矩阵，如图13.9所示。

```
hdfs://192.168.1.119:9000/recommend/input/step2/part-r-00000
1 101:101 5
2 101:102 3
3 101:103 4
4 101:104 4
5 101:105 2
6 101:106 2
7 101:107 1
8 102:101 3
```

图 13.9　步骤2执行完成后的中间结果

13.3.4　实现任务步骤3：合并同现矩阵和评分矩阵

由于需要进行矩阵运算，因此需要以物品为核心获取用户对其的评分信息（与原始输入数据不同，原始输入数据是以用户为核心），可以利用步骤1的输出作为输入数据并拆分获取对应数据。功能实现流程如图13.10所示。

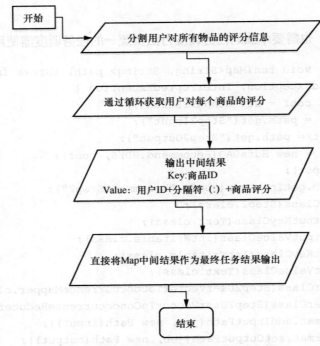

图 13.10 合并同现矩阵和评分矩阵流程

1. Map 操作

在本步骤中，Map 操作以步骤 1 的输出文件为输入，如图 13.11 所示。

```
hdfs://192.168.1.119:9000/recommend/input/step1/part-r-00000
1  1   101:5.0,102:3.0,103:2.5
2  2   101:2.0,102:2.5,103:5.0,104:2.0
3  3   107:5.0,105:4.5,104:4.0,101:2.0
4  4   106:4.0,103:3.0,101:5.0,104:4.5
5  5   104:4.0,105:3.5,106:4.0,101:4.0,102:3.0,103:2.0
```

图 13.11

该中间结果的格式为 [用户 ID 商品 ID: 评分 , 商品 ID: 评分 ...]，而根据基于物品的协同过滤算法设计，最终需要以物品为核心进行矩阵运算，因此本任务的最终输出格式要求为 [物品 ID 用户 ID: 评分]，从逻辑上反映物品的评分矩阵，与物品的同现矩阵进行计算，因此仅需按照分割符要求对数据进行切分后输出为一条一条的独立数据即可。代码实现示例如下。

```java
public static class Step3UserVectorSplitterMapper extends
    Mapper<LongWritable, Text, IntWritable, Text> {
    private final static IntWritable k = new IntWritable();
    private final static Text v = new Text();
```

```java
@Override
public void map(LongWritable key, Text values, Context context)
  throws IOException, InterruptedException {
  String[] tokens = Recommend.DELIMITER.split(values.toString());
  for (int i = 1; i < tokens.length; i++) {
    String[] vector = tokens[i].split(":");
    int itemID = Integer.parseInt(vector[0]);
    String pref = vector[1];

    k.set(itemID);
    v.set(tokens[0] + ":" + pref);
    context.write(k, v);
  }
}
```

2. Reduce 操作

从任务规划设计来看,本次步骤的 Map 操作的输出直接就满足了任务步骤的需要,因此不需要再实现额外的 Reduce 操作。MapReduce 允许这种情况发生,如果无需自定义的 MapReduce 操作,则可以忽略 Reduce 操作类的编写,在没有 Reduce 操作的情况下,Map 操作的中间输出将被当作整个 MapReduce 的最终输出结果保存到给定的结果文件夹中。如图 13.12 所示。

图 13.12 MapReduce 输出

3. 任务调度

正如上面的描述,本步骤无需 Reduce 操作,因此在任务调度时可以通过特殊的方式设置。

不设置本任务的 Reduce 处理类。

```java
// job.setReducerClass(Step1ToUserVectorReducer.class);
```

设置 Reduce 任务的数目为 0。

```java
job.setNumReduceTasks(0);
```

完整的任务调度示例代码如下。

```java
public static void run1(Map<String, String> path) throws IOException,
ClassNotFoundException, InterruptedException {
    Configuration conf = new Configuration();
    String input = path.get("Step3Input1");
    String output = path.get("Step3Output1");
    HdfsDAO hdfs = new HdfsDAO(Recommend.HDFS, conf);
    hdfs.rmr(output);
    Job job = Job.getInstance(conf, "RecommendStep31");
    job.setJarByClass(Step3.class);
    job.setMapOutputKeyClass(IntWritable.class);
    job.setMapOutputValueClass(Text.class);
    job.setOutputKeyClass(IntWritable.class);
    job.setOutputValueClass(Text.class);
    job.setMapperClass(Step3UserVectorSplitterMapper.class);
    // job.setReducerClass(Step1ToUserVectorReducer.class);
    job.setNumReduceTasks(0);
    FileInputFormat.addInputPath(job, new Path(input));
    FileOutputFormat.setOutputPath(job, new Path(output));
    if (!job.waitForCompletion(true))
        return;
}
```

4．本任务执行完成后的中间结果

本任务执行完成后的中间结果如图 13.13 所示。

```
hdfs://192.168.1.119:9000/recommend/input/step3/part-m-00000
1 101 1:5.0
2 102 1:3.0
3 103 1:2.5
4 101 2:2.0
5 102 2:2.5
6 103 2:5.0
7 104 2:2.0
8 107 3:5.0
```

图 13.13　步骤 3 执行完成后的中间结果

13.3.5　实现任务步骤 4：计算推荐结果

本步骤将综合之前所有步骤的输出结果，完成案例设计中的核心矩阵操作，计算用户对每一个物品的推荐权重值（最终在业务系统中会根据权重值的大小排序向该用户推荐商品列表）。在实际应用系统中，应该在本任务中将最终结果输出到能够实时响应的数据容器中，如 RDBMS、Redis、HBase 等，或者在完成本任务后新增一个附加任务将本任务的输出数据利用 HDFS API 读取后存放到相同的目标中，以在业务系统中提供实时查询反馈。

本步骤实现的难点主要体现在如何完成矩阵的乘积运算，下面再一次回顾矩阵乘积运算的法则。

矩阵相乘最重要的方法是一般矩阵乘积，它只有在第一个矩阵的列数（column）和第二个矩阵的行数（row）相同时才有意义。一般单指矩阵乘积时，指的便是一般矩阵乘积。一个 $m \times n$ 的矩阵就是 $m \times n$ 个数排成 m 行 n 列的一个数阵。由于它把许多数据紧凑地集中到了一起，所以有时候可以简便地表示一些复杂的模型。

设 A 为 $m \times p$ 的矩阵，B 为 $p \times n$ 的矩阵，那么称 $m \times n$ 的矩阵 C 为矩阵 A 与 B 的乘积，记作 $C=AB$，其中矩阵 C 中的第 i 行第 j 列元素可以表示如下。

$$(AB)_{ij} = \sum_{k=1}^{p} a_{ik}b_{kj} = a_{i1}b_{1j} + a_{i2}b_{2j} + \cdots + a_{ip}b_{pj}$$

例如：

$$C = AB \begin{pmatrix} 1 & 2 & 3 \\ 4 & 5 & 6 \end{pmatrix} \begin{pmatrix} 1 & 4 \\ 2 & 5 \\ 3 & 6 \end{pmatrix} = \begin{pmatrix} 1\times1+2\times2+3\times3 & 1\times4+2\times5+3\times6 \\ 4\times1+5\times2+6\times3 & 4\times4+5\times5+6\times6 \end{pmatrix} = \begin{pmatrix} 14 & 32 \\ 32 & 77 \end{pmatrix}$$

本步骤的实现流程如图 13.14 所示。

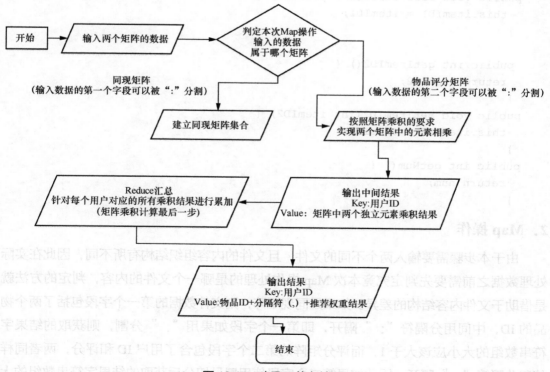

图 13.14　步骤 3 执行流程

1. 创建同现矩阵元素类

由实现的流程可以看出,在本任务中需要在内存中缓存同现矩阵的数据,因此需要定义一个能够描述同现矩阵元素的 VO 类。该类中需要保存的数据是第一个物品的 ID、第二个物品的 ID 以及这两个物品在同一个订单中究竟同时出现了多少次。该类参考代码如下。

```
class Cooccurrence {
  private int itemID1;
  private int itemID2;
  private int num;


  public Cooccurrence(int itemID1, int itemID2, int num) {
    super();
    this.itemID1 = itemID1;
    this.itemID2 = itemID2;
    this.num = num;
  }
public int getItemID1() {
    return itemID1;
  }
public void setItemID1(int itemID1) {
    this.itemID1 = itemID1;
  }

 public int getItemID2() {
    return itemID2;
  }
public void setItemID2(int itemID2) {
    this.itemID2 = itemID2;
  }
public int getNum() {
    return num;
  }
```

2. Map 操作

由于本步骤需要输入两个不同的文件,且文件的内容组织结构有所不同,因此在实际处理数据之前需要先判定究竟本次 Map 操作处理的是哪一个文件的内容,判定的方法就是借助于文件内容结构的差异。如果是同现矩阵,则文件数据的第一个字段包括了两个物品的 ID,中间用分隔符":"隔开,即第一个字段如果用":"分割,则获取的结果字符串数组的大小应该大于 1,而评分矩阵的第二个字段包含了用户 ID 和评分,两者同样使用分隔符":"隔开,因此如果第二个字段使用冒号切分后获取的结果字符串数组的大小大于 1,则表明处理的是评分矩阵数据的内容。判定方法如下。

```
String[] tokens = Recommend.DELIMITER.split(values.toString());

String[] v1 = tokens[0].split(":");
String[] v2 = tokens[1].split(":");
if (v1.length > 1) {// cooccurrence
...
}
if (v2.length > 1) {// userVector
...
}
```

如果该数据为同现矩阵数据,则需要将其保存的内容存入同现矩阵元素对象中,并将其保存到代表整个同现矩阵数据的集合中。

```
int itemID1 = Integer.parseInt(v1[0]);
int itemID2 = Integer.parseInt(v1[1]);
int num = Integer.parseInt(tokens[1]);
List<Cooccurrence> list = null;
if (!cooccurrenceMatrix.containsKey(itemID1)) {
 list = new ArrayList<Cooccurrence>();
} else {
 list = cooccurrenceMatrix.get(itemID1);
}
list.add(new Cooccurrence(itemID1, itemID2, num));
cooccurrenceMatrix.put(itemID1, list);
```

如果该数据为商品评分矩阵的数据,则需要将本次评分和对应的同现矩阵元素中的"两个物品同时出现的次数"参数相乘(参见矩阵乘法法则)。

```
int itemID = Integer.parseInt(tokens[0]);
int userID = Integer.parseInt(v2[0]);
double pref = Double.parseDouble(v2[1]);
k.set(userID);
for (Cooccurrence co : cooccurrenceMatrix.get(itemID)) {
 v.set(co.getItemID2() + "," + pref * co.getNum());
 context.write(k, v);
}
```

完成的 Map 操作参考示例代码如下。

```
public static class Step4PartialMultiplyMapper extends
    Mapper<LongWritable, Text, IntWritable, Text> {
 private final static IntWritable k = new IntWritable();
 private final static Text v = new Text();

 private final static Map<Integer, List<Cooccurrence>> cooccurrenceMatrix
= new HashMap<Integer, List<Cooccurrence>>();
```

```java
@Override
public void map(LongWritable key, Text values, Context context)
    throws IOException, InterruptedException {
  String[] tokens = Recommend.DELIMITER.split(values.toString());
  String[] v1 = tokens[0].split(":");
  String[] v2 = tokens[1].split(":");
  if (v1.length > 1) {// cooccurrence
    int itemID1 = Integer.parseInt(v1[0]);
    int itemID2 = Integer.parseInt(v1[1]);
    int num = Integer.parseInt(tokens[1]);
    List<Cooccurrence> list = null;
    if (!cooccurrenceMatrix.containsKey(itemID1)) {
      list = new ArrayList<Cooccurrence>();
    } else {
      list = cooccurrenceMatrix.get(itemID1);
    }
    list.add(new Cooccurrence(itemID1, itemID2, num));
    cooccurrenceMatrix.put(itemID1, list);
  }
  if (v2.length > 1) {// userVector
    int itemID = Integer.parseInt(tokens[0]);
    int userID = Integer.parseInt(v2[0]);
    double pref = Double.parseDouble(v2[1]);
    k.set(userID);
    for (Cooccurrence co : cooccurrenceMatrix.get(itemID)) {
      v.set(co.getItemID2() + "," + pref * co.getNum());
      context.write(k, v);
    }
  }
}
```

3. Reduce 操作

在 Reduce 操作中首先要完成矩阵乘法的第二步（将对应元素相乘后的乘积累加），然后输出针对特定用户的某个商品的推荐权重。实现参考代码如下。

```java
public static class Step4AggregateAndRecommendReducer extends
    Reducer<IntWritable, Text, IntWritable, Text> {
  private final static Text v = new Text();

  @Override
  public void reduce(IntWritable key, Iterable<Text> values,
    Context context) throws IOException, InterruptedException {
    Map<String, Double> result = new HashMap<String, Double>();
```

```java
    for (Text value : values) {
      String[] str = value.toString().split(",");
      if (result.containsKey(str[0])) {
        result.put(str[0],
          result.get(str[0]) + Double.parseDouble(str[1]));
      } else {
        result.put(str[0], Double.parseDouble(str[1]));
      }
    }
    Iterator<String> iter = result.keySet().iterator();
    while (iter.hasNext()) {
      String itemID = iter.next();
      double score = result.get(itemID);
      v.set(itemID + "," + score);
      context.write(key, v);
    }
  }
}
```

4. 任务调度

与步骤1一样，也需要单独的任务调度方法供统一的任务调度器使用。

```java
public static void run(Map<String, String> path) throws IOException,
  ClassNotFoundException, InterruptedException {

  Configuration conf = new Configuration();
  String input1 = path.get("Step4Input1");
  String input2 = path.get("Step4Input2");
  String output = path.get("Step4Output");
  HdfsDAO hdfs = new HdfsDAO(Recommend.HDFS, conf);
  hdfs.rmr(output);
  Job job = Job.getInstance(conf, "RecommendStep1");
  job.setJarByClass(Step4.class);
  job.setMapOutputKeyClass(IntWritable.class);
  job.setMapOutputValueClass(Text.class);
  job.setOutputKeyClass(IntWritable.class);
  job.setOutputValueClass(Text.class);
  job.setMapperClass(Step4PartialMultiplyMapper.class);
  job.setCombinerClass(Step4AggregateAndRecommendReducer.class);
  job.setReducerClass(Step4AggregateAndRecommendReducer.class);

  FileInputFormat.setInputPaths(job, new Path(input1), new Path(input2));
  FileOutputFormat.setOutputPath(job, new Path(output));
  if (!job.waitForCompletion(true))
    return;
}
```

本任务执行完成后的最终结果如图 13.15 所示。

```
hdfs://192.168.1.119:9000/recommend/input/step4/part-r-00000
1 1    107,5.0
2 1    106,18.0
3 1    105,15.5
4 1    104,33.5
5 1    103,39.0
6 1    102,31.5
7 1    101,44.0
8 2    107,4.0
9 2    106,20.5
```

图 13.15　步骤 4 执行结果

结果中包含用户 ID、商品 ID 以及针对该用户的本商品推荐权重指数，数字越大表示用户可能对该商品的关注程度越高。

13.3.6　实现统一的任务调度

本任务步骤实现的功能是统一调度以上所有任务的执行，完成从源输入数据到最终结果的自动化计算过程。

任务步骤的执行流程如图 13.16 所示。

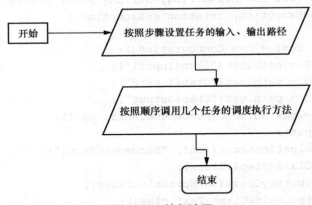

图 13.16　执行流程

统一任务调度实现的内容比较简单，首先需要按照步骤设置每个任务的输入和输出路径（在具体的任务中已经实现通过调用 HDFS 工具自动删除历史输出文件的功能，从而执行项目前无需手动清理，参见任务实现代码），然后按照顺序调用每个步骤的调度执行代码即可。参考代码如下：

```
package com.Chinasofti.mr.itemrecommend.recommend;

import java.util.HashMap;
```

```java
import java.util.Map;
import java.util.regex.Pattern;

public class Recommend {
 public static final String HDFS = "hdfs://hadoop0:9000";
 public static final Pattern DELIMITER = Pattern.compile("[\t,]");
 public static void main(String[] args) throws Exception {
  Map<String, String> path = new HashMap<String, String>();
  path.put("data", "data/small.csv");
  path.put("Step1Input", HDFS + "/recommend/input");
  path.put("Step1Output", path.get("Step1Input") + "/step1");
  path.put("Step2Input", path.get("Step1Output"));
  path.put("Step2Output", path.get("Step1Input") + "/step2");
  path.put("Step3Input1", path.get("Step1Output"));
  path.put("Step3Output1", path.get("Step1Input") + "/step3");
  path.put("Step4Input1", path.get("Step3Output1"));
  path.put("Step4Input2", path.get("Step2Output"));
  path.put("Step4Output", path.get("Step1Input") + "/step4");

  Step1.run(path);
  Step2.run(path);
  Step3.run1(path);
  //Step3.run2(path);
  Step4.run(path);
  System.exit(0);
 }
}
```

详细的实现参考代码以及测试数据集可参考本书附赠资料。

13.4 小结

本章介绍了大数据应用中非常有价值的应用场景——电商商品推荐系统。首先介绍了本项目的案例需求和基本功能，然后从理论上分析了协同过滤算法的两种实现——基于用户的协同过滤算法和基于物品的协同过滤算法。本案例采用了基于物品的协同过滤算法。最后用 4 个步骤编程实现了电商商品推荐的全部功能。

13.5 配套视频

本章的配套视频为"电商商品推荐系统运行演示及源码分析"，读者可从配套电子资源中获取。

第 14 章　分布式垃圾消息识别系统

垃圾消息识别在由用户产生内容的场景中有重大的应用价值，特别是在海量内容的情况下，必须用 MapReduce 分布式计算框架，对学习数据进行训练，并根据训练结果对新消息进行分类判断，分类算法使用了朴素贝叶斯分类算法。同时，垃圾消息识别核心模块极有可能与调用客户端（比如通过 Web 进行调用）不运行在同一台服务器上，因此通过自定义 RPC 模块进行远程方法调用就十分必要。

本章涉及的主要知识点如下。

（1）案例介绍：案例涉及的主要领域、主体结构及运行结果。

（2）RPC 远程方法调用：RMI 介绍、RPC 原理、RPC 服务器、RPC 客户端。

（3）数据分析设计：重点介绍朴素贝叶斯分类算法在垃圾消息识别中的应用。

（4）案例实现：用于垃圾消息识别的 RPC 服务器、Java SE 调用客户端、Web 调用客户端的实现。

（5）本项目涉及的技术如 RPC、朴素贝叶斯分类算法等具有一定的难度，需要根据本书附赠源码反复钻研，如有必要可回顾概率论等相关知识以便加深理解，然后就可在实际项目中使用。

14.1　案例介绍

本案例通过入门级的分类算法，结合 Hadoop MapReduce 在海量数据分布式并发处理中的优势，完成了对互联网既有已识别消息特征的学习，并将学习结果应用于对未知消息的有效性判定，是一个综合分布式任务调度处理、入门机器学习、大数据处理引擎、Java EE 开发等技术领域，涵盖数据的采集、清洗、分析、结果展现等领域的应用系统。

14.1.1　案例内容

随着互联网技术的发展和服务领域的全面覆盖，人们的社会生产活动流程被大大地智能化改造，提高了各项工作的效率。但在对整个人类社会提供积极发展的源动力以外，互联网的一些特性也导致了一些消极因素的出现。互联网的开放性，使得当前互联网用户生成的各类消息内容没有有效的质量控制机制。

由于互联网消息内容具有传播快、受众面广的特点，一些非法用户发布大量的色情、虚假广告等信息，这些信息严重影响了正常用户，甚至危害了社会安全，所以研究如何快速、准确地识别垃圾信息具有很重要的实际应用和学术价值。本案例对互联网传递信息中无效、垃圾消息的基础识别方法进行了阐述，通过对互联网中能够直观获取并标记有效消息和垃圾消息的特征进行学习，以及对未知数据集特征的比对，完成新消息的有效性判定。

本案例采用了入门分类算法领域常见的朴素贝叶斯分类算法，它有着非常多的优点，具体表现在简单、快速、有效，对噪声数据和缺失数据不敏感，而且可以得到分类结果的概率值。

案例涉及的主要领域如下。

（1）MapReduce 开发。
（2）MapReduce 任务调度。
（3）Redis 数据存取。
（4）重要的设计模式。
（5）网络编程。
（6）自定义的二进制 RPC（远程方法调用）分布式调度工具。
（7）Java EE 开发。

14.1.2 案例应用的主体结构

本案例的主体结构如图 14.1 所示。

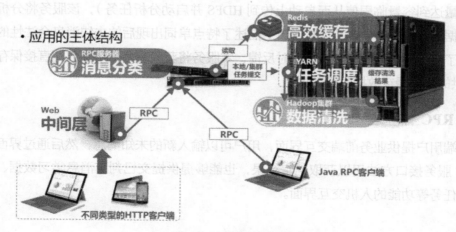

图 14.1 应用的主体结构

从系统的主体结构可以看出，案例需要实现的核心组成部分包含 5 个核心组件。

1．自定义 RPC 分布式远程方法调用

目前向用户提供服务的大数据系统中都包含一个不可缺少的组成部分——分布式计算调度。在完成海量数据清洗分析任务时往往借助于现有的大数据处理平台，如本案例使用的 Hadoop MapReduce，它忠实地遵守着"数据在哪个节点，运算就在哪个节点运行"的基础原则，而 Hadoop HDFS 会将一个超大的数据文件按照一定的策略（块大小）切分成不同的数据分块保存到不同的数据节点中。

因此，它实际帮助我们完成了数据分析处理过程的分布式调度工作。而在这之外，业务所构建的特殊功能或数据分析过程中的特殊需要都要求我们额外提供基于网络的分布式运算及运算结果的传输，构建一套高效并利于扩展、使用简单的类 RMI 的远程方法调用支撑工具，从而大大降低这类特殊需求的开发成本，以提高效率。

2．基于 RPC 的业务服务器

本系统的核心应用服务器部分，通过自定义的 RPC 调度模块对客户端提供服务接口（以 Java 接口的形式提供，远程客户端通过绑定接口方法调用的方式获取服务）。接口服务内容包括提交学习数据、上传结果数据到 HDFS，启动学习数据分析 MapReduce 任务，提供 MapReduce 任务执行过程中的全局计数器，进行垃圾消息的最终判定等。本部分是最终业务客户端与 MapReduce 任务之间的中转纽带。

3．MapReduce 数据清洗分析服务

实现基于大数据的机器学习关键组成部分，一旦业务服务器发起数据学习任务启动请求（一种情况是客户端发起重新分析数据请求，另一种情况是客户端提交的已识别消息学习数据增量达到容量临界值从而自动上传到 HDFS 并启动分析任务），该服务将分析系统学习源数据的特征信息，该特征从逻辑上描述了特点单词出现后的未知消息合法性的比例数据，为了能够为业务服务器提供实时反馈，本服务将获取的分析结果数据直接保存到由 Redis 提供的高速缓存数据服务器中。

4．Java RPC 客户端

为终端用户提供业务前端交互界面，用户可以输入新的未知消息，然后通过界面交互调用 RPC 服务接口方法用以获取判定结果，也能够提供提交已判定消息学习数据、启动数据分析任务等功能的人机交互界面。

5. Java Web 客户端

本质上仍然是 Java RPC 客户端，但被包装到了 Java 的 Web 服务中（可以是 Servlet、Spring MVC Action、Struts Action 等），然后通过 Web 页面提供客户端的人机交互界面。

14.1.3 案例运行结果

启动 MapReduce 任务后，案例将在系统后台自动加载学习数据并分析其特征数据，最终结果将用于未知消息的合法性判断。为了保证判定的实时响应，最终结果将在任务的 Reduce 阶段直接写入 Redis 高速缓存，这些数据描述了特定单词出现在未知消息中时该消息的合法性比例。任务执行完成后，Redis 服务器中包含的键信息示例如图 14.2 所示。

图 14.2　Redis 中的数据

运行 Java SE 版本的基础客户端效果如图 14.3 所示。

图 14.3　客户端效果 1

以上调用说明"Helllo us"这个消息字符串通过对其特征提取后和学习数据特征库对比计算得出结论，它不是垃圾消息。如图 14.4 所示。

图 14.4　客户端效果 2

而"Free Free Free"字符串则被确认为一条垃圾消息内容。

运行 Web 版的基础客户端后的判定效果与 SE 版的客户端保持一致，如图 14.5 所示。

图 14.5 客户端效果 3

实现 Web 版本的客户端以后，即可利用 Web 应用跨平台的特性为其他任何可以发起 HTTP 请求的客户端平台提供服务，Web 客户端的结果返回可以如上直接以文本字符串的方式，也可以包装为 XML 或 JSON 作为公开服务向互联网开放。

14.2 RPC 远程方法调用的设计

本案例采用 RMI 技术和自定义 RPC 框架，实现客户端程序对大数据应用的远程调用。使用 RMI 技术和自定义 RPC 框架，使原先的程序在同一操作系统的方法调用，变成了不同操作系统之间的远程方法调用。

14.2.1 Java EE 的核心优势：RMI

1．RMI 简介

RMI 意为远程方法调用（Remote Method Invocation），是能够让某个 Java 虚拟机上的对象像调用本地对象一样调用另一个 Java 虚拟机上的对象的方法。RMI 原理如图 14.6 所示。

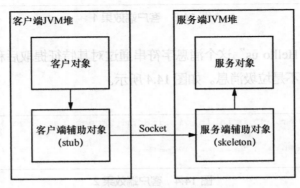

图 14.6 RMI 原理

RMI 是 Java 在大力发展企业级应用开发领域的早期版本中就已经实现的，它大大增强了 Java 开发分布式应用的能力。Java 作为一种风靡全球的网络开发语言，其巨大的威力就体现在它强大的开发分布式网络应用的能力上，而 RMI 就是开发百分之百纯 Java 的网络分布式应用系统的核心解决方案之一。

其实它可以被看作是 RPC 的 Java 版本。但是传统 RPC 并不能很好地应用于分布式对象系统。而 Java RMI 则支持存储于不同地址空间的程序级对象之间彼此进行通信，实现远程对象之间的无缝远程调用。

目前 RMI 使用 Java 远程消息交换协议（Java Remote Messaging Protocol，JRMP）进行通信。JRMP 是专为 Java 的远程对象制定的协议。因此，Java RMI 具有 Java 的"Write Once，Run Anywhere"的优点，是分布式应用系统的百分之百纯 Java 解决方案。用 Java RMI 开发的应用系统可以部署在任何支持 Java 运行环境（Java Run Environment，JRE）的平台上。但由于 JRMP 是专为 Java 对象制定的，因此 RMI 对于用非 Java 语言开发的应用系统的支持不足，不能与用非 Java 语言书写的对象进行通信。

RMI 为采用 Java 对象的分布式计算提供了简单而直接的途径。这些对象可以是新的 Java 对象，也可以是围绕现有 API 的简单 Java 包装程序。Java 体现了编写一次就能在任何地方运行的模式。而 RMI 可将 Java 模式进行扩展，使之可在任何地方运行。因为 RMI 是以 Java 为核心的，所以，它将 Java 的安全性和可移植性等强大功能带给了分布式计算。业务系统可将代理和业务逻辑等属性移到网络中最合适的地方。

RMI 可利用标准 Java 本机方法接口 JNI 与现有和原有的系统相连接。RMI 还可利用标准 JDBC 包与现有的关系数据库连接。RMI/JNI 和 RMI/JDBC 相结合，可帮助用户利用 RMI 与目前使用非 Java 语言的现有服务器进行通信，而且在用户需要时可扩展 Java 在这些服务器上的使用。RMI 可帮助用户在扩展使用时充分利用 Java 的强大功能。

2．RMI 使用的一般流程

（1）客户对象调用客户端辅助对象上的方法。

（2）客户端辅助对象打包调用信息（变量，方法名），通过网络发送给服务端辅助对象。

（3）服务端辅助对象将客户端辅助对象发送来的信息解包，找出真正被调用的方法以及该方法所在对象。

（4）调用真正服务对象上的真正方法，并将结果返回给服务端辅助对象。

（5）服务端辅助对象将结果打包，发送给客户端辅助对象。

（6）客户端辅助对象将返回值解包，返回给客户对象。

（7）客户对象获得返回值。

对于客户对象来说，步骤（2）至步骤（6）是完全透明的，也就意味着开发人员无需关注任何的网络数据传输处理。

3．RMI 在系统中应用的缺陷

　　RMI 提供了一个非常优秀的分布式任务调度思想，将系统开发实施人员从繁重的网络连接、数据传输流程中解放出来。但是在系统中直接应用可能会存在一些缺陷，是否直接使用其在项目中完成分布式网络计算调度，取决于这些缺陷是否影响项目的整体执行。比较典型的问题主要体现在以下方面。

　　（1）RMI 的一个优势也是其缺陷的体现是，为了满足计算任务调度的开发规范性和统一的异常处理，RMI 对开发的流程规范比较严格，因此需要在业务代码中侵入较多的RMI 特定 API，而某些 API 在无异常情况下对业务几乎无实际作用，如业务接口必须继承自 Remote、每个方法都需要抛出 RemoteException、业务实现还需要继承自特定的类等，这对于很多习惯了快速开发、不愿意被太多的系统框架结果限制的开发团队来说需要极大的成本去适应这个开发过程，而且容易由于习惯性的忽略导致最终系统运行的异常。

　　（2）RMI 使用了通用统一的网络通信方式，客户端参数传递即服务器端计算完成后的返回值传递使用了通用的序列化方式，这对于一些需要在完成分布式调度时对数据进行自定义的安全加密流程的项目来说，无疑是一个不好的消息。另一方面，RMI 采用了标准的Socket 通信，这对于系统建立在其他网络通信协议上的业务系统来说也是一个很大的障碍。

　　如果在项目中因为上述两个原因不愿意选择原生 RMI 完成网络计算任务调度，可以根据 RMI 的基本实现原理自行实现一套无需太多开发规范限制并能够自由扩展加密方式、底层网络协议实现方式的 PRC 调度模块。

14.2.2　RMI 的基本原理

　　RMI 应用程序通常包括服务器程序和客户端程序两个独立的程序。典型的服务器应用程序将创建多个远程对象，使这些远程对象能够被引用，然后等待客户机调用这些远程对象的方法。典型的客户端程序则从服务器中得到一个或多个远程对象的引用，然后调用远程对象的方法。RMI 为服务器和客户端进行通信和信息传递提供了一种机制。

　　在与远程对象的通信过程中，RMI 使用 stub 和 skeleton 标准机制。远程对象的 stub 担当远程对象的客户本地代表或代理人角色。调用程序将调用本地 stub 的方法，而本地 stub 将负责执行对远程对象的方法调用。在 RMI 中，远程对象的 stub 与该远程对象所实现的远程接口集相同。调用 stub 的方法时将执行下列操作。

　　（1）初始化与包含远程对象的远程虚拟机的连接。

　　（2）对远程虚拟机的参数进行编组（写入并传输）。

（3）等待方法调用结果。

（4）解编（读取）返回值或返回的异常。

（5）将值返回给调用程序。

为了向调用程序展示比较简单的调用机制，stub 将参数的序列化和网络级通信等细节隐藏了起来。在远程虚拟机中，每个远程对象都可以有相应的 skeleton（在 JDK 1.2 以后的环境中无需使用具体 skeleton）。skeleton 负责将调用分配给实际的远程对象实现。它在接收方法调用时执行解码（读取）远程方法的参数、调用实际远程对象实现上的方法、将结果（返回值或异常）编组（写入并传输）给调用程序等操作。stub 和 skeleton 由 RMI 编译器生成。

利用 RMI 编写分布式对象应用程序需要完成以下工作。

（1）定位远程对象。应用程序可使用两种机制中的一种得到对远程对象的引用。它既可用 RMI 的简单命名工具 rmi registry 来注册它的远程对象，也可以将远程对象引用作为常规操作的一部分来进行传递和返回。

（2）与远程对象通信。远程对象间通信的细节由 RMI 处理。对于程序员来说，远程通信看起来就像标准的 Java 方法调用。

（3）给作为参数或返回值传递的对象加载类字节码。因为 RMI 允许调用程序将纯 Java 对象传给远程对象，所以 RMI 将提供必要的机制，既可以加载对象的代码，又可以传输对象的数据。在 RMI 分布式应用程序运行时，服务器调用注册服务程序以使名字与远程对象相关联。客户机在服务器上的注册服务程序中用远程对象的名字查找该远程对象，然后调用它的方法。

14.2.3 自定义 RPC 组件分析

根据对 RMI 任务调度的过程和基本实现原理的分析可以看出，如果借鉴原生 RMI 的思想自行实现一套自定义的 RPC 组件，主要需要借助 Java 的以下几个特征或功能。

（1）Java 网络开发。

（2）Java 反射机制。

（3）重要的常用设计模式：Java 动态代理。

第一项最为直观，无论是 RMI 还是自行实现的 RPC 调度组件，其功能都是希望将分布式计算任务的调度中网络通信和数据传输的过程完成透明化封装，使开发人员能够通过极度接近调用本机普通 Java 方法的形式调用远程服务器上实现的方法，并直接通过方法返回值的形式获取远端服务器指令的执行结果，从而实现开发人员无视网络技术细节但享受网络功能的效果。因此，如果需要实现一套这样的支撑部件，需要对 Java 的网络开发有着比较深入的了解，如果希望组件能够方便地在不同的数据传输协议上迁移，那么在开发组件之前需要对 TCP、UDP、HTTP 等协议均有涉及。

客户端在进行实际网络调用时，会将用户希望调用的方法的方法名、参数类型列表、实参等内容通过网络传输给服务器，而服务器根据这些参数完成实际的计算任务，这就需要能够通过方法名、参数类型列表动态获取服务对象中的方法，并绑定服务对象后通过客户端发送的实参进行动态调用，这个过程直接依赖于 Java 提供的高级特性——反射。

类 RMI 的 RPC 组件还有一个重要的特征，客户端使用其进行服务器连接时，客户端只需要 stub 接口，而无需任何业务实现类（因为所有的业务代码执行都在服务器端），因此从表现上来看，客户端似乎仅凭借接口便获取了可以执行方法的 stub 对象，这与基本的"接口无法实例化对象"尝试相背，因此 RMI/RPC 组件一定是以该接口为依据，通过某种机制创建了一个临时的类，而该类一定实现了提供的业务接口，然后自动加载该类并将实例对象返回给客户端。

这就很容易想到 Java 中一个重要的常用设计模式实现——动态代理。Java 的动态代理功能恰巧能够实现这样的功能需求：根据一个接口信息返回一个代理对象，该对象由一个临时类实例化而来，而这个临时类又完整实现了提供的业务接口。不仅如此，动态代理的实现机制还给客户端提供了一个在实现了业务接口的临时类之外定义业务行为的途径（实现 InvocationHandler）。

1．反射

Java 反射机制是在运行状态中，对于任意一个类，都能够知道这个类的所有属性和方法；对于任意一个对象，都能够调用它的任意方法和属性；这种动态获取信息以及动态调用对象方法的功能称为 Java 语言的反射机制。

2．代理模式

代理模式是一种常用的设计模式，其目的就是为其他对象提供一个代理以控制对某个真实对象的访问。代理类负责为委托类预处理消息，过滤消息并转发消息，以及进行消息被委托类执行后的后续处理。通过使用代理，通常有两个优点。

（1）可以隐藏委托类的实现。

（2）可以实现客户与委托类间的解耦，在不修改委托类代码的情况下能够做一些额外的处理。

3．动态代理

代理模式是为了提供额外或不同的操作，而插入的用来替代"实际"对象的对象，这些操作涉及与"实际"对象的通信，因此代理通常充当中间人角色。Java 的动态代理比代理的思想更前进了一步,它可以动态地创建、代理并动态地处理对所代理方法的调用。在动态代理上所做的所有调用都会被重定向到单一的调用处理器上,它的工作是揭示调用的类型并确定相应的策略。以下是一个无需业务接口实现类的动态代理示例,它可以帮助理解 RPC 组件客户端服务的核心原理。

业务接口:

```java
public interface Interface {
    void doSomething();
    void somethingElse(String arg);
}
```

代理处理器实现:

```java
import java.lang.reflect.InvocationHandler;
import java.lang.reflect.Method;

// 代理处理器实现:
public class DynamicProxyHandler implements InvocationHandler {

    @Override
    public Object invoke(Object proxy, Method method, Object[] args)
        throws Throwable {
        // TODO Auto-generated method stub
        System.out.println("代理工作了.");
        System.out.println("实际参数列表:");
        if (args != null && args.length > 0) {
            System.out.println(args[0]);
        }
        return null;
    }
}
```

创建代理对象并调用方法:

```java
import java.lang.reflect.Proxy;
```

创建代理对象并调用方法:

```java
public class Main {
    public static void main(String[] args) {
        Interface proxyObject = (Interface) Proxy.newProxyInstance(
            Interface.class.getClassLoader(),
            new Class[] { Interface.class }, new DynamicProxyHandler());
        proxyObject.doSomething();
        proxyObject.somethingElse("Chinasofti");
    }
}
```

运行结果如图 14.7 所示。

```
Problems  Tasks  Javadoc  Map/Reduce Locations  Progress  Console
<terminated> Main [Java Application] C:\Program Files (x86)\Java\jdk1.7.0_02\bin\jav
代理工作了。
实际参数列表：
代理工作了。
实际参数列表：
Chinasofti
```

图 14.7　动态代理运行示例

从上述示例代码可以看出，我们仅编写了业务接口 Interface，而没有为该接口提供任何的实现类，通过 JDK 动态代理模式的绑定后，却依然获取了一个实现了该接口类的代理对象并成功调用了方法。底层原理是 JDK 动态代理，工厂方法 Proxy.newProxyInstance 在 JDK 内部自动创建了实现业务接口的临时类，并加载后返回该临时的实例对象。

更为重要的是，代理对象调用相关方法后执行的代码实际上是由实现了 InvocationHandler 接口的 DynamicProxyHandler 类中的 invoke 方法提供的，这个特性就可以帮助 RPC 模块客户端实现仅通过接口即完成业务 stub 对象构建的功能，所有的网络连接和数据传输的操作都应该封装到 InvocationHandler 接口的 invoke 方法中。

自实现 RPC 组件的实现流程如图 14.8 所示。

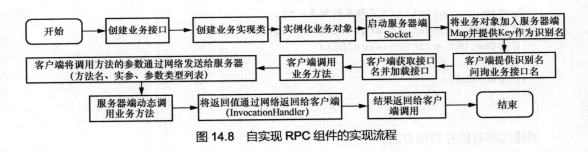

图 14.8　自实现 RPC 组件的实现流程

14.3　数据分析设计

比较常用的两种分类模型是决策树模型（Decision Tree Model）和朴素贝叶斯模型（Naive Bayesian Model，NBM），本案例采用朴素贝叶斯模型。而朴素贝叶斯算法是基于贝叶斯定理与特征条件独立假设的分类方法，本节对此算法进行重点分析。

14.3.1　垃圾消息识别算法——朴素贝叶斯算法

与决策树模型相比，朴素贝叶斯分类器（Naive Bayes Classifier, NBC）发源于古典数学理论，有着坚实的数学基础以及稳定的分类效率。同时，NBC 模型所需估计的参数较少，对缺失数据不太敏感，算法也比较简单。

理论上，NBC 模型与其他分类方法相比具有最小的误差率。但是实际上并非总是如此，这是因为 NBC 模型假设属性之间相互独立，这个假设在实际应用中往往是不成立的，这给 NBC 模型的正确分类带来了一定影响。

这个在 250 多年前发明的算法，在信息领域内有着无与伦比的地位。贝叶斯分类是一系列分类算法的总称，这类算法均以贝叶斯定理为基础，故统称为贝叶斯分类。朴素贝叶斯算法（Naive Bayesian）是其中应用最为广泛的分类算法之一。

1. 实现基础机器学习贝叶斯分类的核心

分类是将一个未知样本分到几个预先已知类的过程。数据分类问题的解决过程：建立一个模型，描述预先的数据集或概念集，通过分析由属性描述的样本（或实例、对象等）来构造模型。假定每一个样本都有一个预先定义的类，由一个被称为类标签的属性确定。为建立模型而被分析的数据元组形成训练数据集，该步也称作有指导的学习。

在众多的分类模型中，应用较为广泛的两种分类模型是决策树模型和朴素贝叶斯模型。决策树模型通过构造树来解决分类问题。首先利用训练数据集来构造一棵决策树，一旦树建立起来，它就可为未知样本产生一个分类。

在分类问题中使用决策树模型有很多的优点，决策树便于使用，而且高效；根据决策树可以很容易构造出规则，而规则通常易于解释和理解；决策树可很好地扩展到大型数据库中，同时它的大小独立于数据库的大小。决策树模型的另外一大优点就是可以对有许多属性的数据集构造决策树。决策树模型也有一些缺点，比如处理缺失数据时的困难、过度拟合问题的出现以及忽略数据集中属性之间的相关性等。

解决这个问题的方法一般是建立一个属性模型，对于不相互独立的属性，把它们单独处理。例如中文文本分类识别的时候，可以建立一个字典来处理一些词组。如果发现特定的问题中存在特殊的模式属性，那么就单独处理。

这样做也符合贝叶斯概率原理，因为我们把一个词组看作一个单独的模式，例如英文文本处理一些长度不等的单词，也都作为单独独立的模式进行处理，这是自然语言与其他分类识别问题的不同点。

实际计算先验概率时候，因为这些模式都是作为概率被程序计算，而不是自然语言被人来理解，所以结果是一样的。

在属性个数比较多或者属性之间相关性较大时，朴素贝叶斯模型的分类效率比不上决策树模型。但这点有待验证，因为具体的问题不同，算法得出的结果不同，同一个算法对于同一个问题，只要模式发生变化，也存在不同的识别性能。这点在很多国外论文中已经得到认可,算法对于属性的识别情况决定于很多因素,例如训练样本和测试样本的比例影响算法的性能。

决策树对于文本分类识别,要看具体情况。在属性相关性较小时,朴素贝叶斯模型的性能相对较好;属性相关性较大的时候,决策树算法性能较好。

2. 朴素贝叶斯分类的表达式描述

贝叶斯定理由英国数学家贝叶斯(Thomas Bayes,1702-1761)提出,用来描述两个条件概率之间的关系,比如 $P(A|B)$ 和 $P(B|A)$。按照乘法法则,可以立刻导出 $P(A \cap B)=P(A) \cdot P(B|A)=P(B) \cdot P(A|B)$。这个公式也可变形为 $P(B|A) = P(A|B) \cdot P(B)/P(A)$。

通常,事件 A 在事件 B(发生)的条件下的概率,与事件 B 在事件 A(发生)的条件下(发生)的概率是不一样的。然而,这两者是有确定的关系,贝叶斯定理就是这种关系的陈述。贝叶斯定理是指关于随机事件 A 和 B 的条件概率和边缘概率,其中 $P(A|B)$ 是在 B 发生情况下 A 发生的可能性。

在贝叶斯法则中,每个名词都有约定俗成的名称。

(1)$P(A)$ 是 A 的先验概率或边缘概率。之所以称为"先验",是因为它不考虑任何 B 方面的因素。

(2)$P(A|B)$ 是已知 B 发生后 A 的条件概率,也由于得自 B 的取值而被称作 A 的后验概率。

(3)$P(B|A)$ 是已知 A 发生后 B 的条件概率,也由于得自 A 的取值而被称作 B 的后验概率。

(4)$P(B)$ 是 B 的先验概率或边缘概率,也作标准化常量(normalized constant)。

按这些术语,贝叶斯法则可表述为:

后验概率 =(似然度 × 先验概率)/ 标准化常量

也就是说,后验概率与先验概率和似然度的乘积成正比。

另外,$P(B|A)/P(B)$ 有时也被称作标准似然度(standardised likelihood),贝叶斯法则可表述为:

后验概率 = 标准似然度 × 先验概率

14.3.2 进行分布式贝叶斯分类学习时的全局计数器

在单机环境中完成基于简单贝叶斯分类算法的机器学习案例时,只需要完整加载学习数据后套用贝叶斯表达式针对每个单词计算统计比例信息即可,因为所需的各种参数均可以在同一个数据文件集中直接汇总统计获取,但是当该业务迁移到 MapReduce 分布式环境中后,情况发生了本质的变化。从图 14.9 所示的贝叶斯分类表达式在垃圾消息识别中

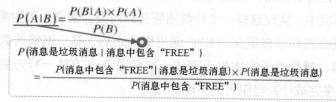

图 14.9 贝叶斯分类算法

可以看出，在进行数据学习统计时需要计算 3 个主要比例参数。

（1）所有消息中包含某个特定单词的比例。

（2）消息是垃圾消息的比例。

（3）消息是垃圾消息并且垃圾消息中存在特定单词的比例。

因此，需要对所有的学习数据汇总，至少需要明确学习数据中消息的总数、学习数据中垃圾消息的数量、学习数据中有效消息的数量等数据，由于 MapReduce 任务的数据输入来源来自于 HDFS，而 HDFS 会将超大的数据文件自动切分成大小相等的块存放到不同的数据节点，同时 MapRedece 任务也将满足"数据在哪个节点，计算任务就在哪个节点启动"的基本原则，因此整个学习数据的分析统计任务会并行在不同的 Java 虚拟机甚至不同的任务计算节点中，使用传统的共享变量方式来解决这个汇总统计问题就成为不可能完成的任务。

要使用 MapReduce 完成计数器的功能，可以有以下 3 种选择。

（1）使用 MapReduce 内置的 Counter 组件，MapReduce 的 Counter 计数器会自动记录一些通用的统计信息，如本次 MapReduce 总共处理的数据分片数量等，开发人员也可以自定义不同类型的 Counter 计数器并在 Map 或 Reduce 任务中设置/累加/计数器的值，但是 MapReduce 内置的 Counter 计数器工具有一个明显的缺陷，即它并不支持 Map 任务中累加计数器的值后在 Reduce 中直接获取。

也就是说，在 Reduce 任务中第一次获取相关计数器的值永远都为 0，尽管在整个任务结束后，MapReduce 会将对应计数器在 Map 和 Reduce 两个任务过程中分别设置的值进行最终的累加操作，由于在本案例中需要在 Reduce 任务中获取有效/垃圾消息的总数量以计算比例信息，而这些数量需要在 Map 任务中统计，因此 MapReduce 内置的 Counter 计数器并不是适合本案例的应用环境。

（2）Hadoop 生态中的特殊组件 ZooKeeper 对这类跨越节点的统一计数器提供了 API 支持，但是如果仅仅是因为需要设置少量几个以数字形式存在的计数器就额外部署一套 ZooKeeper 集群显然开销太大，因此这种解决方法也不适用于当前案例。

（3）自行实现简单的统一计数器。统一计数器的实现比较简单，仅需在单独的节点中定义数字变量，在需要设置、累加或获取计数器时都通过网络访问这个节点中的这些数字变量。在普通环境中，实现这样一个计数器服务相对较为繁琐，因为需要大量的网络数据交换操作，但是在实现了自定义的 RPC 调用组件之后，基于网络的数据设置和获取操作就显得异常简单，就类似于在本机上完成一次普通 Java 方法一样方便，因此可以按照图 14.10 所示结构来完成计数器服务的实现。

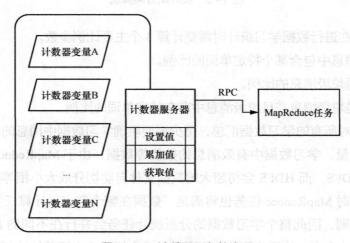

图 14.10 计数器服务的实现

注意： 由于多个数据处理节点会并发地向计数器服务发起设值请求，因此需要注意计数器变量的安全性。在最为简单的设计中，使计数器服务的设置值、累加值、获取值方法保持同步即可。

14.3.3 数据清洗分析结果存储

MapReduce 是典型的非实时数据处理引擎，这就意味着不能将其作为需要实时反馈的场景。所以 MapReduce 任务只能在后台完成复杂数据的处理操作，供终端实时运算提供支撑的中间结果，而且由于 HDFS 文件系统的 Metadata 检索服务和数据网络传输都需要大量的 IO 开销，如果中间结果集的量级并不需要分布式的文件存储支持而又使用 HDFS 存储中间结果，反倒会对最终的服务效率带来消极影响。因此在完成好数据的统一清洗分析后，中间结果一般选择以下的几种保存策略。

（1）如果清洗后的结果是量级较小的规则性数据，则可以将其直接存放到 Redis 之类的 Key-Value 高速缓存体系中。

（2）如果清洗后的结果集比较大，那么可以在 Reduce 任务中将其存放到传统的

RDBMS 中，供业务系统使用 SQL 语句完成实时查询。

（3）如果清洗后的结果仍然是海量数据，则可以将其存放到 HBase 之类的分布式数据库中以提供高效的大数据实施查询。

本项目采用 Redis 缓存数据，并使用了 Redis 连接池。与 RDBMS 一样，Redis 也可以通过连接池方式提高数据访问效率和吞吐量，其原理如图 14.11 所示。

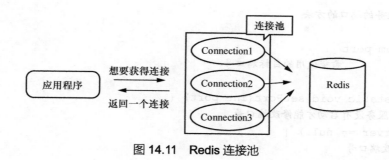

图 14.11　Redis 连接池

14.4　案例实现

本案例包括 RPC 组件服务端、RPC 组件客户端、业务服务器、业务客户端共 4 块功能，本节对这 4 块功能进行了编程实现。

14.4.1　自定义的 RPC 组件服务端相关实现

1．创建服务类（包含绑定服务端业务对象和客户端业务对象检索）

构建绑定服务器端业务对象后构建客户端业务 Stub 代理对象的服务类，由于该类对服务器而言是核心的服务工具，也扮演着服务器端的网络数据交换入口角色，同时本案例的实现依旧参考原生 RMI 使用 Socket 作为网络连接和数据传输的底层支撑，因此类中需要包含对应的 ServerSocket 服务器对象和对应绑定的 TCP 端口号。

```
public class Service {
    /**
     * 提供远程服务的 TCP Socket 监听器
     */
    public static ServerSocket server;
    /**
     * 远程方法调用服务的端口号
```

```
 * */
private static int servicePort = 1689;
}
```

从实现代码可以看出,默认情况下系统通过 1689 端口对客户端提供 TCP 网络服务,如果需要修改,则可以调用对应的修改端口号的方法。

```
/**
 * 修改服务的端口的方法
 *
 * @param port
 *              希望使用的目标端口号
 * */
public static void setPort(int port) {
  // 如果服务没有启动才能修改端口号
  if (server == null) {
   // 修改端口号
   servicePort = port;
  }
}
```

2. 实现服务器端业务对象绑定集合

由于 RPC 服务器端需要绑定一个或多个业务对象分别对外提供服务,因此需要在服务端内存中构建一个合适的集合用于保存这些暴露给客户端访问的业务对象。而且客户端在正常情况下通过一个特定的识别名访问到这个集合中一个对应的业务对象,因此基于 Key-Value 的 Map 集合最为适合这个应用环境。客户端提供的识别名即为集合的 Key,能够准确快速地检索到自身需要的业务对象,从而完成正确的动态方法调用,下列代码即可构建一个合适的 Map 集合。

```
/**
 * 服务器端绑定的服务对象列表
 * */
private static Hashtable<String, Object> bindservice = new Hashtable<String, Object>();
```

由于 RPC 组件用于分布式环境,因此组件内部的任何资源都可能服务于并发请求,多个用户在不同的线程中请求这些资源,因此示例代码中的 Map 使用了 HashTable 这一实现,利用它的线程安全性来保护业务对象访问的安全。当然,也可以使用新的集合框架中的 HashMap 来声明这个集合,然后通过 Collections 工具获取对应的线程安全版本。

3. 实现服务器注册绑定业务服务对象的方法

对于整个 RPC 组件而言,开发人员在服务器端需要做的事情就是构建业务接口,创建业务实现类并实例化其对象后，通过一个特定的识别名（本质上是服务器业务对象 Map 集合的 Key）将其绑定到业务对象集合中即可。后续的业务对象检索、动态方法检索、动态方法执行、结果反馈等指令都由 RPC 组件自动完成而无需开发人员手动干预，因此业务对象的绑定方法在服务器端显得尤为重要。

这个功能的实现比较简单，首先需要判定服务器的网络服务是否已经开启，如果没有启动 TCP 服务，则服务器端绑定再多的业务对象客户端也无法正常获取任何服务。如果 TCP 网络服务没有开启，则根据设定的端口号启动连接监听。然后将以方法参数方式提供的业务服务对象值为 Value 加入 Map 集合，Key 则与方法对应的参数保持一致。

```java
/**
 * 服务器端绑定的服务对象列表
 */
private static Hashtable<String, Object> bindservice = new Hashtable<String, Object>();

/**
 * 注册绑定服务对象的方法
 *
 * @param bindName
 *            服务对象在服务器上的绑定名，客户端通过该绑定名称检索到服务对象
 * @param bindObject
 *            绑定到服务器上的服务对象
 */
public static void bind(String bindName, Object bindObject) {
    // 如果服务器服务并未启动
    if (server == null) {
        // 尝试启动服务器
        try {
            // 启动服务器 Socket 监听
            server = new ServerSocket(servicePort);
            // 创建服务器 Socket 连接服务线程
            ConnectThread ct = new ConnectThread(server);
            // 启动服务器 Socket 连接服务线程
            ct.start();
            // 捕获服务器启动过程中的异常
        } catch (Exception ex) {
            // 如果存在异常情况则输出异常信息
            ex.printStackTrace();
        }
    }
    // 将服务对象利用提供的服务名绑定到服务器上
    bindservice.put(bindName, bindObject);
}
```

从示例代码可以看出,本案例要求如果需要变更服务器的服务端口,则只有在服务器绑定第一个服务对象之前调用 setPort 方法才会生效,反之并不会影响服务的最终服务端口。另外,从如下代码可以看出,一旦服务器准备绑定第一个业务服务对象,则会开启一个新的线程来捕获用户的 TCP 连接请求(传统 Java Socket 控制基于阻塞 IO,因此需要单独开启线程防止由于阻塞监听影响客户端的整体服务响应)。

```
// 创建服务器 Socket 连接服务线程
ConnectThread ct = new ConnectThread(server);
// 启动服务器 Socket 连接服务线程

ct.start();
```

4. 客户端连接请求监听线程

这个线程的唯一作用就是监听服务器指定 TCP 端口的连接请求,一旦发现客户连接请求,则将其捕获并启动数据处理线程。

```
package com.Chinasofti.platform.rpc;

import java.net.ServerSocket;
import java.net.Socket;
import java.util.concurrent.Executor;
import java.util.concurrent.ScheduledThreadPoolExecutor;

public class ConnectThread extends Thread {
 /**
  * 服务器的 Socket 监听器
  * */
 ServerSocket server;
 /**
  * 构建线程池调度器,用于执行客户端的问询操作(问询接口名,问询远程方法调用结果)
  * */
 Executor exec = new ScheduledThreadPoolExecutor(50);
 /**
  * 构造器,创建连接伺服线程
  * @param server
  *           服务器监听
  * */
 public ConnectThread(ServerSocket server) {
   // 初始化服务器 Socket 监听对象
   this.server = server;
 }
 /**
  * 线程任务(捕获用户的 Socket 连接并处理)
```

```java
 * */
public void run() {
    // 循环捕获客户端请求
    while (true) {
        // 尝试捕获客户端连接
        try {
            // 获取用户连接请求
            Socket client = server.accept();
            // 创建处理客户端问询操作的 runnable 对象
            ServiceThread st = new ServiceThread(client);
            // 利用线程池处理每次用户请求
            exec.execute(st);
        // 捕获通信过程中的异常
        } catch (Exception ex) {
            // 输出异常信息
            ex.printStackTrace();
        }
    }
}
```

从代码可以看出，接收到用户的连接请求后，服务器捕获到该请求，并通过线程池调度器在一个独立的线程中处理数据交互。

5. 客户端数据请求处理线程实现

客户端数据处理请求需要获取捕获到的以 Socket 对象存在的连接信息，因此定义一个 Socket 对象并通过线程的构造方法对其进行初始化。

```java
/**
 * 本次请求客户端的连接信息
 * */
Socket client;

/**
 * 构造器，构建服务器端处理器
 *
 * @param client
 *              本次请求客户端的连接信息
 * */
public ServiceThread(Socket client) {
    // 初始化本次请求客户端的连接信息
    this.client = client;
}
```

基于与连接请求监听相同的原因（Java 的传统 IO 数据读取操作是阻塞操作），不同用户的不同请求均需要在独立的线程中完成处理，才能防止在读取客户端请求内容时的阻塞操作妨碍其他用户的正常数据请求操作。

通过 PRC 组件设计可以看出，客户端连接网络后需要向服务器端请求的数据有两种可能性。

（1）由于客户端在构建业务 Stub 代理对象时并不清楚应该加载哪个接口完成动态代理（在调用生成 Stub 代理对象时，唯独能够提供给客户端的仅有服务器端绑定业务服务对象的识别名 Key），而该信息是可以请求服务器帮助查询的，服务器获取客户端传递的识别名后从业务服务对象集合中获取对应的服务对象实例，然后可以通过反射的方式查询该实例由哪个类实例化而来，从而进一步查询该类实现了什么业务接口。当然，接口可能并不是直接实现而是从父类继承而来的，因此可以在代码中完成向上的递归检索，直到查询到最近一个接口内容即视作当前业务类所实现的业务接口，并再次通过反射获取该接口的包及名称信息反馈给客户端，此时客户端即能通过反射加载该接口，从而实现动态代理的自动临时类生成。

（2）客户端获取业务 Stub 代理对象后，调用预期的业务方法，将被代理处理程序接管，直接通过网络问询服务器上该方法的执行结果。这时候客户端需要将待执行方法的方法名、方法参数类型列表、调用方法时传递的实际方法参数列表通过网络发送给服务器，服务器则通过这些参数利用反射动态检索业务类中的对应方法后直接调用，然后通过网络将方法执行后的返回值反馈给客户端。

从上面的描述可以看出，能够完成远程 RPC 调用的方法隐含了一个限制条件：在没有定义有效的自定义序列化工具的情况下，只有方法参数以及返回值能够通过标准 Java 序列化框架完成序列化的方法，才能够实现直接的远程方法调用。

在最简单的情况下，可以采用指令 + 有效数据的网络交互。即在完成任意数据交换的时候，首先发送一个数字指令来描述即将发送的数据内容性质，然后继续发送消息实体。由于 Java IO 体系中 DataOutput 和 DataInput 的存在，可以在读取网络数据时通过极为简单的方法分别读取这两段数据。

首先在系统中定义客户端请求的两种数据的数字指令。

```
/**
 * Copyright 2017 ChinaSoft International Ltd. All rights reserved.
 */
package com.Chinasofti.platform.rpc;

/**
 * Description: 通信指令标记集合
 */
public interface ServiceFlag {
```

```
/**
 * 客户端试图问询业务接口名的问询指令
 * */
int SERVICE_GETINTERFACE = 1;
/**
 * 客户端试图问询业务方法动态执行结果的问询指令
 * */
int SERVICE_GETINVOKERETURN = 2;
}
```

当客户端需要请求服务器协助查询业务接口包和名称信息时，数字指令为 1；如果是客户端调用了业务方法需要服务器帮助计算并反馈结果，则会发送数字指令 2。因此在服务器中可以通过如下命令进行辨别。

```
// 创建数据交换输入流
DataInputStream dis = new DataInputStream(client.getInputStream());
// 读取问询指令
int command = dis.readInt();
// 分辨问询指令类型
switch (command) {
// 如果是业务接口名问询
case ServiceFlag.SERVICE_GETINTERFACE:
...
break;
// 如果是远程业务方法，则执行结果问询
case ServiceFlag.SERVICE_GETINVOKERETURN:
...
break;
}
```

6. 业务接口名请求处理

如果客户希望服务器帮助查询业务接口名称信息，它需要在发送数字命令 1 后紧跟着传递实际消息体，这时候客户端已知的数据只有业务对象绑定的识别名，因此它会将这个数据作为唯一的字符串参数发送给服务器，服务器按照这个规则读取即可，然后通过反射获取业务对象对应的业务接口名，并通过网络输出流返回对应的指令和接口名数据。

```
// 读取绑定名
bindName = dis.readUTF();
// 写入接口问询结果指令编码
dos.writeInt(ServiceFlag.SERVICE_GETINTERFACE);
// 获取接口名并通过网络返回给客户端
dos.writeUTF(Service.getBindObjectInterface(bindName));
```

根据标识识别名获取业务对象对应接口名的继承关系递归检索过程如下。

```java
/**
 * 获取服务对象所属类实现的业务接口名的方法（提供给客户端进行代理）
 *
 * @param bindName
 * 服务对象在服务器上的绑定名，客户端通过该绑定名称检索到服务对象并获取该对象所属类
实现的业务接口
 **/
public static String getBindObjectInterface(String bindName) {
    // 尝试获取接口名操作
    try {
        // 获取服务对象所属类型说明
        Class<?> nowClass = bindservice.get(bindName).getClass();
        // 声明接口说明对象
        Class<?> interfaceClass = null;
        // 以循环方式向上查找业务接口（本实现中业务接口只能有一个，以类层次结构中遇到的最
早接口为准，如果业务需要多个接口，可以创建一个中间统一的业务接口，让这个业务接口继承需要实
现的接口列表）
        while (nowClass.getSuperclass() != null && interfaceClass == null) {
            // 判定当前类是否实现了接口
            if (nowClass.getInterfaces().length > 0) {
                // 如果实现了接口，则将该接口视作业务接口
                interfaceClass = nowClass.getInterfaces()[0];
                // 已经查找到需要的接口，则跳出循环
                break;
            }
            // 如果没有找到接口，则继续向类结构的父辈查找
            nowClass = nowClass.getSuperclass();
        }
        // 返回接口全限定类名
        return interfaceClass.getCanonicalName();
        // 捕获执行过程中的异常
    } catch (Exception ex) {
        // 如果存在异常情况，则返回空白的接口名
        return "";
    }
}
```

7. 业务方法调用请求处理

客户端在完成业务功能时请求服务器实际调用业务方法并返回运算结果的情况比业务接口名请求更为复杂，因为服务器需要获取的环境参数更多，类型更为丰富。

首先，识别名仍然是一个必需的参数，因为它是检索到正确业务服务对象的唯一依据。而如果需要利用反射动态获取业务类中声明的特定业务方法，需要提供试图调用方法的名称以及其以Class[]数组形式存在的方法参数类型列表（由于重载机制的存在，仅凭

方法名无法准确定位到唯一的业务方法），获取正确的方法后，通过反射进行动态调用时还需要提供客户端调用该业务方法时提供的实际参数列表，这些数据客户端都会按照顺序依次发送到服务器端进行处理。

另一方面，由于 DataInput 和 DataOutput 仅适用于传输基本数据类型和字符串，而参数类型列表和实参数据列表都是以数组形式存在，且并不保证元素都是基本数据类型和字符串（参数类型列表肯定不满足这个约束，因为每个元素都是 Class 对象），可喜的是，标准的 Class[] 实现了序列化机制，因此当开始传输参数类型列表和实参数据列表时，可以使用标准的 Java 序列化工具 ObjectOutputStream 和 ObjectInputStream（这也限定了能够完成远程调用的方法其参数均需要实现标准序列化）。

因此，服务器在接收到客户端业务方法调用请求后的执行示例如下。

```
// 读取绑定名
bindName = dis.readUTF();
// 读取欲调用的远程业务方法名
String methodName = dis.readUTF();
// 创建对象输入流
ObjectInputStream ois = new ObjectInputStream(client.getInputStream());
// 读取参数类型列表
Class<?>[] argtypes = (Class[]) ois.readObject();
// 读取实参列表
Object[] args = (Object[]) ois.readObject();
// 动态调用业务方法并获取结果
Object obj = Service.getInvokeReturn(bindName, methodName,argtypes,args);
// 创建输出流
dos = new DataOutputStream(client.getOutputStream());
// 输出业务方法执行结果指令编码
dos.writeInt(ServiceFlag.SERVICE_GETINVOKERETURN);
// 创建对象输出流
ObjectOutputStream oos = new ObjectOutputStream(client.getOutputStream());
// 向客户端输出远程方法执行的结果
oos.writeObject(obj);
```

从代码可以看出，服务器仍然以 Java 序列化的方式向客户端返回业务方法动态执行后的结果，因此远程调用方法的返回值类型也需要实现序列化。

服务器动态获取业务方法并利用反射调用的过程处理如下。

```
/**
 * 执行服务器远程方法
 *
 * @param bindName
```

```
 * 服务对象在服务器上的绑定名，客户端通过该绑定名检索到服务对象
 * @param methodName
 * 希望在服务器上调用的远程方法名
 * @param argtypes
 * 希望在服务器上调用的远程方法参数列表
 * @param args
 * 客户端调用方法时传递的实参列表
 **/
public static Object getInvokeReturn(String bindName, String methodName,
    Class<?>[] argtypes, Object[] args) {
  // 尝试在服务器上动态调用远程方法
  try {
    // 在服务器上检索服务对象
    Object obj = bindservice.get(bindName);
    // 通过方法名和参数类型列表动态获取方法
    Method method = obj.getClass().getMethod(methodName, argtypes);
    // 动态调用方法并获取返回值
    Object returnObj = method.invoke(obj, args);
    // 返回动态调用执行的结果
    return returnObj;
    // 捕获动态调用过程中的异常
  } catch (Exception ex) {
    // 输出异常信息
    ex.printStackTrace();
    // 如果存在异常，则返回 null 结果
    return null;
  }

}
```

至此，RPC 组件的服务器端所有请求响应处理全部完成。

14.4.2 自定义的 RPC 组件客户端相关实现

1. 创建业务 Stub 代理对象

虽然 RPC 服务组件已经实现了对网络连接和数据传输的完全透明化封装处理，但是在完成组件功能调用时还是需要提供一些基本的网络参数——必须提供服务器地址用于进行服务的正确定位检索（由于本案例实现时已经提供默认的服务端口号，因此服务器的网络服务端口号不是必须提供的参数）。

根据案例设计的说明，在构建业务 Stub 代理对象时使用了 JDK 提供的内置动态代理机制，因此需要向 Proxy 类的 newProxyInstance 方法提供正确的业务接口 Class，这就需要向服务器问询接口名，因此还需要提供对应业务对象的识别名。示例参考代码处

理如下。

```java
/**
 * 客户端检索获取远程服务对象代理的方法，推荐使用本方法，自动匹配业务接口
 *
 * @param servername
 * 服务器域名或IP
 * @param bindName
 * 服务对象的绑定名
 * @exception ServiceNotFoundException
 * 检索服务失败抛出该异常，说明服务器地址或绑定名参数有误
 * */
public static Object lookup(String servername, String bindName) {
    // 尝试通过网络问询，获取绑定名对应服务对象实现的业务接口名，用于创建客户端本地代理
    try {
        // 创建一次Socket连接用于服务接口名问询
        Socket client = new Socket(InetAddress.getByName(servername),servicePort);
        // 构建用于数据交换的输出流
        DataOutputStream dos = new DataOutputStream(client.getOutputStream());
        // 构建用于数据交换的输入流
        DataInputStream dis = new DataInputStream(client.getInputStream());
        // 发送问询请求指令
        dos.writeInt(ServiceFlag.SERVICE_GETINTERFACE);
        // 发送问询需要的绑定名参数
        dos.writeUTF(bindName);
        // 获取服务器通信指令(此处无意义，忽略，但根据通信协议，必须执行读取操作)
        dis.readInt();
        // 获取服务器返回的接口名称
        String interfaceName = dis.readUTF();
        // System.out.println(interfaceName+"---------");
        // 加载业务接口
        Class<?> interfaceClass = Class.forName(interfaceName);
        // 获取远程业务服务对象本地代理
        ServiceHandler handler = new ServiceHandler(servicePort,bindName,servername);
        // 创建本地代理
        Object proxyObj = Proxy.newProxyInstance(interfaceClass.getClassLoader(),new Class[] { interfaceClass }, handler);
        // 创建本地代理
        return proxyObj;
        // 捕获创建本地代理过程中的异常信息
    } catch (Exception ex) {
        // 输出异常信息
        ex.printStackTrace();
        // 遇到异常则抛出服务无法被检索到的业务异常，应该检查绑定名是否正确提供
        throw new ServiceNotFoundException();
```

        }
    }

可以看到，业务 Stub 代理对象的本质就是 Java 动态代理机制构建的临时代理类对象，因此其具备如下特征。

（1）由于在使用动态代理时提供的业务接口是通过反射加载的与服务器端业务接口完全相同的接口，因此代理对象具有了服务器端业务接口所有的业务方法签名。

（2）业务 Stub 代理对象在调用业务接口中声明的任何方法时都不会自行完成业务指令代码的调用，而是直接跳转到了绑定的 InvocationHandler 处理器的 invoke 方法。

2．业务 Stub 代理对象处理器实现

Stub 代理对象处理器是 RPC 客户端处理的核心，因为最终客户端的任何业务方法的调用都被转发到了处理器的 invoke 方法中，因此在处理器中实际完成的就是向服务器端通过网络请求业务方法的执行、获取并返回服务器端远程业务方法执行后的结果数据。参考实现如下。

```java
/**
 * Copyright 2017 ChinaSoft International Ltd. All rights reserved.
 */
package com.Chinasofti.platform.rpc;

import java.io.DataInputStream;
import java.io.DataOutputStream;
import java.io.ObjectInputStream;
import java.io.ObjectOutputStream;
import java.lang.reflect.InvocationHandler;
import java.lang.reflect.Method;
import java.net.InetAddress;
import java.net.Socket;

/**
 * <p>
 * Title: ServiceHandler
 * </p>
 * <p>
 * Description: 远程方法调用代理处理器
 * </p>
 * <p>
 * Copyright: Copyright (c) 2017
 * </p>
 * <p>
 * Company: ChinaSoft International Ltd.
```

```java
 * </p>
 *
 * @author BigData Training
 * @version 0.9
 */
public class ServiceHandler implements InvocationHandler {

    /**
     * 服务器服务端口
     */
    int port;
    /**
     * 服务绑定名
     */
    String bindName;
    /**
     * 服务器地址
     */
    String serverName;

    /**
     * 构造器，构建一个客户端本地代理处理器
     *
     * @param port
     *            服务器端口
     * @param bindName
     *            服务绑定名
     * @param serverName
     *            服务器地址
     */
    public ServiceHandler(int port, String bindName, String serverName) {
        // TODO Auto-generated constructor stub
        // 初始化端口号
        this.port = port;
        // 初始化绑定名
        this.bindName = bindName;
        // 初始化服务器地址
        this.serverName = serverName;
    }
```

结合服务器端的处理方式，读者可以非常容易理解上述代码的执行流程。

3．RPC 组件使用示例

创建业务接口（服务器端和客户端均需要该接口）的命令如下。

```java
public interface ITestBiz {
 public String sayHelloToSomebody(String name);
}
```
在服务器中提供业务实现类的命令如下。
```java
public class TestBizImpl implements ITestBiz {

 @Override
 public String sayHelloToSomebody(String name) {
  System.out.println("Name is : " + name);
  return "Hello," + name + "!";
 }


}
```
创建服务器并绑定业务对象的命令如下。
```java
public class BizServer {

 public static void main(String[] args) {
  ITestBiz biz=new TestBizImpl();
  Service.bind("HelloBiz", biz);
 }
}
```
创建服务器端使用远端服务提供的远程业务方法。

在创建客户端之前,需要将服务器中声明的业务接口原封不动地复制到客户端项目(不能做任何实质修改,包路径都要保持一致),然后创建客户端代码。

```java
public class BizClient {

 public static void main(String[] args) {
  ITestBiz biz=(ITestBiz) Service.lookup("rpc://127.0.0.1/HelloBiz");
  System.out.println(biz.sayHelloToSomebody("Eric"));
 }


}
```

运行结果:首先运行服务器端,然后启动客户端,如果得到图 14.12 所示结果,说明 RPC 组件已经能够正确工作。

图 14.12　RPC 组件运行结果

服务器端执行了业务方法的具体指令,而客户端获取了运行后的结果返回值。

至此，已经完整实现了自定义的 RPC 组件。完整的示例代码可参考案例源代码的 com.Chinasofti.platform.rpc 包。

14.4.3　业务服务器实现

1．实现 HDFS 文件操作工具

创建类 com.Chinasofti.mr.itemrecommend.hdfs.HdfsDAO 用于执行 HDFS 操作，其中包括文件（夹）的删除、文件的上传等文件操作方法。

2．确定 HDFS 文件路径

由于使用的是分布式的 HDFS 文件系统而非直接操作本地文件，因此需要首先告知系统待操作文件的 HDFS 根路径（即 HDFS Namenode 主机的 IP 地址和端口号信息）。在本例中使用一个共享的字符串常量来描述这个参数。

```
private static final String HDFS = "hdfs://hadoop0:9000/";
```

从上述代码可以看出，案例使用的 HDFS 文件位于主机 hadoop0 的 9000 端口之上，可以根据环境的不同修改本常量的值。

3．实现创建 HDFS 文件夹的工具方法

创建 HDFS 文件夹实现过程较为简单，只需要提供代表需要创建的 HDFS 文件夹路径，并将其作为参数传递给指向 HDFS 分布式文件系统的 FileSystem 对象的 mkdirs 方法即可。参考代码如下。

```
public void mkdirs(String folder) throws IOException {
    Path path = new Path(folder);
    FileSystem fs = FileSystem.get(URI.create(hdfsPath), conf);
    if (!fs.exists(path)) {
        fs.mkdirs(path);
        System.out.println("Create: " + folder);
    }
    fs.close();
}
```

4．实现删除 HDFS 文件（夹）的工具方法

通过 FileSystem 对象的 deleteOnExit 方法能够删除提供的 HDFS 路径指向的文件（夹）。

```
public void rmr(String folder) throws IOException {
```

```
        Path path = new Path(folder);
        FileSystem fs = FileSystem.get(URI.create(hdfsPath), conf);
        fs.deleteOnExit(path);
        System.out.println("Delete: " + folder);
        fs.close();
    }
```

5．实现列举 HDFS 中特定文件夹内容的工具方法

FileSystem 对象的 listStatus 方法能够获取以参数方式提供的 HDFS 路径中所有的结构，它将把给定路径中包含的所有内容的文件（夹）名称集合作为一个字符串数组返回，通过遍历该字符串即可获取提供的 HDFS 路径中包含的具体内容。

```
    public void ls(String folder) throws IOException {
        Path path = new Path(folder);
        FileSystem fs = FileSystem.get(URI.create(hdfsPath), conf);
        FileStatus[] list = fs.listStatus(path);
        System.out.println("ls: " + folder);
        System.out.println("==================================================
===================");
        for (FileStatus f : list) {
            System.out.printf("name: %s, folder: %s, size: %d\n", f.getPath(),
f.isDir(), f.getLen());
        }
        System.out.println("==================================================
===================");
        fs.close();
    }
```

6．实现创建 HDFS 文件并向其中写入内容的工具方法

FileSystem 对象的 create 方法可以根据提供的路径参数在 HDFS 文件系统中创建对应的文件，文件创建成功后该方法将返回针对该文件的输出流，可以使用 Java IO 体系中 OutputStream 的标准写入方法在该文件中写入指定的文件。与操作本地文件相同，在对该 HDFS 文件的写入操作结束后，切记关闭输出流。

```
    public void createFile(String file, String content) throws IOException {
        FileSystem fs = FileSystem.get(URI.create(hdfsPath), conf);
        byte[] buff = content.getBytes();
        FSDataOutputStream os = null;
        try {
            os = fs.create(new Path(file));
            os.write(buff, 0, buff.length);
            System.out.println("Create: " + file);
        } finally {
```

```
        if (os != null)
            os.close();
    }
    fs.close();
}
```

7. 实现将本地文件上传到 HDFS 特定路径的工具方法

简单调用 FileSystem 对象的 copyFromLocalFile 方法即可实现本地文件的上传。在执行该 API 的调用时，应注意确认本地文件的路径和 HDFS 的目标路径。

```
public void copyFile(String local, String remote) throws IOException {
    FileSystem fs = FileSystem.get(URI.create(hdfsPath), conf);
    fs.copyFromLocalFile(new Path(local), new Path(remote));
    System.out.println("copy from: " + local + " to " + remote);
    fs.close();
}
```

8. 实现下载 HDFS 文件的工具方法

与 copyFromLocalFile 方法对应，FileSystem 还提供了 copyToLocalFile 方法，用于将 HDFS 文件系统中的文件下载到本地文件系统。

```
public void download(String remote, String local) throws IOException {
    Path path = new Path(remote);
    FileSystem fs = FileSystem.get(URI.create(hdfsPath), conf);
    fs.copyToLocalFile(path, new Path(local));
    System.out.println("download: from" + remote + " to " + local);
    fs.close();
}
```

9. 实现显示 HDFS 文件内容的工具方法

FileSystem 对象的 open 方法可以直接通过网络打开 HDFS 上的特定文件并返回针对该文件的输入流，可以通过 Java IO 标准 InputStream 的流数据读取操作直接获取文件中包含的详细内容。与写入文件一样，也需要保持在本地文件操作中养成的良好资源释放习惯，在获取需要的数据后及时关闭通过 open 方法获取的输入流。

```
public void cat(String remoteFile) throws IOException {
    Path path = new Path(remoteFile);
    FileSystem fs = FileSystem.get(URI.create(hdfsPath), conf);
    FSDataInputStream fsdis = null;
    System.out.println("cat: " + remoteFile);
    try {
        fsdis =fs.open(path);
        IOUtils.copyBytes(fsdis, System.out, 4096, false);
```

```
        } finally {
            IOUtils.closeStream(fsdis);
            fs.close();
        }
    }
```

10．实现 Redis 连接池工具

首先加入必要的库。要实现 Redis 的连接池，需要在项目中添加 Redis 的标准 Java 操作 API——Jedis 和 Apache 的连接池支持库——common-pools，将这个两个库的 jar 包加入项目的 BuildPath，如图 14.13 所示。

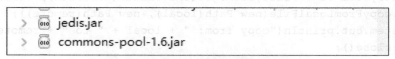

图 14.13　Redis 的连接池必要的库

接下来实现 Redis 连接池工具。首先确定 Redis 连接池的几个重要参数取值，包括 Redis 服务器的地址、端口、最大连接数、最大空闲连接数等。

```
    // Redis服务器IP
    private static String ADDR = ServerContext.REDIS_SERVER;
    // Redis的端口号
    private static int PORT = Integer.parseInt(ServerContext.REDIS_PORT);
    // 访问密码
    private static String AUTH = ServerContext.REDIS_PASS;
    // 可用连接实例的最大数，默认值为8
    // 如果赋值为-1，则表示不限制；如果pool已经分配了maxActive个jedis实例，则此时
pool的状态为exhausted(耗尽)
    private static int MAX_ACTIVE = 1024;
    // 控制一个pool最多有多少个状态为idle(空闲的)的jedis实例，默认值也是8
    private static int MAX_IDLE = 200;
    // 等待可用连接的最大时间，单位毫秒，默认值为-1，表示永不超时。如果超过等待时间，则
直接抛出JedisConnectionException
    private static long MAX_WAIT = 10000;
    private static int TIMEOUT = 10000;
    // 在borrow一个jedis实例时，是否提前进行validate操作；如果为true，则得到的
jedis实例均是可用的
    private static boolean TEST_ON_BORROW = true;
```

创建 Reids 连接池对象和配置对象并初始化的命令如下。

```
    private static JedisPool jedisPool = null;
    private static JedisPoolConfig config = null;
```

```
/**
 * 初始化 Redis 连接池
 */
static {
try {
config = new JedisPoolConfig();

config.setMaxActive(MAX_ACTIVE);
config.setMaxIdle(MAX_IDLE);
config.setMaxWait(MAX_WAIT);
config.setTestOnBorrow(TEST_ON_BORROW);

jedisPool = new JedisPool(config, ADDR, PORT, TIMEOUT, AUTH);
} catch (Exception e) {
    e.printStackTrace();
   }
}
```

实现获取 Redis 连接的方法如下。

```
/**
 * 获取 Jedis 实例
 *
 * @return
 */
public synchronized static Jedis getJedis(boolean auth) {
  try {

   if (jedisPool == null) {
    if (auth) {
     jedisPool = new JedisPool(config, ADDR, PORT, TIMEOUT, AUTH);
    } else {
     jedisPool = new JedisPool(config, ADDR, PORT, TIMEOUT);
    }
   }
   Jedis resource = jedisPool.getResource();
   return resource;
  } catch (Exception e) {
   e.printStackTrace();
   return null;
  }
}
```

实现释放 Redis 连接资源的方法如下。

```
/**
 * 释放 Jedis 资源
```

```
 *
 * @param jedis
 */
public static void returnResource(final Jedis jedis) {
  if (jedis != null) {
   jedisPool.returnResource(jedis);
  }
}
```

11．声明业务服务器对外提供服务的业务接口

在本案例中，业务服务器所有对外提供的服务均通过 RPC 组件实现，因此外部客户端节点能够访问的本服务器功能均被声明在了业务服务接口中。

业务服务器扮演了两个服务角色。

（1）为终端客户端提供了垃圾识别功能对应的业务方法，包括用户提交学习数据、用户显式通知完成新一轮 MR 学习数据分析，以及核心的用户提交消息字符串后判定其是否为垃圾消息的判定方法。

（2）本服务器也作为 Hadoop 服务器集群中的 MapReduce 运算节点需要的统一计数器服务器。

从逻辑上来说，这两个类服务是提供给不同客户端访问的（第一类提供给最终使用本系统的终端用户客户端访问，第二类提供给大数据分析服务器后台内部使用），但是为了实现方便，案例将其汇总到了同一个业务接口中，在生产环境中，为了代码的规范性和可维护性，应该将其分离声明。

示例接口和声明如下。

```
public interface ISpamDeterminationBiz {

  public void submitMsg(String msg,boolean isSpam);
  public boolean isSpam(String msg);
  public void reMR();
  public long getGlobalCounterValue(String counterKey);
  public void setGlobalCounterValue(String counterKey,long counterValue);
   public void globalCounterValueIncrement(String counterKey,long counterValue);
}
```

业务接口方法说明如下。

```
void submitMsg(String msg,boolean isSpam)
```

提供给终端用户提交学习数据的方法，第一个参数是学习数据的消息体本身，第二个 boolean 值标注了本次提交的学习数据是否是垃圾消息（true 表示本消息是垃圾消息，false

```
boolean isSpam(String msg)
```

判定参数给定的消息是否为垃圾消息的核心判断方法,返回 true 表示参数提供的消息为垃圾消息,返回 false 表示参数提供的消息为有效消息。

```
void reMR()
```

客户端显式提交重新执行 MapReduce 学习数据分析请求的方法。

```
long getGlobalCounterValue(String counterKey)
```

获取特定名称的全局计数器的值。

```
void setGlobalCounterValue(String counterKey,long counterValue)
```

直接设置特定名称全局计数器的值。

```
void globalCounterValueIncrement(String counterKey,long counterValue)
```

对特定名称全局计数器进行累加操作(将计数器的值设置为当前值 +counterValue)。

12. 提交学习数据功能实现

本案例使用的数据格式如图 14.14 所示。

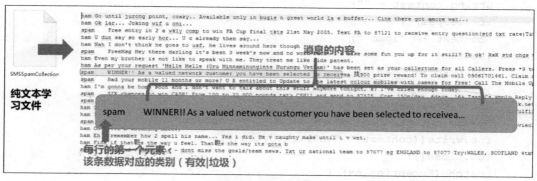

图 14.14 学习数据

13. 设立单独学习数据文件大小标记阈值

当用户提交的学习数据大小到达一定的临界值后,说明已经收集到足够多的增量学习数据,也许这些学习数据加载后会对最后统计分析的结果产生精确度上较为明显的积极影响,因此应该在这种情况下自动将 RPC 业务服务器本地采集汇总的学习数据文件上传到 HDFS 指定的路径中,并自动调度 MapReduce 任务重新对更新后的学习数据集进行清洗分析操作。

为了优化 HDFS 文件的分块处理，可以将学习数据增量大小临界值设置为一个 Hadoop HDFS 默认分块的大小（Hadoop v1 中默认为 64MB，在 Hadoop V2 和 Hadoop V3 中已经提高到了 128MB）。

```
long FILE_LENGTH_128M = 1024 * 1024 * 128;
```

接下来就可以实现提交学习数据的方法。该方法首先将提交的数据按照上面描述的学习数据格式保存到本地文件系统中，当学习数据的增量达到预设的临界值后，将其通过 HDFS 操作工具自动上传到 HDFS 集群，并调度开启针对学习数据集的 MapReduce 学习分析任务。

```
@Override
public void submitMsg(String msg, boolean isSpam) {
    // TODO Auto-generated method stub
    File learningData = new File("leanrningData");
    if (learningData.exists() && learningData.length() > FILE_LENGTH_128MB) {
        moveLearningDataToHDFS(learningData);
        reMR();
    }
    try {
        FileOutputStream fos = new FileOutputStream(learningData, true);
        String context = "";
        if (isSpam) {
         context += "spam ";
        } else {
         context += "ham ";
        }
        context += msg;
        System.out.println("新增学习数据：" + context);
        fos.write((context + "\n").getBytes());
        fos.close();
    } catch (Exception ex) {
        ex.printStackTrace();
    }
}
```

上传学习数据增量内容到 HDFS 集群的方法如下。

```
private void moveLearningDataToHDFS(File file) {
    String localPath = file.getAbsolutePath();
    String uuid = UUID.randomUUID().toString();
    try {
        HDFSOps hdfs = new HDFSOps(ServerContext.HDFS_ROOT);
        hdfs.uploadFile(localPath, "/spamdetermination/learningdata/"+ uuid +
```

```
        ".txt");
    } catch (Exception ex) {
      ex.printStackTrace();
    }
  }
```

从代码可以看出，为了保证本次上传的学习数据增量内容不会替换 HDFS 集群服务器中已有的数据，在上传文件时都进行了重命名处理，且重命名时使用了 UUID。理论上，UUID 是全局唯一的用户标识，正常情况下生成的字符串都不会重复。而对于 MapReduce 任务而言，如果给定的输入路径精确到文件夹而不是特定的文件，那么这个文件夹中的所有文件都会被作为输入进行统一的处理（即文件名并不会干扰数据文件的正常读取和分析）。

14. 统一计数器和访问接口实现

实现计数器类，根据案例设计，为完成学习数据分析，需要使用全局计数器，此全局计数器本质上就是一个可以被所有运算节点共享访问的数字变量。因此，可以实现一个计数器类，该类的主要成员就是一个可以供其他节点操作的 long 型成员，用于表示当前该计数器的值。

```
long value;
```

由于计数器需要被不同的节点在并发环境中同时访问，因此需要额外关注其在并发多线程环境中的访问冲突，也就是保障改变该变量的线程安全。最简单的方法就是同步访问该变量的所有方法。Counter 计数器类的完整实现示例如下。

```
public class Counter {
  long value;
  synchronized public long getValue() {
    return value;
  }
  synchronized public void setValue(long value) {
    this.value = value;
  }
  synchronized public void increment(long value) {
    this.value += value;
  }
}
```

实现全局计数器访问类，在一个应用程序中可能使用不止一个计数器，例如本案例就需要统计有效数据和无效数据的总条目数，这就不能由单一的计数器对象实现，因此可以在系统中创建一个全局计数器访问类，在类中声明一个集合（由于计数器需要通过特定的名字进行检索，因此 Map 仍然是一个比较好的选择）。

创建计数器集合并初始化：

```
private static Map<String, Counter> Counters;
static {
Counters = Collections.synchronizedMap(new HashMap<String, Counter>());
}
```

根据计数器的名称对计数器数值进行操作（获取数值、设置数值以及对计数器数值进行累加）：

```
public static void setCounterValue(String counterKey, long value) {
 if (!Counters.containsKey(counterKey)) {
  Counter counter = new Counter();
  Counters.put(counterKey, counter);
 }
 Counters.get(counterKey).setValue(value);
}
```

完整的计数器类和全局计数器类示例可参考案例实现代码的 com.Chinasofti.spamdetermination.rpcserver.bizimpl.mr 包中的 Counter 类和 GlobalCounters 类。

15．学习数据分析 MapReduce 任务实现

用户显式请求/学习数据增量到达设计临界值服务自动请求重新执行 MapReduce 任务。除了客户端提交特定的且已经明确识别是否有效性的消息主体内容时，系统会自动判断学习数据增量是否到达设定的容量临界值，如果已经达到，则会自动上传新增学习数据到 HDFS 并自动启动分析任务的情况外，用户也可以通过 RPC 服务暴露出来的远程方法接口进行显式请求。

```
public void reMR();
```

当用户在客户端调用 reMR 方法后，服务器将以 HDFS 集群中现有的学习数据为基础立刻启动 MapReduce 分析任务。

作为实现用于学习数据分析处理的 MapReduce 任务，reMR 方法唯一的作用就是启动系统中已经定义好的 MapReduce 任务，因此首先需要定义任务类声明 Map 操作和 Reduce 操作以及具体的任务调度代码。

16．Map 操作

在本任务的 Map 操作中，需要根据学习数据的格式拆分消息有效和无效的标识数据和消息体本身，并且通过不同的计数器汇总有效消息和无效消息的总条目数。

```
ISpamDeterminationBiz biz = (ISpamDeterminationBiz) Service.lookup(
 ServerContext.COUNTER_SERVER, "service");
biz.globalCounterValueIncrement("CounterHam", 1);
//biz.globalCounterValueIncrement("CounterSpam", 1);
```

根据朴素贝叶斯算法对垃圾消息识别的算法理论，对未知消息进行判别的方法主要依赖于学习数据中所有单词存在与有效数据中的比例、在垃圾消息中的比例、消息是垃圾消息的比例等信息计算获取，因此在 Map 操作中还需要对消息体本身进行分词，并累加每个单词在有效消息和无效消息中出现的次数。

需要注意的是，为了减小案例的实现难度，本案例的实现过程忽略了中文消息的处理，原因是中文分词是一个复杂且系统的过程，需要进行大量的处理。例如：

（1）可以选择现有的全文检索工具进行根据设定规则的分词，但这就意味着需要部署独立的全文检索工具并配置中文分词插件或工具，然后设定需要的分词规则，在 Map 任务中使用其 API 进行分词操作；

（2）自行实现中文分词算法（如基于检索树等），但实现任务较多。

对于英文消息而言，粗略的分词则非常简单，几乎直接通过自然分词（利用空白分隔符分词）即可实现，所以本案例仅对英文消息进行处理，在实现案例后，读者可以自行对其进行扩展，在分词统计时接入现有的全文检索 API 完成中文数据处理（如 Solr 和 ES 等）。如果实现英文的自然分词，则相对比较简单，直接使用分隔符空格对消息体进行切分即可。

```
String[] words = datas[1].split(" ");
```

结果字符串中包含的就是一个个独立的英文分词。

Map 操作实现的流程如图 14.15 所示。

Map 操作的参考实现代码如下。

```
public static class SpamDeteminationLearningDataMapper extends
  Mapper<Object, Text, Text, Text> {
 ISpamDeterminationBiz biz = (ISpamDeterminationBiz) Service.lookup(
   ServerContext.COUNTER_SERVER, "service");
 Text ham = new Text("ham");
 Text spam = new Text("spam");
 public void map(Object key, Text value, Context context)
    throws IOException, InterruptedException {
  // System.out.println(value);
  String data = value.toString();
  String[] datas = data.split(" ");
  // 对消息体本身进行简单分词（本学习数据均为英文数据，因此可以利用空格进行自然分词，
但是直接用空格分割还是有些简单粗暴，因为没有处理标点符号，读者可以对其进行扩展，先用正则表
达式处理标点符号后再进行分词，也可以扩展加入中文的分词功能）
```

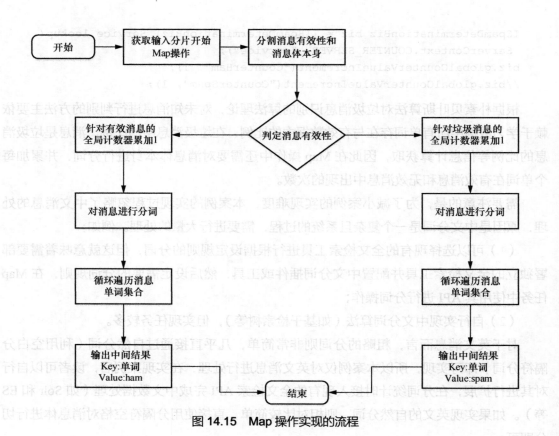

图 14.15　Map 操作实现的流程

```
String[] words = datas[1].split(" ");
// 判定本条消息是否为有效消息
if ("ham".equals(datas[0])) {
    // 内置的 Counter 无法在 Map 和 Reduce 中共享数据，只能在任务彻底完成后获取正确的数据
    // context.getCounter(MsgConter.ConterHam).increment(1);
    biz.globalCounterValueIncrement("CounterHam", 1);
    // 遍历消息的分词结果
    for (String word : words) {
        // System.out.println("单词" + word + "出现在了有效信息中");
        context.write(new Text(word), ham);
    }
    // 如果该消息为垃圾消息
} else {
    // 将其加入垃圾消息集合
    context.getCounter(MsgConter.ConterSpam).increment(1);
    biz.globalCounterValueIncrement("CounterSpam", 1);
    // 循环遍历分词结果
    for (String word : words) {
```

```java
        // System.out.println("单词" + word + "出现在了垃圾信息中");
        context.write(new Text(word), spam);
      }
    }
  }
}
```

17. Reduce 操作

在 Reduce 操作中完成最终针对单词的比例运算，且由于后续需要依据这些数据提供实时运算以判定用户提交的消息是否有效，因此任务的 Reduce 操作并未按照传统方式输出文字结果，而是将数据直接保存到了 Redis 中。由于每个单词对应的信息不能通过单一数据描述，因此需要声明一个类 WordInfo 来保存单词的所有信息（包括该单词在有效数据中出现的次数、该单词在垃圾消息中出现的次数以及通过计算获取的出现该单词后整体消息有效/无效的比例）。

```java
/**
 * 单词字符串
 * */
private String word;
/**
 * 本单词在有效数据中出现的次数
 * */
private int hamNum;
/**
 * 本单词在垃圾消息中出现的次数
 * */
private int spamNum;
private float wordHamPossibility;
private float wordSpamPossibility;
public float getWordHamPossibility() {
  return wordHamPossibility;
}
public void setWordHamPossibility(float wordHamPossibility) {
  this.wordHamPossibility = wordHamPossibility;
}
public float getWordSpamPossibility() {
  return wordSpamPossibility;
}
public void setWordSpamPossibility(float wordSpamPossibility) {
  this.wordSpamPossibility = wordSpamPossibility;
}
/**
```

```java
    * 获取单词字符串的方法
    *
    * @return 单词字符串
    */
   public String getWord() {
       // 返回单词字符串
       return word;
   }
   /**
    * 设置单词字符串的方法
    *
    * @param word
    * 分词获取到的单词字符串
    */
   public void setWord(String word) {
       // 设置单词字符串
       this.word = word;
   }
   /**
    * 获取本单词在有效消息中出现次数的方法
    *
    * @return 本单词在有效消息中出现的次数
    */
   public int getHamNum() {
       // 获取本单词在有效消息中出现的次数
       return hamNum;
   }
   /**
    * 设置本单词在有效消息中出现次数的方法
    *
    * @param hamNum
    * 本单词在有效消息中出现的次数
    */
   public void setHamNum(int hamNum) {
       // 设置本单词在有效消息中出现的次数
       this.hamNum = hamNum;
   }
   /**
    * 获取本单词在垃圾消息中出现次数的方法
    *
    * @return hamNum 本单词在垃圾消息中出现的次数
    */
   public int getSpamNum() {
       // 获取本单词在垃圾消息中出现的次数
       return spamNum;
   }
```

```java
/**
 * 设置本单词在垃圾消息中出现次数的方法
 *
 * @param hamNum
 * 本单词在垃圾消息中出现的次数
 */
public void setSpamNum(int spamNum) {
    // 设置本单词在垃圾消息中出现的次数
    this.spamNum = spamNum;
}
```

由于 Redis 操作时保存的数据需从字符串和 byte[ ] 数组两者中选择一个，因此，单词信息类还需要提供将完整对象数据转存为 byte[ ] 的方法和从 byte[ ] 数组中还原对象实例的方法，这两个方法可以利用 Java 的标准 IO 中的 DataOutput 和 DataInput 结合 ByteArrayOutpputStream/ByteArrayInputStream 实现。

```java
public static  WordInfo getInstanceByByteArray(byte[] data) throws Exception {

    WordInfo word = new WordInfo();
    ByteArrayInputStream bais = new ByteArrayInputStream(data);
    DataInputStream dis = new DataInputStream(bais);
    word.setWord(dis.readUTF());
    word.setHamNum(dis.readInt());
    word.setSpamNum(dis.readInt());
    word.setWordHamPossibility(dis.readFloat());
    word.setWordSpamPossibility(dis.readFloat());
    return word;
}

public byte[] saveInstanceToBytaArray() throws Exception {
    ByteArrayOutputStream baos = new ByteArrayOutputStream();
    DataOutputStream dos = new DataOutputStream(baos);
    dos.writeUTF(word);
    dos.writeInt(hamNum);
    dos.writeInt(spamNum);
    dos.writeFloat(wordHamPossibility);
    dos.writeFloat(wordSpamPossibility);
    byte[] data = baos.toByteArray();
    dos.close();
    baos.close();
    return data;
}
```

完整的单词信息类可参见示例代码 com.Chinasofti.spamdetermination.WordInfo。

Reduce 操作的流程如图 14.16 所示。

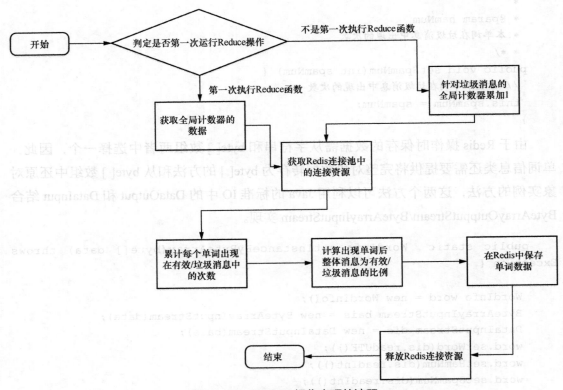

图 14.16 Reduce 操作实现的流程

计算当一个单词出现后整体消息为有效/垃圾消息比例的方法根据朴素贝叶斯分类表达式完成。再次回顾图 14.17 所示的朴素贝叶斯分类表达式。

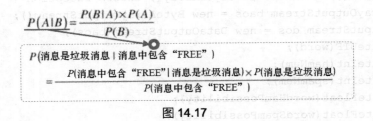

图 14.17

在计算比例的过程中，可能会出现零概率问题。就是在计算实例的概率时，如果某个量 x，在观察样本库（训练集）中没有出现过，会导致整个实例的概率结果是 0。在文本分类的问题中，当一个词语没有在训练样本中出现，该词出现概率为 0，使用连乘计算文本出现概率时也为 0。这是不合理的，不能因为一个事件没有观察到就武断地认为该事件的概率是 0。

为了解决零概率的问题，法国数学家拉普拉斯最早提出用加 1 的方法估计没有出现过的现象的概率，所以加法平滑也叫作拉普拉斯平滑。假定训练样本很大时，每个分量 x 的计数加 1 造成的估计概率变化可以忽略不计，但可以方便有效地避免零概率问题。假设在文本分类中，有 C1、C2、C3 共 3 个类，在指定的训练样本中，某个词语 K1，在各个类中观测计数分别为 0、990、10，K1 的概率为 0、0.99、0.01，对这 3 个量使用拉普拉斯平滑的计算方法如下：

1/1003=0.001，991/1003=0.988，11/1003=0.011

在实际使用中也经常使用加 lambda（$1 \geqslant$ lambda $\geqslant 0$）来代替简单加 1。如果对 N 个计数都加上 lambda，这时分母也要记得加上 N*lambda。为了简化案例的实现，本案例直接使用加 1 的方式实现拉普拉斯平滑。

计算当一个单词出现后整体消息为有效/垃圾消息比例的方法的参考示例代码如下。

```java
/**
 * 利用贝叶斯分类计算出现了特定单词的消息为有效消息的概率比例，在计算中使用了拉普拉斯
平滑处理 ( 即将总体数目和有效信息存在的数目都加 1,
 * 防止出现零概率 )，贝叶斯概率表达式: P(B|A) = P(A|B)*P(B)/P(A)
 *
 * @param word
 * 要计算的单词
 * @return 出现了该单词的消息为有效消息的概率比例 ( 经过了拉普拉斯平滑处理 )
 */
float computeWordHamPossibility(int wordHamNum) {

    // 计算贝叶斯分类概率，加 1：拉普拉斯平滑处理
    float result = ((float) wordHamNum / (float) (hamNum + 1))
            * ((float) (hamNum + 1) / (float) (hamNum + spamNum + 1))
            / (((float) wordHamNum + 1) / (float) (hamNum + spamNum + 1));
    // 返回计算结果
    return result;
}
/**
 * 利用贝叶斯分类计算出现了特定单词的消息为垃圾消息的概率比例，在计算中使用了拉普拉斯
平滑处理 ( 即将总体数目和有效信息存在的数目都加 1,
 * 防止出现零概率 )，贝叶斯概率表达式: P(B|A) = P(A|B)*P(B)/P(A)
 *
 * @param word
 * 要计算的单词
 * @return 出现了该单词的消息为垃圾消息的概率比例 ( 经过了拉普拉斯平滑处理 )
 */
float computeWordSpamPossibility(int wordSpamNum) {
    // 计算贝叶斯分类概率，加 1：拉普拉斯平滑处理
    float result = ((float) wordSpamNum / (float) (spamNum + 1))
```

```
    * ((float) (spamNum + 1) / (float) (hamNum + spamNum + 1))
    / (((float) wordSpamNum + 1) / (float) (hamNum + spamNum + 1));
    // 返回计算结果
    return result;
}
```

有了计算这两个比例信息的方法后,结合Reduce方法实现流程,就可以实现整个Reduce任务。

```
public static class SpamDeteminationLearningDataReducer extends
    Reducer<Text, Text, Text, Text> {
  long spamNum = -1;
  long hamNum = -1;
  ISpamDeterminationBiz biz = (ISpamDeterminationBiz) Service.lookup(
    ServerContext.COUNTER_SERVER, "service");
  public void reduce(Text key, Iterable<Text> values, Context context)
      throws IOException, InterruptedException {
    if (spamNum == -1 || hamNum == -1) {
      spamNum = biz.getGlobalCounterValue("CounterSpam");
      hamNum = biz.getGlobalCounterValue("CounterHam");
      System.out.println("学习数据中有效消息的条目数是:" + hamNum + ",垃圾消息的条目数是:" + spamNum);
    }
    Jedis jedis = RedisPool.getJedis(false);
    WordInfo word = new WordInfo();
    word.setWord(key.toString());
    for (Text value : values) {
      if ("ham".equals(value.toString())) {
        word.setHamNum(word.getHamNum() + 1);
      } else {
        word.setSpamNum(word.getSpamNum() + 1);
      }
    }
    word.setWordHamPossibility(computeWordHamPossibility(word
      .getHamNum()));
    word.setWordSpamPossibility(computeWordSpamPossibility(word
      .getSpamNum()));
    try {
      jedis.set(key.toString().getBytes(),
        word.saveInstanceToBytaArray());
      System.out.println(WordInfo.getInstanceByByteArray(jedis.get(key.getBytes())).getWord());
    } catch (Exception ex) {
      ex.printStackTrace();
    }
    RedisPool.returnResource(jedis);
```

    }

18. MR 任务调度

由于本任务依靠事件机制（用户显式请求调用或者学习数据增量达到某个设定值时，自动上传并启动 MR 任务），因此需要注意消除掉一切可能影响任务自动化执行的因素，其中就包括 MR 任务不允许设置已经存在的输出目录（即便是空目录也无法执行），而本任务的结果并未实际写入 HDFS 而是存放到了 Redis，因此任务执行完成后完全可以直接删除任务生成的输出目录，从而避免空的结果目录影响下一次任务执行。任务调度的参考实现代码如下。

```java
public void beginMR() throws Exception {
    ISpamDeterminationBiz biz = (ISpamDeterminationBiz) Service.lookup(
        ServerContext.COUNTER_SERVER, "service");
    biz.setGlobalCounterValue("CounterSpam", 0);
    biz.setGlobalCounterValue("CounterHam", 0);
    Configuration conf = new Configuration();
    String[] otherArgs = new GenericOptionsParser(conf, new String[] {
        ServerContext.HDFS_ROOT+"spamdetermination/learningdata",
        ServerContext.HDFS_ROOT+"spamdetermination/output" })
        .getRemainingArgs();

    Job job = Job.getInstance(conf, "wc");

    // Job job = new Job(conf, "word count");
    job.setJarByClass(SpamDeterminationMapReduce.class);
    job.setMapperClass(SpamDeterminationLearningDataMapper.class);
    // job.setCombinerClass(SpamDeterminationLearningDataReducer.class);
    job.setReducerClass(SpamDeterminationLearningDataReducer.class);
    job.setOutputKeyClass(Text.class);
    job.setOutputValueClass(Text.class);
    FileInputFormat.addInputPath(job, new Path(otherArgs[0]));
    FileOutputFormat.setOutputPath(job, new Path(otherArgs[1]));
    // job.setNumReduceTasks(2);
    // job.setPartitionerClass(SpamDeterminationLearningDataPartitioner.class);
    job.waitForCompletion(true);
    HDFSOps hdfs = new HDFSOps(ServerContext.HDFS_ROOT);
    hdfs.deleteFile("/spamdetermination/output");
}
```

19. 提供消息判定的业务方法实现

业务服务器通过 RPC 接口对外提供核心的消息有效性判定方法如下。

```java
public boolean isSpam(String msg);
```

如果该方法返回 true，表示参数提供的消息为垃圾消息；反之，则消息有效。

通过 MR 获取特定单词出现后整体消息有效性的比例后，就可以使用一种简单的方法来判定一个实际的消息体内容是否有效。判定的方法是将整个待判定的消息体进行分词（出于与数据分析时相同的原因，结果判定时的分词仍然只针对英文消息进行处理），然后检索到消息体对应的每个单词对应的比例信息并进行累计乘法运算，这将得到两个结果：整体消息为有效消息的比例和整体消息为垃圾消息的比例，最终使用两个比例进行比较，按照比例较大的结果返回结论。

实现分词并运算整体比例的方法的参考实现如下。

```java
/**
 * 计算字符串是有效信息的比例结果
 *
 * @param words
 * 待计算字符串的分词结果
 * @return 字符串是有效信息的比例结果
 * */
float computeStringHamResult(String[] words) {
    // 定义结果变量
    float result = 1.0f;
    // 循环遍历目标字符串分词结果
    for (String word : words) {
        try {
            // 如果单词存在于学习数据中
            if (jedis.get(word.getBytes()) != null) {
                // 累计出现该单词后消息为有效消息的比例
                WordInfo info = WordInfo.getInstanceByByteArray(jedis
                    .get(word.getBytes()));
                result *= info.getWordHamPossibility();
            }
        } catch (Exception ex) {
            ex.printStackTrace();
        }
    }
    // 返回计算结果
    return result;
}
/**
 * 计算字符串垃圾信息的比例结果
 *
 * @param words
 * 待计算字符串的分词结果
```

```
 * @return 字符串是垃圾信息的比例结果
 * */
float computeStringSpamResult(String[] words) {
    // 定义结果变量
    float result = 1.0f;
    // 循环遍历目标字符串分词结果
    for (String word : words) {
      try {
        // 如果单词存在于学习数据中
        if (jedis.get(word.getBytes()) != null) {
          // 累计出现该单词后消息为垃圾消息的比例
          WordInfo info = WordInfo.getInstanceByByteArray(jedis
            .get(word.getBytes()));
          result *= info.getWordSpamPossibility();
        }
      } catch (Exception ex) {
        ex.printStackTrace();
      }
    }
    // 返回计算结果
    return result;
}
```

判断消息是否有效的参考实现代码如下。

```
@Override
public boolean isSpam(String msg) {
    jedis = RedisPool.getJedis(false);
    // 对目标字符串进行自然分词
    String[] words = msg.split(" ");
    // 计算有效数据的比例和垃圾消息的比例。如果垃圾消息的比例更大，说明其为垃圾消息；反之，则为有效消息
    boolean result = computeStringSpamResult(words) > computeStringHamResult(words);
    RedisPool.returnResource(jedis);
    return result;
}
```

14.4.4 业务客户端实现

1. Java SE 版本的客户端

有了自实现的 RPC 组件后，业务服务器通过远程方法调用的形式对外提供服务，这就使客户端的实现非常简单，只需要通过 RPC 组件获取 RPC 服务器上注册的远程业务

Stub 代理对象，然后就与调用本地方法一样的享受分布式运算的结果了。

首先将 RPC 组件复制到 Java SE 版客户端的代码中或打包后将 jar 加入项目 BuildPath，将业务服务器中的远程服务业务接口原样复制到客户端项目（保持所有内容不变，包括包路径），然后编写客户端代码。

具体客户端实现的参考代码如下。

```java
public class Client {
/**
 * @param args
 */
 public static void main(String[] args) {
  // TODO Auto-generated method stub
   ISpamDeterminationBiz biz = (ISpamDeterminationBiz) Service.lookup
(ServerContext.COUNTER_SERVER, "service");
   //biz.reMR();
   System.out.println(biz.isSpam("Free Free Free"));
 }
}
```

客户端也可以调用 submitMsg 方法提交学习数据，或者调用 reMR 方法显式请求服务器重新完成数据分析的 MapReduce 任务。

具体代码的实现可参考案例实现代码的 MachineLearningMRSEClient 项目。

2．Web 版本的客户端

与 Java SE 版本的客户端相同，也是直接通过 RPC 服务访问业务服务器的功能方法，不过调用过程编写在了能够对用户提供 HTTP 响应的组件中，例如在原生环境中使用 Servlet 调用。首先需要构建图 14.18 所示的消息输入表单。

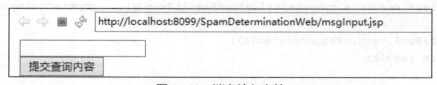

图 14.18 消息输入表单

表单的代码非常简单。

```html
<form method="post" action="check">
<input type="text" name="msg"> <br> <input type="submit">
</form>
```

然后在项目中添加访问路径为 check 的 Servlet 用于处理本条消息，判断其合法性。

```java
package com.Chinasofti.bd.md;

import java.io.IOException;
import javax.servlet.ServletException;
import javax.servlet.http.HttpServlet;
import javax.servlet.http.HttpServletRequest;
import javax.servlet.http.HttpServletResponse;
import com.Chinasofti.platform.rpc.Service;
import com.Chinasofti.spamdetermination.rpcserver.bizinterface.ISpamDeterminationBiz;
/**
 * Servlet implementation class DeterminationServlet
 */
public class DeterminationServlet extends HttpServlet {
    private static final long serialVersionUID = 1L;
    ISpamDeterminationBiz biz = (ISpamDeterminationBiz) Service.lookup(
        ServerContext.COUNTER_SERVER, "service");
    /**
     * @see HttpServlet#HttpServlet()
     */
    public DeterminationServlet() {
        super();
        // TODO Auto-generated constructor stub
    }

    /**
     * @see HttpServlet#doGet(HttpServletRequest request, HttpServletResponse
     *      response)
     */
    protected void doGet(HttpServletRequest request,
        HttpServletResponse response) throws ServletException, IOException {
        // TODO Auto-generated method stub
    }
    /**
     * @see HttpServlet#doPost(HttpServletRequest request, HttpServletResponse
     *      response)
     */
    protected void doPost(HttpServletRequest request,
        HttpServletResponse response) throws ServletException, IOException {
        // TODO Auto-generated method stub
        request.setCharacterEncoding("utf-8");
        response.setCharacterEncoding("utf-8");
        String msg = request.getParameter("msg");
        request.setAttribute("msg", msg);
        if (biz.isSpam(msg)) {
            request.setAttribute("result", "垃圾信息");
```

```
        } else {
         request.setAttribute("result", "有效信息");
        }
         request.getRequestDispatcher("/result.jsp").forward(request,
response);
        }
    }
```

最后创建用于显示结果的页面：

```
<body>
您的消息：
<br />
${msg}
<br />
是一条
<br />
${result}

</body>
```

同样地，客户端也可以调用 submitMsg 方法提交学习数据，或者调用 reMR 方法显式请求服务器重新完成数据分析的 MapReduce 任务。

具体代码的实现可参考案例实现代码的 SpamDeterminationWEBClient 项目。

14.5 小结

本章介绍的垃圾消息识别功能在 BBS 系统、邮件系统、弹幕、新闻评论等很多由用户产生内容的场景具有重大的实用价值，涉及自定义 RPC 框架、朴素贝叶斯分类、MR 分布式调度等比较复杂的内容，读者可学习参看本章配置视频，并运行本书附带的源码程序以加深理解，同时稍加修改就可在实际项目中使用。

14.6 配套视频

本章的配套视频有 2 个：

（1）基于 MR 的分布式垃圾消息识别的系统运行演示；

（2）基于 MR 的分布式垃圾消息识别的系统源码分析。

读者可从配套电子资源中获取。